煤炭高等教育“十四五”规划教材
国家自然科学基金面上项目(42072194)资助

煤层气开发地质学

主编　李勇　孟艳军　陈跃

中国矿业大学出版社
· 徐州 ·

内容提要

本教材对煤层气田精细开发具有重要指导作用。全书依次介绍了煤岩物质组成，成煤环境和煤化作用，煤层含气性，煤储层孔裂隙特征，煤岩力学性质及地应力，煤层气藏描述和建模，煤层气试井与产能评价，钻井、压裂和排采技术，煤层气开发方案，煤层气开发环境效应等内容。书中基于煤岩物质组成及其形成演化机制，煤层气富集机理、产能评价和开发技术等科学和工程问题，从多维视角出发，全面阐述了煤层气开发的理论基础、技术方法和学科前沿。

本教材可供高等院校煤层气方向的本科生、研究生以及煤层气勘探开发领域的技术人员、管理人员参考使用。

图书在版编目(CIP)数据

煤层气开发地质学 / 李勇，孟艳军，陈跃主编.
徐州：中国矿业大学出版社，2025. 2. — ISBN 978-7
-5646-6634-7

Ⅰ. P618.110.2

中国国家版本馆 CIP 数据核字第 2025X0E588 号

书　　名　煤层气开发地质学
主　　编　李　勇　孟艳军　陈　跃
责任编辑　路　露
出版发行　中国矿业大学出版社有限责任公司
（江苏省徐州市解放南路　邮编 221008）
营销热线　(0516)83885370　83884103
出版服务　(0516)83995789　83884920
网　　址　http://www.cumtp.com　**E-mail**:cumtpvip@cumtp.com
印　　刷　江苏苏中印刷有限公司
开　　本　787 mm×1092 mm　1/16　**印张** 13.25　**字数** 339 千字
版次印次　2025 年 2 月第 1 版　2025 年 2 月第 1 次印刷
定　　价　40.00 元

《煤层气开发地质学》编写人员名单

主　　编　李　勇　孟艳军　陈　跃

副主编　金　毅　刘世奇　王小明　李　鑫

　　　　吕大炜　鲍　园　邱勇凯　方辉煌

序

石油工业正经历从常规油气到非常规油气的深刻变革，催生出一场前所未有的科技革命，不断突破储层物性下限，不断突破油气聚集深度上限，不断突破油气采收率极限。非常规油气突破延长了石油工业的生命周期，打破了传统资源“禁区”与成藏理论，成为全球地球科学与能源资源领域的研究热点，深刻改变了世界能源格局。

作为非常规油气的重要组成部分，煤层（岩）气资源丰富、分布广泛，正成为我国能源发展战略性接替领域。我国能源资源禀赋特点是“煤炭较多、油气不足、风光无限”，推动煤层（岩）气高效开发具有增加清洁能源供应、减少温室气体排放、保障煤矿生产安全三重效益。我国煤层（岩）气产业经过30余年的发展，勘探开发理论与技术已取得显著进步，建立了沁水盆地南部和鄂尔多斯盆地东缘两个产业基地，煤层（岩）气产业初具规模。

只有枯竭的思想，没有枯竭的油气；只有解放不了的思想，没有解放不了的油气。近年来，鄂尔多斯盆地深层煤岩气勘探开发取得重大突破，一批水平井实现日产气量超1×10^5 m^3，成为非常规油气的一匹“黑马”，也是非常规油气研究的一个“黑箱”，是未来非常规油气创新的前沿。

围绕煤层（岩）气资源高效开发这一核心目标，李勇及其团队系统论述了煤岩物质组成及其形成演化机制，煤岩含气性、物性和岩石力学特性，煤层（岩）气富集机理、产能评价和开发技术等科学和工程问题，从“煤系-煤层-煤体-煤岩”多维视角出发，结合地质特征与工程实践，全面阐述了煤层（岩）气开发的理论基础、技术方法和学科前沿，为煤层（岩）气领域的研究者与实践者提供了系统的理论框架与实践指导。

《煤层气开发地质学》的出版，将为煤层（岩）气产业的技术进步与发展提供理论基础和技术指导，助力煤层（岩）气发展老区、开辟新区、突破“禁区”，为我国能源产业高质量发展贡献力量与智慧。

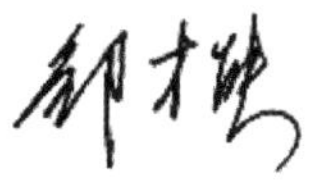

中国科学院院士

2025年1月

前　言

煤层气是一种重要的非常规天然气资源，勘探开发战略意义重大：① 煤层气开发可有效提升煤矿安全性，通过采前煤层气预抽，降低瓦斯突出和爆炸事故发生的风险；② 煤层气开发能够增加天然气供应，助力国家能源安全，近年来深层煤层气开发的巨大潜力使其成为天然气增储上产的重要领域；③ 煤层气开发利用减少了甲烷的直接排放，这一温室气体的排放削减对缓解全球气候变化具有重要作用。煤层气的勘探开发不仅是能源领域的重要突破，也是推动能源革命、实现绿色低碳发展的关键举措。

国外煤层气工业发展有3个典型案例：美国率先于20世纪70年代开展技术探索，1980—2008年间实现跨越式发展，年产量从不足1亿立方米跃升至峰值557亿立方米，占其天然气总产量的10%，形成圣胡安、粉河等典型开发基地。加拿大通过连续油管液氮压裂技术创新，于2000年以后在阿尔伯塔盆地实现煤层气商业化开发，2010年年产量达140亿立方米。澳大利亚依托苏拉特盆地低阶煤资源开发，2021年以420亿立方米煤层气产量跃居全球首位，占其天然气总产量的30%。这些成功案例为全球煤层气开发提供了重要范式。

我国煤层气产业历经30余年发展，呈现"矿井治理—资源评价—试验突破—产业发展"的阶段性演进历程。1989年以前以煤矿井下瓦斯抽采为主，地面开发仅处于零星探索阶段。1989—2002年，随着对资源认识的加深，重点开展资源评价并引进国外技术，为后续发展奠定了基础。2003—2008年，勘探开发进入先导性试验阶段，国家设立煤层气开发示范工程专项，推动技术攻关和试验开发。2009—2019年步入产业化初级阶段，勘探开发规模逐步扩大，技术装备体系持续完善，政策支持和市场化进程加快，形成沁水盆地南部和鄂尔多斯盆地东缘两大产业基地。2019年至今，进入深层煤层（岩）气效益开发阶段，以大规模体积压裂为代表的勘探开发理论技术的突破为产业革命性发展奠定了坚实基础。截至2024年年底，鄂尔多斯盆地提交累计探明储量超5 000亿立方米，预测储量超10 000亿立方米，大宁-吉县区块建成了年产200万吨油气当量的深层煤层气田，成为增储上产的新亮点。2024年全国煤层气地面井产量达到143亿立方米，开发前景广阔。

煤层气开发地质学作为交叉创新学科，整合煤田地质学、非常规油气地质学、油气藏工程等技术体系，构建了七元开发地质分析方法：① 构造-沉积地质特征；② 煤层空间展布特征；③ 煤岩物质组成特征；④ 储层物性动态特征；⑤ 气-水赋存运移特征；⑥ 地应力场分布特征；⑦ 开发动态响应特征。通过多尺度（宏观盆地—微观孔隙）、多维度（地质静态—开发动态）、多方法（试验测试—数值模拟）的系统研究，形成了从资源评价到产能预测的完整技术链。

本教材立足学科前沿与工程实践，构建了“基础理论-关键技术-工程应用”三位一体的知识体系，主要包括 11 章内容：绪论，煤岩物质组成，成煤环境和煤化作用，煤层含气性及其测试方法，煤储层孔裂隙特征，煤岩力学性质及地应力，煤层气藏描述和建模，煤层气试井与产能评价，钻井、压裂和排采技术，煤层气开发方案以及煤层气开发环境效应。通过对这些内容的深入探讨，本书旨在为读者提供一套完整的煤层气开发地质学知识体系，为理论研究与工程实践提供科学依据和技术支持。

本教材由中国矿业大学（北京）李勇、太原理工大学孟艳军、西安科技大学陈跃担任主编，由河南理工大学金毅、中国矿业大学刘世奇、中国地质大学（武汉）王小明、新疆大学李鑫、山东科技大学吕大炜、西安科技大学鲍园、中国地质大学（北京）邱勇凯、安徽理工大学方辉煌担任副主编，共同完成本教材编写工作。各章编写分工如下：第 1 章由李勇和金毅编写；第 2 章由李勇、王小明和邱勇凯编写；第 3 章由陈跃、孟艳军和李鑫编写；第 4 章由孟艳军和陈跃编写；第 5～6 章由李勇、孟艳军和刘世奇编写；第 7 章由李勇和孟艳军编写；第 8～9 章由孟艳军和方辉煌编写；第 10 章由孟艳军和吕大炜编写；第 11 章由陈跃和鲍园编写。全书由李勇统稿、定稿。

本书编写过程中，博士研究生张伟祺协助开展了资料的整理归纳等工作，博士研究生谢金锋、李昀、王壮森、王子炜、周玉萍，硕士研究生刘欣妍、王明伟、张子航、李玉洁、冯纪元、卢先雨、韩溢阳、李铭、刘光峰、姜非、陈涛、张欣宇、马浩洁、刘佳伟、胡慧敏在图、表、公式清绘整理等方面做了大量工作，在此一并致谢。本书还引用了许多国内外参考文献，在此向相关文献的作者表示感谢。

在能源革命和绿色发展的时代背景下，煤层气开发正迎来新的历史机遇。期待本教材能为能源地质人才培养提供系统化知识载体，为行业技术创新提供理论支撑，更期待与业界同仁共同推动我国煤层气产业高质量发展。

限于编者水平，书中难免存在疏漏之处，恳请读者通过出版社反馈等渠道提出宝贵意见，我们将持续完善和提升教材内容。

编　者

2024 年 11 月

目　录

第 1 章　绪论…… 1
1.1　煤层气开发地质学发展历史 …… 1
1.2　煤层气开发地质学基本内容和研究方法 …… 2
1.3　煤层气开发管理中的地质科学 …… 5
1.4　煤层气开发地质学资料特征和要求 …… 6
1.5　参考文献 …… 8

第 2 章　煤岩物质组成…… 9
2.1　煤炭分类 …… 9
2.2　宏观煤岩…… 10
2.3　显微煤岩…… 13
2.4　化学组成…… 29
2.5　思考题…… 33
2.6　参考文献…… 34

第 3 章　成煤环境和煤化作用 …… 36
3.1　成煤作用阶段…… 36
3.2　成煤环境…… 36
3.3　煤化作用…… 40
3.4　思考题…… 47
3.5　参考文献…… 47

第 4 章　煤层含气性及其测试方法 …… 50
4.1　煤层气成因及地球化学特征…… 50
4.2　煤层气赋存状态…… 54
4.3　煤层气吸附-解吸特征 …… 56
4.4　含气性测试及预测方法…… 63
4.5　思考题…… 71
4.6　参考文献…… 72

第 5 章　煤储层孔裂隙特征 …… 73
5.1　孔隙和裂隙组成 …… 73
5.2　孔隙度和渗透率 …… 79
5.3　多尺度孔径测试方法 …… 85
5.4　渗透率动态变化 …… 90
5.5　思考题 …… 94
5.6　参考文献 …… 94

第 6 章　煤岩力学性质及地应力 …… 96
6.1　力学性质 …… 96
6.2　煤岩破坏准则 …… 101
6.3　地应力 …… 108
6.4　煤体结构 …… 110
6.5　煤储层改造方法与排采技术 …… 113
6.6　思考题 …… 116
6.7　参考文献 …… 116

第 7 章　煤层气藏描述和建模 …… 118
7.1　煤层气藏分类 …… 118
7.2　气藏精细描述方法 …… 125
7.3　地质建模 …… 128
7.4　数值模拟 …… 131
7.5　思考题 …… 136
7.6　参考文献 …… 136

第 8 章　煤层气试井与产能评价 …… 137
8.1　煤层气试井方法 …… 137
8.2　煤层气井产能评价与预测方法 …… 145
8.3　思考题 …… 150
8.4　参考文献 …… 150

第 9 章　钻井、压裂和排采技术 …… 151
9.1　钻井技术 …… 151
9.2　完井技术 …… 161
9.3　压裂技术 …… 162
9.4　排采工艺与技术 …… 165
9.5　思考题 …… 177

9.6　参考文献 …………………………………………………………………… 177

第 10 章　煤层气开发方案 …………………………………………………… 178
10.1　煤层气开发方案编制的原则……………………………………………… 178
10.2　煤层气开发方案编制的任务……………………………………………… 178
10.3　煤层气开发方案编制的内容……………………………………………… 179
10.4　煤层气开发方案报告编写要求…………………………………………… 184
10.5　思考题…………………………………………………………………… 184
10.6　参考文献………………………………………………………………… 185

第 11 章　煤层气开发环境效应 ……………………………………………… 186
11.1　煤层气钻井工程环境效应………………………………………………… 186
11.2　煤储层改造工程环境效应………………………………………………… 193
11.3　煤层气井产出水环境效应………………………………………………… 195
11.4　煤层气开采地下水位影响………………………………………………… 197
11.5　煤层气开采地表变形与沉降……………………………………………… 198
11.6　思考题…………………………………………………………………… 199
11.7　参考文献………………………………………………………………… 199

第1章 绪 论

煤层气是指赋存在煤层中以甲烷为主要成分的天然气，以吸附态和游离态赋存在煤基质表面和孔裂隙系统中，同时可以溶解于煤层水。开发利用煤层气，具有经济、安全和环保三重效益：① 增加天然气供应，保障国家能源安全；② 减少煤矿安全事故，服务安全生产；③ 增加洁净能源供给，减少碳排放。

煤层气开发是通过钻井、压裂和排采等工程技术方法，改变煤层气赋存环境并产出煤层气的过程。煤层气开发地质学是研究煤层气开发工程活动与煤层气赋存地质条件之间相互作用和相互影响的一门学科；也是与煤层气开发工程活动相关的应用科学，包括煤层气的开发地质条件以及评价、预测和有效开发等学科内容。

1.1 煤层气开发地质学发展历史

现今世界上有 30 多个国家或地区开展煤层气勘探、开发和研究活动，其中美国、加拿大、中国和澳大利亚实现了商业性开发，印度尼西亚、印度等国家也开展了煤层气勘探开发试验。

20 世纪 80 年代早期，美国开始进行地面煤层气开发的试验和研究，提出了煤层气产出“排水-降压-采气”的开发理论，从煤的双重孔隙和各向异性以及地层条件下甲烷的吸附-渗流机理出发，形成了中、低阶煤煤层气富集成藏理论和地质选区技术（Flores et al.，2024；李勇，2015）。在开发工艺技术方面，成功应用了低、中阶煤高渗区空气钻井技术，裸眼洞穴完井技术（粉河盆地、圣胡安盆地），中阶煤中渗区直井压裂排采技术（黑勇士盆地），中、高阶煤低渗区直井压裂和羽状水平井开发技术（阿巴拉契亚盆地）等（Moore，2012）。加拿大煤层气商业开发起步于 2002 年，在技术试验和开发方面并没有照搬美国的经验和技术，而是针对其具体地质特点，研发了多煤层连续油管氮气压裂解堵技术，降低了煤层气开发风险和成本（罗平亚，2024）。在提高煤层气采收率研究方面，美国、加拿大、中国、日本和波兰等国家均进行过煤层注入 CO_2 和 N_2 置换 CH_4 的室内和现场试验，取得了良好的效果（张守仁等，2022）。

从 20 世纪 80 年代中期开始，我国开始参考美国有关理论进行煤层气地面开发研究和试验，在“八五”期间积极进行了煤层气可采性的理论探索（叶建平，2025）。同时，实施了联合国开发计划署（UNDP）援助项目“中国煤层气资源开发（UNDP/CPR/92/G31）”“深层煤层气勘探（UNDP/CPR/91/214）”以及我国煤炭工业部“全国煤层气资源评价”项目等，先后在山西柳林、山西晋城、辽宁铁法、安徽淮南、河北唐山、四川松藻等地开展了煤层气勘探开发评价试验，取得了大量储层物性参数。“九五”之后，我国煤层气勘探开发集中在沁水盆地、鄂尔多斯盆地东缘、铁法盆地和阜新盆地，实现了小规模商业化生产。经过“十一五”和“十二五”时期的持续努力，截至 2020 年我国施工煤层气井约20 000 口，建成了沁水盆地和鄂尔多斯盆地两个千亿立方米级的煤层气田，实现了煤层气规模化商业开发。“十三五”以来，围绕“突破煤层气单井产量低”这一制约我国煤层气高效开发难题，借助国家科技重大专项和其他技术攻关研究，煤层气勘探开发理论认识和工程认识取得明显进展，主要包括：① 在勘探开发地质理论方面，勘探理念从寻找富集甜点区向高产甜点区转变，初步实现了煤系气多层合采，开发部署由平铺式到精细化调整转变。② 在高效增产技术方面，实现了二维地震向三维地震、直井（丛式井）向水平井拓展，创新形成了以储层改造为主的系列压裂技术，包括碎软煤间接压裂、方解石填充深层煤层气水平井少段多簇体积酸化压裂、特低渗深层煤层气水平井超大规模极限压裂等，初步解决了构造煤煤层气效益开发难题，突破了2 000 m以深煤层压裂改造技术瓶颈，推动煤层气开发从中浅层向深层拓展。③ 在排采管控技术方面，创新形成了定量化排采多目标优化设计、煤层气井无杆举升、负压排采等关键技术，推动煤层气排采控制由定性向半定量、定量转变，解决了丛式井组集成化排采和水平井下倾排采难题，有效提高了单井产量和煤层气采收率。④ 在稳产增产储备技术方面，创新提出了包括大直径水平井应力释放采气、煤层气可控温注氮驱替增产等技术，为实现煤层气二次开发提供了技术储备（秦勇等，2022；李勇等，2021）。

2019年以来，深部煤层气效益开发逐步实现重大突破。延川南地区应用大规模水力压裂思路，采用高加砂强度，以形成长距离支撑和高导流能力的有效裂缝为目标，在1 500 m以浅的煤层中进行了应用。延川南万宝山构造带开发1 200 m深度煤层的延3-P11水平井最高日产气量达到5×10^4 m^3，自2021年5月6日投产连续两年稳定日产3×10^4 m^3以上，创国内中深部煤层气开发日产量及连续稳产新纪录，累计产气量已突破3×10^7 m^3。2019—2021年，采用酸压改造工艺，大宁-吉县区块在深部煤层中试验了15口丛式井，日产1 400～5 791 m^3，2口水平井初期日产5 000～11 000 m^3，其中首口试验井J3-7向2井，呈现“投产即见气、上产速度快”的特征，日产气量快速上升至5 791 m^3。从2021年开始，大宁-吉县区块采用超大规模体积压裂12口井，每段加砂量以200 m^3、300 m^3、400 m^3递增，其中11口丛式井最高日产气量超2×10^4 m^3，J6-7平01井于2021年12月投产，初期日产气量超1×10^5 m^3，标志着深部煤层气先导试验试采获得重大突破。随后大宁-吉县区块按照“一次井网、平台部署、整体压裂”思路，开辟先导和扩大试验区，多口井日产气量超过1×10^5 m^3。截至2024年年底，在大宁-吉县区块建成了年生产能力为200万吨油气当量的新型天然气生产基地。

随着煤层气开发理论和技术的发展，煤层气开发地质学已经成为一门独立的应用学科。煤层气开发地质学主要是围绕煤层气开发的一系列工程中遇到的地质问题而展开的，为开发工程提供地质基础保障，与煤层气开发工程紧密结合，因此具备工程地质的性质。虽然该学科也应用地质学中各有关学科的原理和方法进行工作，但是它与煤层气乃至天然气勘探地质工作已有相当区别，涵盖开发前的静态地质特征、开发过程中的动态地质条件变化、工程和排采技术的地质适应性等，以提高煤层气产气量和采收率为学科发展方向。

1.2 煤层气开发地质学基本内容和研究方法

1.2.1 基本内容

煤层气开发地质学是直接为煤层气开发服务的科学，研究对象是煤层气藏，基本内容是详细描述煤层气成藏地质、赋存环境和开发工程条件3个方面，同时还研究地下流体运动与气井产能的动态响应、提升煤层气井开发效果与最终采收率的最佳工艺技术等。

常规天然气有“生、储、盖、圈、运、保”基本成藏地质条件，煤层气是赋存于煤层中以自生自储为主的非常规天然气，其富集成藏主要取决于“生、储、保”这三项基本地质条件存在状况、质量以及相互之间的配合关系，这些因素相互耦合决定了煤层气的富集程度，并控制煤层气开发效果。就煤层气开发地质而言，不仅包括成藏地质条件，还包括地下原位赋存状态及开发工程条件等，它们在煤层气开发过程中缺一不可且相互联系。

煤层气藏精细描述是指利用试验测试、钻井、地震、测井、压裂、试井等数据，进行煤层气地质特征精细刻画，揭示储层空间非均质性，解决煤层气已开发区优质资源分布和可动用储量评价等难题。煤层气藏精细描述包含“煤系-煤层-煤体-煤岩”的 7 大特征，主体可划分为 21 个参数。7 大特征包括地质特征、煤层特征、煤岩特征、孔渗物性特征、含气特征、力学特征以及动态生产特征。地质特征包含构造背景演化、沉积环境展布、水文地质条件。煤层特征包含煤厚及埋深、煤层连续性、构造煤分布。上述两方面决定了煤层气的储集和保存条件。含气特征包括含气性、储层压力、吸附解吸性。力学特征包含地应力分布、岩石力学特性、钻井排采工艺。这两方面决定了煤层气的产出性以及可改造性。煤岩特征包含煤岩类型、煤质特征、煤阶特征。孔渗物性特征包含非均质性、润湿性、敏感性。上述特征共同决定了煤层气的资源和赋存条件，结合煤层气开发过程中的动态生产特征，可以系统评价煤层气开发过程中的储层动态响应，在充分认识煤层气藏特性的基础上，指导增产改造(图 1-1)。

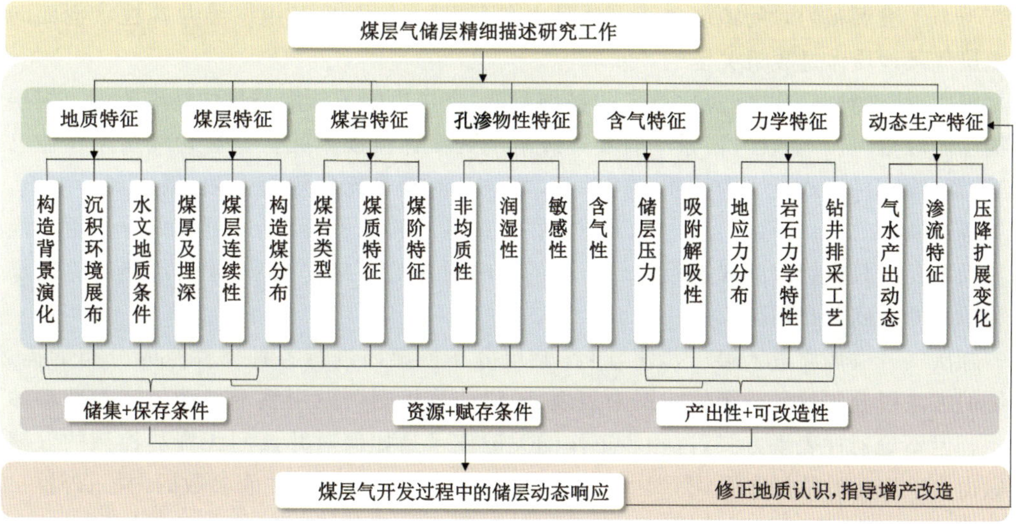

图 1-1 煤层气藏精细描述 7 大特征组成

1.2.2 研究方法

煤层气开发地质学的研究方法是一套综合研究方法，大量利用统计学、工程力学和大数据等手段，以研究煤层气藏为中心，由粗到细，由定性到定量，由传统地质图到可展示三维空间变化的动态地质模型，静动结合，充分利用各种地质录井、测井、测试、试井、岩心分析技术和开发先导性试验等手段，用分析计算和数值模拟相结合的方法，反复验证和反演地质成果，准确认识煤层的固有特征和微细地质变化，从而指导煤层气田合理开发，促进煤层气开发地质学的发展。

1.2.2.1 基本工作程序

煤层气开发地质学的核心任务是气藏描述，其最终成果是建立一个三维的、定量的煤层气藏地质模型。正如前文所述，完成这一工作要应用多种技术采集资料，进行成藏地质、赋存环境和开发工程条件等多方面研究。但是不论进行气藏整体研究或某一具体要素的研究，不论应用何种技术方法，开发地质工作的特殊性都决定了其必须遵循一个基本工作程序，即分步建立井模型、层模型和参数模型。具体工作程序是：

第一步：建立井孔柱状剖面（一维）。

第二步：建立分层井间等时对比关系（二维）。

第三步：建立煤层气藏属性空间分布（三维）。

建立一维井孔柱状剖面是开发地质工作认识煤层气藏最基础的第一步工作，所追求的目标是把通过各种技术手段所取得的各种资料信息，转换成内容全面、精度高的各种开发地质属性，主要包括煤层含气性、孔隙度、渗透率和流体饱和度等。

煤层气开发地质工作程序的第二步是煤层模型的构建，建立煤层和邻近地层的井间等时对比关系。这有两个要求：

第一，等时对比。通过对比，把各个井中同时沉积的地层单元逐级地分别连接起来，形成若干个二维展布的时间地层单元。这是由点到面的过程，也是由一维井孔柱状剖面向三维煤层气藏地质体过渡最关键的一步。

第二，精细对比。井间对比单元的精细程度，直接决定了储层描述的精细程度。煤层气藏描述的对象，从一套含气层系一直要逐级解剖到流体流动单元。一套含气层系往往已经属于“期（阶）”一级或更小的地质时代单元，而一个流动单元的规模上限，则小到一个上、下互不渗透隔（夹）层。隔（夹）层内部可能存在复杂的结构单元，因此还可以划分为更小规模的流动单元。只有把井间煤层及隔（夹）层的等时对比关系建立起来，才有可能建立以煤储层为单元的空间分布格架。

煤层气开发地质进入第三步工作：在储层分布格架内进行各种属性空间分布的描述。传统的方法以分层的各种等值线图来表现，现代计算机则可以用整个气藏的三维数据体来显示。但不论何种表现方式，这一步工作的关键技术是如何对井点间无资料控制的气藏部分做出合乎实际的估计和预测，即如何利用井点的已知参数进行井间参数的内插、外推。正如前述，这一部分需要预测的储层体积往往是有资料体积的千百万倍。预测精度直接关系着储层模型的精度。近年不断发展完善的开发地震、地质统计学、随机建模技术等均可以应用到煤层气开发地质的研究工作中。

由煤层气开发地质学的三步工作程序不难看出，开发地质技术有三大套支柱技术。一是一维井孔柱状剖面上各种开发地质属性如何求准求精的一整套技术；二是以尽可能小的地层单元，实现井间等时对比的一整套技术；三是如何利用已知井点，预测、估计井间广大体积的气藏属性的一整套技术。可以这样说，开发地质工作一出现，服务这一工作的各行各业都在为发展和提高这三套技术而不断攀登。过去如此，现在如此，将来仍是如此，随着煤层气开发的不断深入和科学技术的进步，永无止境。

1.2.2.2 开发地质研究的综合性

研究一个气藏的开发地质特征，是一项高度综合的研究工作，除了开发地质资料的采集必须依赖多种技术手段的综合应用之外，还有更重要的一方面，就是一个气藏的各项开发地质特征，只有综合起来进行统一研究，才能认识清楚。

一个煤层气藏的开发地质特征包括构造的、储层的和流体的等多方面内容，从宏观的到微观的又可分为多级层次，若把表征各种开发地质特征的参数、指标、属性全部列出来，将以数百计。实际工作中，由于工作量大而繁杂，必须逐项加以描述，对于一些较大的煤层气田，也常常组成几个工作小组，分别进行工作。然而，对一个气藏的开发地质特征全面完整的描述，绝不是各项开发地质特征的简单叠加，而必须是从成因上进行有机的融合。由于开发地质工作经常在大量资料数据基础上进行，尤其是气田正式投入开发以后，常常容易忽略融合这一环。

煤层气开发地质学是一门综合性的学科，它与石油地质、储层地质、油气藏地质、油气藏数值模拟和试井等学科彼此结合，相互渗透，互为补充，是非常规油气勘探和石油天然气工程的专业学科。

在学习煤层气开发地质学之前，应先有沉积学、构造地质学、石油地质学、天然气地质学、油层物理学、渗流力学、工程力学和测井等课程的知识基础，以便更好地学习这门课程。

煤层气开发地质学与煤层气开发生产实际紧密结合，有较强的实践性，应安排一定的现场生产实习，增强学生分析和解决实际问题的能力。

煤层气开发地质学是一门新兴的学科，仍处于不断完善和发展之中，我们期待着中国煤层气开发地质学不断发展，并对我国煤层气开发起到更大的推动作用。

1.3 煤层气开发管理中的地质科学

1.3.1 开发地质师的任务

利用切合实际的地质依据进行正确的气藏描述是开发战略取得成功的关键。一个优秀的开发地质师必须具有基础地质学领域的专门技术知识，深入掌握相关的煤储层沉积环境，善于把煤层气藏地质特征与气藏动态特征结合起来，以确定煤层气藏的连续性和气藏性质。同时，开发地质师还应具有地震解释和地质建模方面的经验。

通过深入分析煤层气藏的特征，煤层气开发地质学主要致力于实现经济效益最佳的煤层气开发。为了实现这一目标，开发地质师必须参加静态和动态煤层气藏的描述工作。即静态确定储层原始状态，动态确定流体在储层中的运动状态。

实际上，所涉及的内容是多学科的，只有通过地质师、地球物理学家、沉积学家、地球化学学家和构造地质师的共同努力才能完成。最终的地质模型将供工程师和管理者使用，所以他们的贡献也是必不可少的。

开发地质师从发现煤层气之后开始工作，其具体工作任务如下：

(1) 处理所施工钻井的单井数据。

(2) 汇编气井数据，并利用确定性方法和统计方法建立它们之间的对比关系。

(3) 确定储层的形态、大小、位置和内在结构，绘制等厚线、顶底面构造图。

(4) 确定评价井、开发井井位和编制钻井地质资料采集方案。

(5) 为预测煤层气的地质储量和评价开发方案建立地质模型。

(6) 确定加密井井位。

(7) 为改善采气状况和技术的应用编制地质依据。

要对煤层气藏实现最佳管理,需要对储层岩石及流体有一个全面深入的了解,要满足这些要求,开发地质学起着重要作用。

1.3.2 开发地质成果在煤层气田开发中的应用

通过开发地质研究得到了对煤层气藏整体上的认识,这是进行开发设计的基础。只依据煤层气藏的局部现象进行设计而造成开发效果很差的实例已屡见不鲜,应认真吸取经验以求改进。开发设计的整体布局,至少包括以下三个方面:

(1) 在平面上,含气部分的开发设计和气藏以外的水体部分能量的利用,要统一加以考虑。

(2) 在垂向上,对气顶部分、含气部分和底部含水部分的开发布局要统一考虑,多层含气气藏中,对层系的划分及井网安排要全面考虑。

(3) 在开发阶段上,对气藏开发初期、中期及后期将发生的演变过程,以及对井网和工艺措施上的变化,也要全面考虑、相互衔接。

煤层气藏开发设计必须从煤层气藏的地质特点出发,针对各个气藏不同的情况选择合适的方法和工艺。要选择生产效率高、波及系数大、工作量和投资费用较少的方法和工艺,只有这样才能获得采收率高、稳产期长、经济收益好的效果。如果发现了煤层气藏,既不开展煤层气藏的全面研究,未能准确地认清其特征,又不选择合适的开发方法和工艺,反而按照已有的老一套的办法去开采,仓促钻井投产,这样的开发效果是不会好的,稳产期将缩短,采收率降低,经济效益必然很差。

1.4 煤层气开发地质学资料特征和要求

取全取准所需的基础资料,是做好气藏描述工作的前提。一旦发现气田后进入开发准备阶段,就必须全盘周密考虑各项资料的录取工作。除地震测量资料外,所有开发地质所需的资料信息都必须通过井眼来录取。因此,在部署钻井规划的同时,要部署好资料录取规划,保证及时录取所需的各项资料。

所需的基础资料有四大类:岩心及其试验分析资料,测井及其解释资料,测试及其处理分析资料,开发地震资料。

1.4.1 岩心及其试验分析资料

岩心及其试验分析资料是认识煤储层最直接的信息,也是煤储层评价必不可少的基础资料。因此,尽早尽可能地进行系统取心,取得一个所研究煤储层的完整岩心剖面,是开发煤储层评价很关键的一环。

系统取心井点在平面上的分布应考虑煤储层在平面上、纵向上相变的程度,保证所取岩心(包括煤样)能覆盖各类微相和岩相,以利于建立测井相和各类微相、岩相之间的物性关系。

常规岩心分析的取样应满足一定的密度要求，以满足测井的岩石物性解释需要。储层非均质性越强，要求取样密度越大。

应有一定数量的有代表性的岩心样品，在同一块岩样上测定几项关键参数，以求得各项参数间合理的相关关系，如孔隙度和渗透率、水平渗透率和垂直渗透率、不同方向上水平渗透率的差异等。

密闭取心等特殊技术取心是直接取得准确的气、水饱和度资料和润湿性资料等的专门手段，特别是含气饱和度和含水饱和度的计算，对煤层气勘探评价具有重要意义。同时要有一定的特殊岩心分析，了解煤储层的渗流特征，测试获取相对渗透率和储层敏感性等。

1.4.2 测井及其解释资料

测井解释资料是开发煤储层评价中最重要的间接资料。任何一个煤层气田取心井总是少数，测井就成为取得煤储层信息的主要手段。

目前国内外广泛采用组合测井，即用一组测井曲线解决某一个开发地质问题，形成专门的测井系列。而一个煤层气田测井系列的选择和确定，必须建立在搞清本煤层气田储层的“四性”关系的基础上(“四性”关系——煤储层的岩性、物性、含气性和电性关系)。其中，岩性(lithology)指的是煤储层岩石的类型和特性，如砂岩、石灰岩、页岩等。岩性决定了煤储层的孔隙结构和流体流动特性。物性(physical properties)涉及煤储层的孔隙度、渗透率等物理参数。这些特性影响流体在煤储层中的流动能力和效率。含气性(hydrocarbon content)指的是煤储层中所含甲烷的类型和数量。这通常通过测井响应来间接评估，如电阻率、中子孔隙度等。电性(electrical properties)通常通过测井响应来表征，包括电阻率、介电常数等。这些响应与煤储层中的流体类型(如水、气)和含量有关。电性为各种测井响应的通称。

测井资料应能满足如下需要：

(1) 岩类的判别，对比标准层的建立，测井相的建立。

(2) 煤储层、盖层、产气层、产水层的定性判别。

(3) 孔隙度、渗透率、有效厚度、原始含水饱和度的定量解释。

(4) 投产后煤储层动态参数的确定，如剩余饱和度等。

1.4.3 测试及其处理分析资料

这里所讲的测试资料包括重复式地层测试、钻杆测试、试井(包括多井试井)、完井试气(特别是分层试气)、示踪剂测试，以及开发过程中生产井的生产数据等资料。测试技术是取得气藏动态信息的重要手段，也是验证和丰富气藏静态信息必不可少的手段，并且能揭示气藏静、动态参数之间的内在关系。测试资料应能覆盖各类储层(各种微相类型、岩石类型、物性级别、孔隙结构)和含气、含水区。

测试资料应能满足：① 建立煤储层压力场和温度场；② 确定煤储层的边界与性质、连续性、连通性；③ 确定煤储层中流体的性质与分布；④ 确定煤储层的产能；⑤ 了解煤储层中含气饱和度和含水饱和度。

1.4.4 开发地震资料

发现煤层气田以后，应尽可能地进行三维地震测量，配以部分垂直地震剖面测量以及高分辨率地震测量、井间地震测量等新技术，并通过各种特殊处理对气藏进行评价。

开发地震资料主要用于：① 通过地震相识别沉积相。地震相是特定沉积相或地质体的地震响应。根据地震反射特征，如反射外形、内部结构、顶底和侧向接触关系以及振幅的强弱等主要参数，确定出地震相类型，从而确定出沉积相类型。② 精查煤储层的构造形态、断裂分布发育情况。三维地震比二维地震有更高的精度，通过三维地震测量往往能补充、修正原有的煤储层构造解释。③ 识别煤储层的变化，确定煤储层的厚度、分布、形态，特别是可用合成地震或地震测井等进行煤储层横向追踪，确定煤储层的尖灭位置等。④ 利用各种声波信息判断煤储层中的孔隙发育带，用各种地震烃类检测技术判断煤储层中流体类型和界面。⑤ 监测煤储层开发过程中流体的变化，如含气性变化、地层水的运移流动等。

以上四大类资料可用于煤层气藏评价与描述，岩心是基础，地球物理（测井与地震）是手段，测试是验证。必须强调只有综合运用各种技术方法，才能保证对气藏做出科学评价与描述。

1.5 参考文献

李勇，2015. 鄂尔多斯盆地东缘煤层气富集成藏规律研究[D]. 北京：中国地质大学（北京）.

李勇，许卫凯，高计县，等，2021. "源-储-输导系统" 联控煤系气富集成藏机制：以鄂尔多斯盆地东缘为例[J]. 煤炭学报，46(8)：2440-2453.

罗平亚，2024. 我国煤层气有效开发战略研究[M]. 北京：科学出版社.

秦勇，申建，史锐，2022. 中国煤系气大产业建设战略价值与战略选择[J]. 煤炭学报，47(1)：371-387.

叶建平，2025. 中国煤层气勘探开发及其科技进步历程回顾与思考[J]. 煤田地质与勘探，53(1)：114-127.

张守仁，桑树勋，吴见，等，2022. CO_2驱煤层气关键技术研发及应用[J]. 煤炭学报，47(11)：3952-3964.

FLORES R M, MOORE T A, 2024. Coal and coalbed gas: future directions and opportunities [M]. Amsterdam: Elsevier Science.

MOORE T A, 2012. Coalbed methane: areview[J]. International journal of coal geology, 101: 36-81.

第 2 章　煤岩物质组成

煤是一种固态可燃有机岩，包括有机物质和无机矿物。基于肉眼可识别的煤岩成分可以将煤划分为不同的宏观煤岩类型；基于显微镜可识别的煤岩成分可以将煤划分为不同的显微煤岩类型。成煤环境和煤化过程差异会使煤形成不同的宏观和显微煤岩类型。

2.1 煤炭分类

在煤地质学上，根据成因、化学性质和岩石性质，煤可被区分出腐植煤和腐泥煤。腐植煤由高等植物遗体在沼泽中经泥炭化作用和煤化作用转变而成；腐泥煤由湖沼、潟湖或闭塞的浅海环境中的藻类植物及浮游生物在还原环境中经腐解转变而成（表 2-1）。

表 2-1　煤的类型和宏观煤岩成分

煤的类型	宏观煤岩成分	肉眼可识别的特征
腐植煤	镜煤	半亮，黑色，一般很脆，常具裂隙
	亮煤	半亮，黑色，极薄层状
	暗煤	暗淡，黑色或灰黑色，坚硬，表面粗糙
	丝炭	丝绢光泽，黑色，纤维状，软，极易碎
腐泥煤	烛煤	暗淡或弱油脂光泽，黑色，均一状，非层状，很坚硬，贝壳状断口，黑色条痕
	藻煤	像烛煤，但外观略带褐色，褐色条带

按煤的挥发分，将所有煤分为褐煤、烟煤和无烟煤。

对于褐煤和无烟煤，分别按其煤化程度和工业利用的特点分为 2 个和 3 个小类；烟煤按挥发分>10%～20%、>20%～28%、28%～37%和>37%的四个阶段分为低、中、中高及高挥发分烟煤。

关于烟煤黏结性，则按黏结指数 G 区分：0～5 为不黏结和微黏结煤；>5～20 为弱黏结煤；>20～50 为中等偏弱黏结煤；>50～65 为中等偏强黏结煤；>65 则为强黏结煤。对于强黏结煤，又把其中胶质层最大厚度 Y>25 mm 或奥阿膨胀度 b>150%（对于 V_{daf}>28%的烟煤，b>220%）的煤分为特强黏结煤。

在煤类的命名上，考虑新旧分类的延续性，仍保留气煤、肥煤、焦煤、瘦煤、贫煤、弱黏煤、不黏煤和长焰煤 8 个煤类。

上述分类依据的是《中国煤炭分类》（GB/T 5751—2009）（表 2-2）。

表 2-2　中国煤炭分类简表

类别	代号	编码	分类指标					
			V_{daf}/%	G	Y/mm	b/%	P_M/%	$Q_{gr,maf}$/(MJ·kg^{-1})
无烟煤	WY	01,02,03	≤10.0					
贫煤	PM	11	>10.0～20.0	≤5				
贫瘦煤	PS	12	>10.0～20.0	>5～20				
瘦煤	SM	13,14	>10.0～20.0	>20～65				
焦煤	JM	24,15,25	>10.0～28.0	>50	≤25.0	≤150		
肥煤	FM	16,26,36	>10.0～37.0	>85	>25.0			
1/3 焦煤	1/3JM	35	>28.0～37.0	>65	≤25.0	≤220		
气肥煤	QF	46	>37.0	>85	>25.0	>220		
气煤	QM	34,43,44,45	>28.0	>35	≤25.0	≤220		
1/2 中黏煤	1/2ZN	23,33	>20.0～37.0	>30～50				
弱黏煤	RN	22,32	>20.0～37.0	>5～30				
不黏煤	BN	21,31	>20.0～37.0	≤5				
长焰煤	CY	41,42	>37.0	≤35			>50	
褐煤	HM	51,52	>37.0				≤50	≤24

注：V_{daf}表示干燥无灰基挥发分含量，P_M 表示透光率，$Q_{gr,maf}$表示恒湿无灰基高位发热量。

2.2　宏观煤岩

宏观煤岩成分主要包括镜煤、亮煤、暗煤和丝炭，可以通过肉眼或放大镜进行区分，是构成煤的基本单元，与构成岩石的矿物类似。宏观煤岩类型是指按照宏观煤岩成分和同一变质程度煤的平均光泽强度所划分的类型，在一定程度上反映宏观煤岩成分的组合情况，也反映煤的岩相组成，划分为光亮煤、半亮煤、半暗煤和暗淡煤。

2.2.1　宏观煤岩成分

宏观煤岩成分不便于定量，也不易于了解煤层全貌，因此根据煤中的光亮成分（镜煤和亮煤）在分层中的含量及反映出的总体相对光泽强度，分层划分的厚度一般不小于 5 cm。

2.2.1.1　镜煤

镜煤是由植物木质纤维组织经凝胶化作用转变而成的，质地纯净且均匀，成分和结构比较单一。镜煤颜色深黑、光泽强，是煤中颜色最深和光泽最强的成分，一般具贝壳状断口和内生裂隙。镜煤性脆，但脆度次于丝炭，易碎成棱角状小块，在煤层中常呈凸透镜状或条带状，条带厚几毫米至 1～2 cm，有时呈线理状存在于亮煤和暗煤之中。镜煤的颜色、光泽和内生裂隙数目均随煤化程度的加深而发生有规律的变化；随着煤化程度的加深，镜煤的颜色由深变浅，光泽变强，内生裂隙增多。

在显微镜下观察，镜煤轮廓清楚，质地纯净，是一种简单的煤岩类型（由结构镜质体和均质镜质体等组成）。镜煤的挥发分和氢含量高，黏结性强，通常矿物质含量少。

2.2.1.2　亮煤

亮煤是在覆水还原条件下，由植物木质纤维组织经凝胶化作用，并且掺杂由一些水或风搬运来的其他组分和矿物杂质转变而成的。亮煤光泽次于镜煤，一般呈黑色，较脆易碎，断面比较平坦，相对密度较小。亮煤均一程度不如镜煤，表面隐约可见微细层理，有时可见内生裂隙。煤层中亮煤是最常见的宏观煤岩成分，常呈较厚分层，也可组成整个煤层。

2.2.1.3　暗煤

暗煤组成比较复杂，是在活水有氧的条件下，富集了类脂组、惰质组或掺进较多矿物质转变而成的。暗煤光泽暗淡，一般呈灰黑色，致密坚硬，相对密度大，韧性大，不易破碎，断面比较粗糙，一般不发育内生裂隙。在煤层中，暗煤也是常见的宏观煤岩成分，常呈厚薄不等的分层，也可组成整个煤层。

2.2.1.4　丝炭

丝炭是由植物木质纤维组织经历森林火灾形成，或在缺水多氧环境中缓慢氧化而成的。丝炭外观与木炭类似，颜色灰黑，具明显纤维状结构和丝绢光泽。丝炭疏松多孔，性脆易碎，能染指，其胞腔有时被矿物质充填，称为矿化丝炭。在煤层中，丝炭常呈扁平透镜体沿层理面分布，厚度多为几毫米，有时能形成不连续薄层，个别地区丝炭厚度可达几十厘米以上。

2.2.2　烟煤宏观煤岩类型

2.2.2.1　光亮煤

光亮煤主要由镜煤和亮煤组成（大于 80%），光泽强（在四种宏观煤岩类型中光泽最强），成分比较均一，常呈均一状或不明显的线理状结构，贝壳状断口，内生裂隙发育，脆度较大，易破碎，中等煤化程度时是最好的炼焦用煤。显微镜下观察，镜质组含量一般在 80%以上，显微煤岩类型以微镜煤为主（表 2-3）[图 2-1(a)(b)]。

表 2-3　宏观煤岩类型分类(参考 GB/T 18023—2000)

宏观煤岩类型	代码	分类指标		定义和描述
		总体相对光泽强度	光亮成分含量/%	
光亮煤	BC	强	>80	光亮煤为煤层中总体相对光泽最强的类型，它含有大于 80%的镜煤和亮煤，只含有少量的暗煤和丝炭。光亮煤成分较均一，通常条带状结构不明显，具有贝壳状断口，内生裂隙发育，较脆，易破碎
半亮煤	SBC	较强	>50～80	半亮煤为煤层中总体相对光泽较强的类型，其中镜煤和亮煤的含量为 50%～80%，其余为暗煤，也可能夹有丝炭。半亮煤的条带状结构明显，内生裂隙较发育，常具有棱角状或阶梯状断口。半亮煤是最常见的宏观煤岩类型
半暗煤	SDC	较弱	>20～50	半暗煤是煤层中总体相对光泽较弱的类型。其中镜煤和亮煤含量仅为 20%～50%，其余多为暗煤，也夹有丝炭，半暗煤的硬度、韧性和相对密度较大

表 2-3(续)

宏观煤岩类型	代码	分类指标		定义和描述
		总体相对光泽强度	光亮成分含量/%	
暗淡煤	DC	弱	≤20	暗淡煤是煤层中总体相对光泽最弱的类型，其中镜煤和亮煤含量在20%以下，其余的多为暗煤，也夹有少量丝炭。也有个别煤田存在以丝炭为主要成分的暗淡煤。暗淡煤通常呈块状构造，层理不明显，煤质坚硬，韧性大，相对密度大，内生裂隙不发育

图 2-1　烟煤宏观煤岩类型

2.2.2.2　半亮煤

半亮煤中亮煤和镜煤占多数(50%～80%)，常以亮煤为主，含有镜煤、暗煤和丝炭，光泽强度比光亮煤稍弱。各种宏观煤岩成分交替出现，常呈条带状结构，内生裂隙较发育，具棱角状或阶梯状断口。半亮煤是最常见的宏观煤岩类型。显微镜下观察，镜质组含量一般为60%～80%(表 2-3)[图 2-1(c)(d)]。

2.2.2.3　半暗煤

半暗煤中镜煤和亮煤含量较少(20%～50%)，暗煤和丝炭含量较多，光泽比较暗淡，常具有条带状、线理状或透镜状结构。半暗煤硬度、韧性和相对密度都较大，内生裂隙不发育，端口参差不齐。显微镜下观察，镜质组含量一般为 40%～60%，有时镜质组含量大于 60%，但由于矿物质含量高，煤的相对光泽强度减弱而成为半暗煤[图 2-1(e)(f)]。

2.2.2.4　暗淡煤

暗淡煤中镜煤和亮煤含量很少(≤20%)，以暗煤为主，有时含较多丝炭。光泽暗淡，层理不可见，呈线理状或透镜状结构，块状构造。暗淡煤一般致密坚硬，韧性大，相对密度大。个别煤田，如青海大通煤田，有以丝炭为主要成分的暗淡煤[图 2-1(g)(h)]。显微镜下观察，其镜质组含量一般低于 40%，而惰质组含量可达 50%以上。暗淡煤的矿物质含量往往相对较高。

2.2.3　褐煤宏观煤岩类型

按煤化程度由低到高，可将褐煤细分为软褐煤(或土状褐煤)、暗褐煤和亮褐煤三个阶段。亮褐煤在宏观特征上接近烟煤，四种宏观煤岩成分清楚可见，其煤岩类型可用硬煤(包括烟煤和无烟煤)的方法来划分。但软褐煤和暗褐煤的宏观特征与硬煤大不相同，基本无光泽，不能划分出四种宏观煤岩成分，其宏观煤岩类型不同于烟煤和无烟煤。

国际煤岩学委员会(International Committe of Coal Petrology，ICCP)于 1984 年提出软褐煤煤岩类型分类系统。该分类系统根据组成成分分出四种煤岩类型组，即碎屑煤、木质煤、丝质煤和富矿物煤。每一种煤岩类型组还可根据结构分出煤岩类型，如条带状煤和非条带状煤。进一步可按凝胶化作用的程度和颜色细分出煤岩类型种，如黄色煤(未凝胶化)、褐色煤(弱凝胶化)和黑色煤(凝胶化)。结构要在新鲜面上观察，颜色应以干燥后(约 2 d)的颜色为准。

我国褐煤资源丰富，以中生代的晚侏罗世时期形成的为主，占全国褐煤储量的 4/5 左右，主要分布在内蒙古东部与东北三省相连的地区，如扎赉诺尔、霍林河、伊敏河、大雁等煤田(张殿奎，2010)。新生代古近纪和新近纪的褐煤储量约占全国褐煤储量的 1/5，主要分布于云南省，如昭通、小龙潭、先锋等煤田(张殿奎，2010)。软褐煤在褐煤储量中不足 20%，但是软褐煤中保存有许多完整的或破碎状的腐殖化植物茎秆、树桩、树枝、叶子等原始成煤物质以及成因标志，根据褐煤的岩石类型可以推测为煤沼泽环境，即煤相。褐煤是煤化程度最低的煤，所以深入研究软褐煤的岩石类型，对认识早期煤化作用、丰富和完善成煤作用理论具有重要意义。

中国学者研究内蒙古霍林河中生代褐煤和云南昭通新近纪褐煤时，应用国际煤岩学委员会的划分原则，将褐煤分为碎屑煤、木质煤、丝质煤和矿化煤四种类型。其中，碎屑煤的木煤含量少于 25%，而木质煤的木煤含量大于 25%，丝质煤的丝炭含量大于 30%，矿化煤的矿物质含量大于 25%。中国国家标准《煤岩术语》(GB/T 12937—2008)中规定褐煤分为木质煤(木煤含量大于 10%)、碎屑煤(木煤、丝炭含量均小于 10%)、丝炭煤(丝炭含量大于 10%)和矿化煤等四种宏观煤岩类型。

2.3　显微煤岩

显微组分是在光学显微镜下能够识别的煤的基本成分，其中由植物遗体变化而成的称为有机显微组分，而矿物杂质则称为无机显微组分。

运用光学显微镜研究煤有两种常用方法：一种是把煤磨成薄片在透射光下观察，主要鉴定标志是显微组分的颜色(透光色)、形态、结构等，低、中阶煤的显微组分有红、黄、棕、黑等各种颜色，易于区别，但到了中、高阶煤，显微组分逐渐变得不透明，难以区分；另一种是把煤块表面磨光，在反射光下观察，主要鉴定标志除了颜色（反光色）、形态、结构外，还有突起，不同显微组分硬度不同，硬的组分不易磨损，显出突起，软的组分则不显突起，且在各个煤阶均可应用。由于煤的光片仅代表煤层中某一点的情况，为研究整个煤层或某些煤分层的性质，需要选取有代表性的煤样，将其破碎缩分，取少量有代表性的煤粒，用胶结物黏结起来，制成煤砖粉片，然后进行显微镜下研究。煤光片和煤砖粉片因制作方便，适用范围广，得到了广泛应用。用反射光研究煤时，可在煤光片或煤砖粉片与物镜镜头间加上一种浸油（折光率 $N=1.518$），由于浸油与物镜光学玻璃的折光率相近，故光线不产生折射，从而可提高各组分显微影像的反差和清晰度。

除了煤薄片和煤光片的研究外，还可把煤磨制成光薄片，即把煤磨成薄片后再把表面抛光，可同时进行透射光和反射光下的研究，还可用于电子探针、电子显微镜研究。荧光显微镜用紫外光或蓝光作为激发光照射煤光片，不同的显微组分可发出强度不同的荧光，在鉴定煤阶和某些显微组分时有良好效果（图 2-2）。

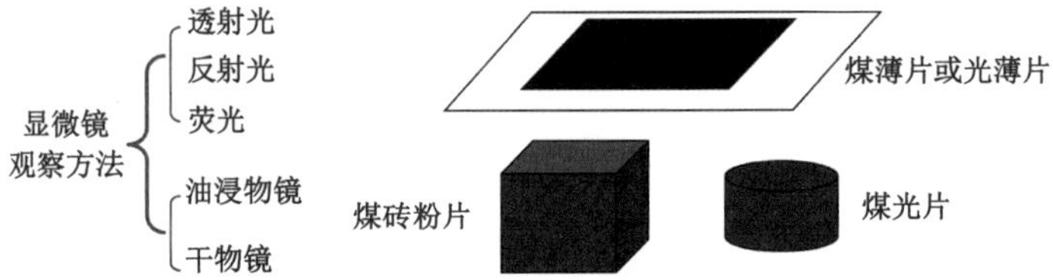

图 2-2　煤岩显微组分观察分析方法

2.3.1　有机显微组分

煤的显微组分定义与分类的国际标准“ICCP system 1994”是国际煤岩学委员会（ICCP）历经 26 a（1991—2017）完成的，按照显微组分组和发表的时间，该标准共分 4 个部分，分别是镜质体（1998）、惰质体（2001）、腐植体（2005）和类脂体（2017）。“ICCP system 1994”目前已被国际上从事煤岩学和有机岩石学研究的科研工作者广泛采用。在“ICCP system 1994”镜质体分类方案中，镜质体显微组分组被划分为 3 个亚组，即结构镜质体亚组、碎屑镜质体亚组和凝胶镜质体亚组，它们分别进一步被划分为 2 个显微组分。其中，划分亚组的主要依据是植物组织的破坏（降解）程度，显微组分之间区分的主要依据是凝胶化程度和（或）形貌特征。中华人民共和国国家标准《烟煤显微组分分类》（GB/T 15588—2013）和“ICCP system 1994”相比，前者采用了显微组分组、显微组分和显微亚组分的分类方案，将均质镜质体和基质镜质体划入无结构的显微亚组分。

2.3.1.1　镜质体

镜质体是煤中最常见的显微组分组，由植物的根、茎、叶在覆水还原条件下，经过凝胶化作用而形成。镜质体的颜色与反射率都随煤阶演化而逐渐发生改变。在低阶煤和未成熟沉积岩中，镜质体呈暗灰色。随机反射率大于 0.5% 的中、高阶煤和对应成熟度的沉积岩中，镜质体呈浅灰色。镜质体不同组分荧光的颜色和强度也受煤阶和沥青化程度（吸附类似石油类物质）的影响。当镜质体随机反射率 R_r 为 1.0%～1.2% 时，镜质体荧光强度达到最大值，随后迅速降低。镜质体荧光颜色呈现红橙至红褐色，并且在以胶结碎屑成分为主的胶质镜质体中表现明显。镜质体主要包括结构镜质体、碎屑镜质体和凝胶镜质体。

（1）结构镜质体

结构镜质体由可见或不明显的植物细胞结构的显微组分组成。结构镜质体起源于由木质素和纤维素组成的草本和树木植物的根、茎、树皮和叶的薄壁和木质组织。pH 值较低的酸性森林泥炭沼泽环境或潮湿的覆盖有森林植被的高位沼泽环境，利于植物细胞组织保存，会导致煤中具有高含量的结构镜质体。低阶煤中的结构镜质体的前身是结构腐植体。结构镜质体亚组由镜质结构体（telinite）和胶质结构体（collotelinite）组成，它们由于经历不同地球化学凝胶化作用（镜煤化程度）而易于鉴别。前者由易于鉴别的细胞壁构成，而后者基本上不显结构，在切片中大致顺层理展布，空间延展范围较大。

① 镜质结构体：由具有基本完整植物组织并易于识别的细胞壁组成。

② 胶质结构体：由基本上均质的结构差的镜质体层组成，基本上不显结构，细胞结构可用浸蚀法揭示。

镜质体显微组分如图 2-3 所示。

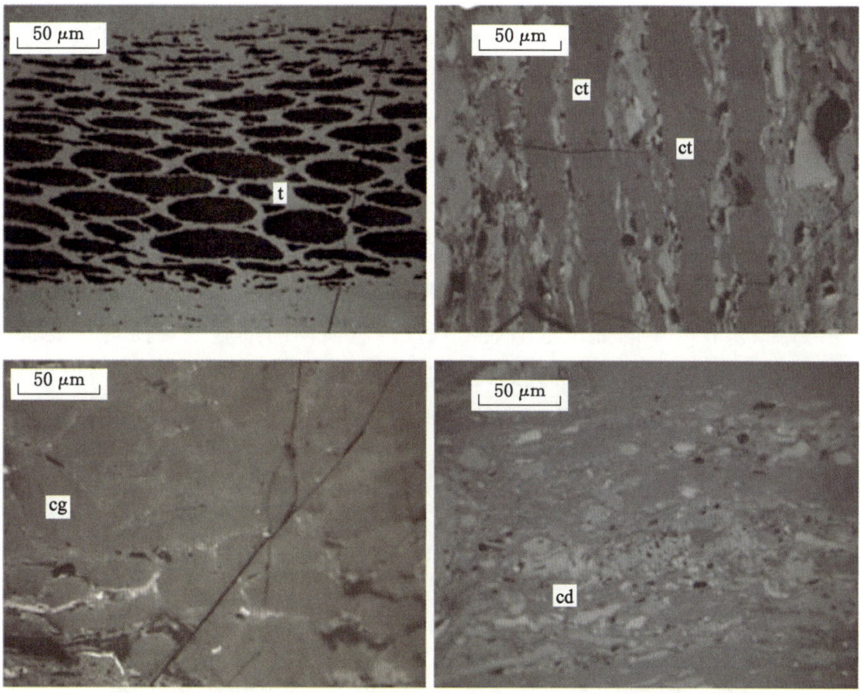

t—镜质结构体；ct—胶质结构体；cg—团块凝胶体；cd—胶质碎屑体。

图 2-3　镜质体显微组分（代世峰等，2021a）

（2）碎屑镜质体

碎屑镜质体大多来源于泥炭化阶段就已被分解了的植物或腐植泥炭的颗粒，它们很少是由于镜质组受压而成的碎片。当它和其他镜质组的组分在一起时不易区别开，只有被不同的显微组分包围时才可观察到。

① 镜质碎屑体：是镜质体显微组分中的碎屑镜质体亚组的显微组分，以分散的不同形

状的小颗粒形式存在。

② 胶质碎屑体：是胶结其他煤成分的有时显示斑状结构的镜质基质。

(3) 凝胶镜质体

凝胶镜质体由植物空隙中的镜质凝胶物质充填物组成。该亚组由团块凝胶体和凝胶体组成。前者指原位成因的细胞腔鞣质充填物或单独分布于煤和矿物基质中的孤立个体；后者指微裂隙、内生裂隙或空隙中次生成因的均质充填物。其大小不等。

① 团块凝胶体：是相互分离均质团块或均质的细胞充填物。

② 凝胶体：由充填于裂隙和其他空隙中均质的无结构充填物组成。

2.3.1.2 惰质体

与镜质体和类脂体相比，惰质体具有明显的惰性，特别是在碳化过程中其惰性更为明显。"ICCP system 1994"中惰质体的定义为：惰质体为显微组分组，在低、中阶煤以及低、中变质程度的沉积岩中，惰质体显微组分的反射率比镜质体(vitrinite)和类脂体(liptinite)显微组分的高。在"ICCP system 1994"中，惰质体显微组分组包含的显微组分有丝质体、半丝质体、真菌体、分泌体、粗粒体、微粒体和惰质碎屑体，其中真菌体和分泌体与ICCP原命名方案中的菌类体对应。当镜质体和惰质体的最大反射率达5%时，镜质体的反射率开始超过惰质体。与镜质体相比，惰质体显微组分无荧光或有弱荧光性。惰质体显微组分的形状和细胞结构保存程度受不同成煤植物组织和沉积环境及其演化的影响。惰质体中保存植物细胞结构的显微组分为丝质体、半丝质体和真菌体；无植物细胞结构的显微组分为分泌体、粗粒体和微粒体；呈碎屑状的惰质体显微组分为惰质碎屑体。大多数反射率高(随机反射率大于6%)的惰质体显微组分呈灰、灰白至黄白色。惰质体显微组分的灰度更多地反映了其沉积环境而非煤化作用程度。惰质体显微组分的反射率主要取决于它们不同的化学组成，其反射率在任一煤层或沉积岩中的变化范围通常很广。丝质体的细胞壁可能具有微弱各向异性。在煤化作用过程中，惰质体的反射率直到无烟煤阶段仍高于共伴生的镜质体，但到了变无烟煤阶段，镜质体的最大反射率会高于共伴生的惰质体。惰质体显微组分如图2-4所示。

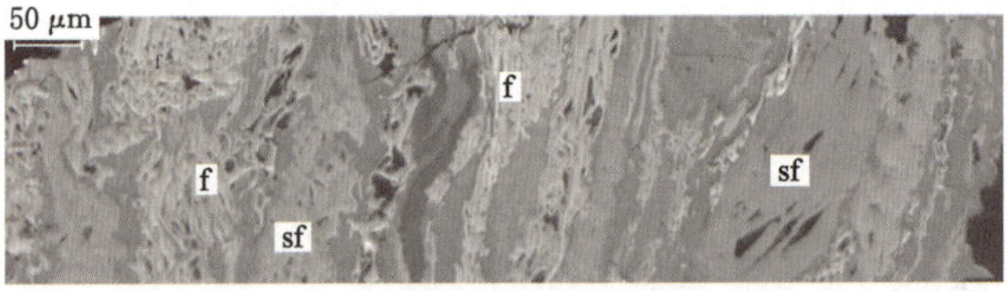

(a)

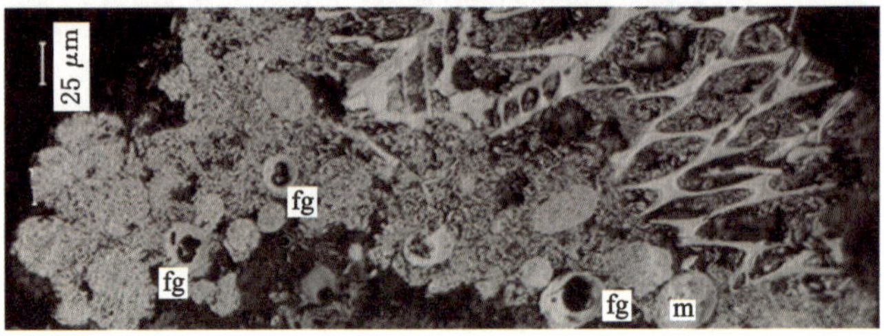

(b)

f—丝质体；sf—半丝质体；fg—菌类体；m—粗粒体；id—惰质碎屑体；s—分泌体；mi—微粒体。

图 2-4 惰质体显微组分(代世峰等，2021b)

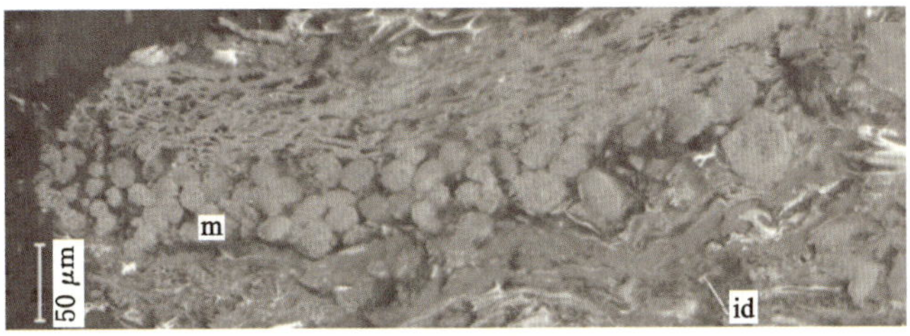

(c)

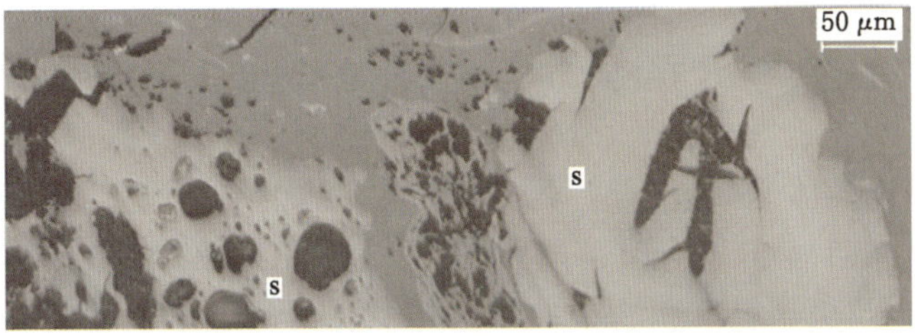

(d)

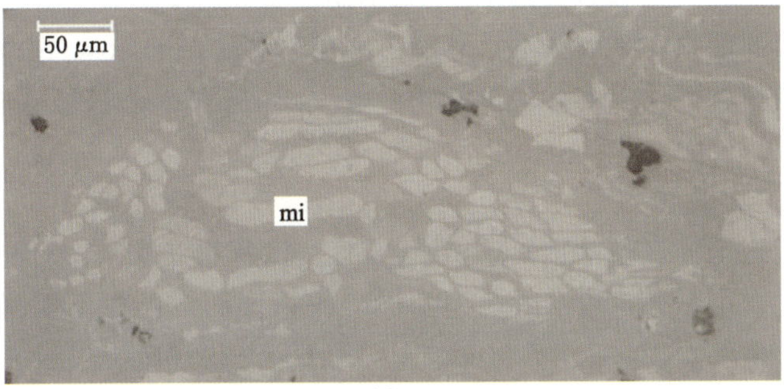

(e)

图 2-4(续)

(1) 丝质体

该术语最初由斯托普斯(Stopes)提出,用来描述煤中不透明的具细胞结构的煤成分。"ICCP system 1994"对丝质体的定义是:丝质体具有高反射率值及保存有完好的细胞结构,或至少有一处保存完整的薄壁组织、厚角组织的细胞结构。需要注意的是,只有那些具有高反射率的组织细胞壁才能鉴定为丝质体。丝质体的细胞壁常比结构腐植体/结构镜质体和半丝质体的细胞壁要薄。丝质体既可以是规则的、保存完好的组织(有时可以识别出筛板和具缘纹孔),也可以是上述细胞组织的弧形碎片(当多个薄壁碎片聚集时出现弧形结构)。丝质体也可能显示出膨胀的细胞壁。根据植物来源、微生物破坏的程度和切片的方向,细胞腔显示出不同的大小和形状。丝质体的细胞腔通常是空的,但偶尔会充填凝胶体、渗出沥青体或矿物(如黏土或黄铁矿)。值得注意的是,保存完好的来源于真菌的组织或细胞不是丝质体而是真菌体。

(2) 半丝质体

半丝质体是在同一煤层或沉积岩中反射率和结构介于腐植结构体/镜质结构体和丝质体之间的一种惰质体显微组分。半丝质体的胞腔有时模糊不清或仅部分可见。即使在同一个煤颗粒中,胞腔的大小和形状也可能有所不同,但通常小于丝质体中相应组织的胞腔。如果半丝质体的胞腔闭合，则细胞壁通常不会显示清晰的轮廓。由木质部形成的半丝质体的胞腔和细胞壁通常比由树叶形成的半丝质体的胞腔和细胞壁保存得更好。半丝质体的胞腔可能是空的或充填了其他显微组分（如渗出沥青体）或矿物（如黏土矿物）。

(3) 粗粒体

它包括无定形、无结构、高反射率的非颗粒状基质，也包括大小不等的颗粒。反射光下呈白色至浅灰色，透射光下呈黑色至褐色，磨蚀硬度与镜质组相近，在磨光面上一般不显突起。粗粒体是由凝胶经氧化作用生成的一种无定形物质；或泥炭表面氧化产物沉积到水下形成的粗粒体，其中包括真菌和细菌的代谢产物。此外，有观点提出粗粒体是煤化作用期间由富脂类化合物变化而成的，也有观点认为部分粗粒体起源于火焚泥炭。

(4) 菌类体

菌类体是一种惰质体显微组分，主要由高反射率的单细胞或多细胞真菌孢子、菌核、菌丝、菌丝体（菌基质和菌根）及其他真菌遗骸组成。

古近纪、新近纪及更年轻沉积物中的真菌体主要由圆形单细胞到椭圆形多细胞组成。根据细胞数量可将其分为单细胞真菌孢子、双细胞真菌孢子、多细胞真菌孢子、纺锤形的冬孢子和多细胞圆形的菌核。真菌体也以管状形式（菌丝）和细管结构（菌丝体和密丝组织）出现。真菌体在较老的古生代煤和其他沉积物中较罕见，主要以菌核衍生物和不同类型的真菌组织的形式出现。

一些现代泥炭中的真菌孢子尺寸为 10～30 μm，菌核和其他真菌组织尺寸为 10～80 μm。石炭纪真菌的厚壁孢子体直径可达 185 μm。在近代沉积物和泥炭中，偶尔能肉眼观察到菌核。菌丝体的尺寸大小不一。单个真菌菌丝（管）的长度和宽度各不相同，并可能很长。印度尼西亚泥炭中的菌丝直径常为 2～4 μm，长度为 100～200 μm。

需要注意的是，多细胞真菌体可能与泡状鞣质体混淆，二者可从泡状鞣质体的规则胞腔上加以区分。真菌体集合体（密丝组织）可能与高等植物降解后的遗骸中不规则惰质体团块很相似。但真菌体缺乏高等植物细胞壁所具有的结构特征（如多层细胞壁、胞间隙）。晚古生代煤中由真菌组织组成的真菌体很难识别，可能会与其他惰质体显微组分（如丝质体）混淆。

菌类体在磨光面上呈浅灰至亮白色；反射率介于 0.4%～1.0%之间，在中阶煤和高阶煤中，同一煤层中真菌体的反射率变化范围很大，反射率通常高于对应的镜质体，但这种差异在对应的镜质体反射率(R_r)约 1.6%时消失。

(5) 碎屑惰性体

碎屑惰性体是丝质体、半丝质体、粗粒体和菌类体的碎片或者残体。通常小于 30 μm，棱角状外形，也有圆形；反射光下呈浅灰色或白色，透射光下呈黑色至暗褐色，一般具有较高的反射率，磨蚀硬度较大。

泥炭表层细粒状腐殖质被真菌和放线菌分解变黑而成为碎屑惰性体，森林沼泽火灾后木炭细碎屑被风吹或水流搬运并在水下沉积，形成碎屑惰性体。

(6) 微粒体

微粒体由粒径小于 1 μm 的圆形小颗粒组成。它在反射光下呈浅灰色至白色，不显突起；透射光下呈黑色或暗褐色，一般需放大到 400 倍以上才能清晰辨别。微粒体可充填在细胞腔中，也可分散在无结构镜质体中，或聚集成微粒体层，有时细胞壁完全变为微粒体。微粒体的反射率高于镜质体，但其磨蚀硬度与镜质组相同。微粒体加热时能产生较多挥发分和氢，呈非惰性，也不特别富含碳。在低煤化程度的烟煤中有沥青质体和树脂体向微粒体过渡的现象。微粒体常与孢子体紧密共生。微粒体是在高挥发分烟煤和老褐煤阶段，由镜质体和腐植体的类脂化合物变化而成的，变化生成的液态沥青被腐植物质所吸附，剩下的则生成微粒体。微粒体属于次生的显微组分。

（7）分泌体

分泌体属于惰质体的显微组分，其形状通常为圆形至椭圆形、有气孔或无气孔、无明显植物结构。虽然分泌体常近圆形，但也可能以月牙形或多边形的形式产出。分泌体的横截面平均直径一般为 60～400 μm，可小至 10 μm，或长至 2 000 多微米。分泌体可能有特征性裂隙，也可能有氧化边和内部裂隙。分泌体也可能被高岭石或其他矿物充填而表现出高反射率的贝壳状外观。低反射率的分泌体可能呈均一状或由黏性流体导致的旋涡状。

分泌体与粗粒体的区别在于前者常呈圆形或等大，有更高的突起；与团块凝胶体的区别在于前者有更高的反射率，粒径更大，且常有裂隙、氧化边和气孔。需要注意的是，被矿物质填充的高反射率贝壳状分泌体不应与天然存在于煤和碳质沉积物中的细球状炭颗粒混淆。

2.3.1.3　腐植体

腐植体是镜质体的前身，来源于薄壁木质组织以及根、茎、树皮和富含纤维素、木质素、鞣酸的叶片等的胞腔填充物。因植物的分解过程、腐植化程度、凝胶化程度和煤阶存在差异，细胞结构被保存的完好程度、可见程度也不同。腐植体中各组分主要根据不同来源和不同转化途径形成的物质结构来划分。腐植体根据显微组分结构（植物组织保存的完好程度）分为 3 个显微组分亚组（结构腐植体、碎屑腐植体、凝胶腐植体），根据植物组织的凝胶化程度（凝胶腐植体除外）分为 6 个显微组分（结构腐植体包括木质结构体、腐木质体；碎屑腐植体包括细屑体、密屑体；凝胶腐植体包括团块腐植体、凝胶体）。腐植体通常呈暗灰至中灰色，油浸反射率为 0.2%～0.4%，与类脂体和惰质体相比，具有高氧、低碳的特征。腐植体元素组成取决于煤阶，在煤化过程中，碳含量逐渐增加，而氧含量逐渐降低。腐植体显微组分如图 2-5 所示。

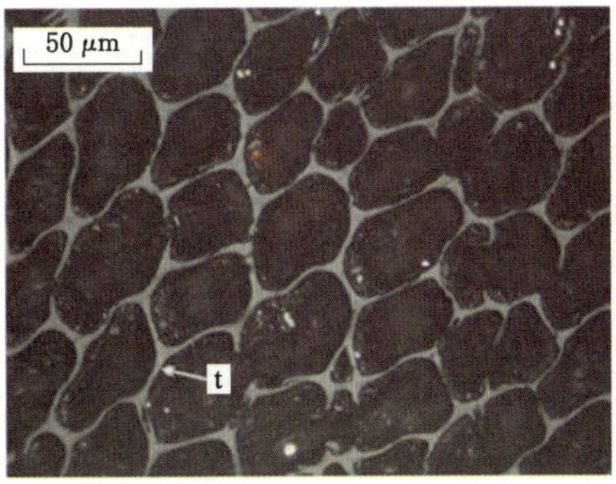

(a)

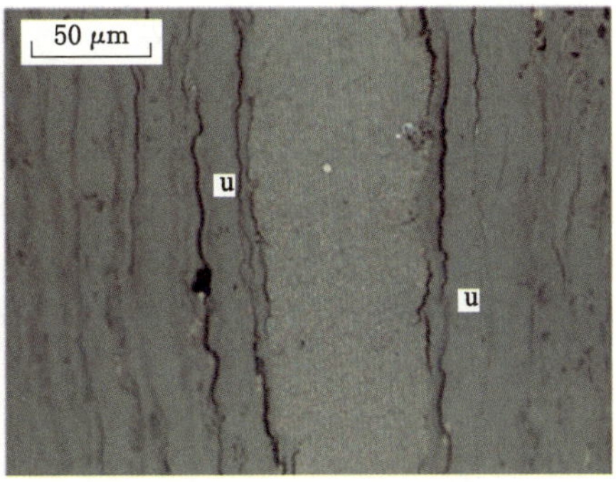

(b)

t—木质结构体；u—腐木质体；a—细屑体；d—密屑体；corh—团块腐植体；g—凝胶体。

图 2-5　腐植体显微组分（代世峰等，2021c）

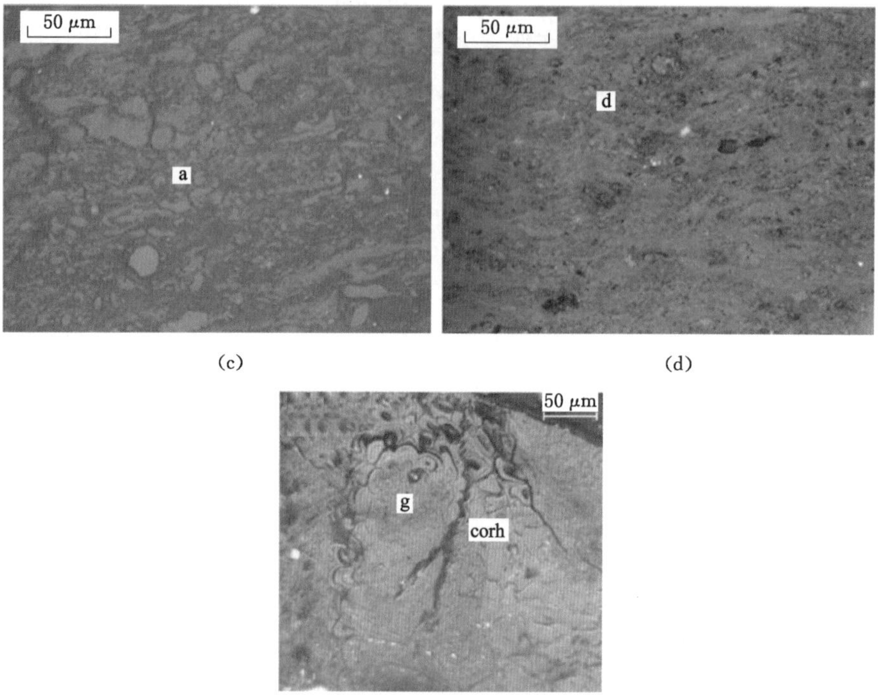

(c) (d)

(e)

图 2-5(续)

(1) 结构腐植体

在白色反射光下，其细胞结构具有不同的保存程度，主要包括植物细胞结构保存完整(可具有不同的保存程度)以及具有独立细胞结构、反射率介于较暗的类脂体和较亮的惰质体之间的显微组分。结构腐植体包括木质结构体和腐木质体，二者可通过凝胶化程度加以区分。木质结构体具有独立的细胞壁，而腐木质体细胞壁虽然清晰可见，但已被压缩和凝胶化。化学浸蚀后能够显示出细胞结构的腐植体称为结构凝胶体。

结构腐植体中的显微组分主要来自草本和木本植物的根、茎、树皮、叶等的富纤维素、木质素的薄壁组织和木质部组织。若煤中有丰富的结构腐植体，则表明在森林泥炭地和森林高位沼泽中的低 pH 环境下细胞组织被高度保存。古近纪和新近纪褐煤中的大部分结构腐植体来源于松柏类等裸子植物，而被子植物的木质部和草本植物的非木质组织的结构均发生了一定程度的分解。结构腐植体是中阶煤和高阶煤中结构镜质体的前身。

① 木质结构体

它是腐植体显微组分组中结构腐植体亚组的一种显微组分，主要包括未凝胶化、离散但是保存完整的细胞壁，或植物组织中的细胞壁。木质结构体的细胞的尺寸和形态虽可能存在差异，但与原始的细胞结构非常相似。其胞腔通常为开放状态或者充填其他显微组分或矿物，充填物一般为树脂体、团块腐植体、多孔凝胶体、微粒体、黏土矿物和碳酸盐矿物。木质结构体的植物组织细胞壁可能发生变形或被破坏。只要组织可被识别，未凝胶化的细胞壁称为木质结构体。单个的细胞一般比较完整；若细胞的单个裂缝的宽度未超过细胞壁的厚度，也属于单个细胞。在木质结构体中可见初生的细胞壁内部结构(如纹层、胞间隙)。

木质结构体有 2 种类型:木质结构体 A 和木质结构体 B,前者的反射率低于后者。未发生凝胶化的腐殖质细胞壁残骸,如果其形态和木质结构体不相匹配,则应该划归为细屑体。即使不考虑反射率,菌类体的细胞壁物质也不能称为木质结构体。根部组织内部的低反射率的似蜡层和皮层也不能称为木质结构体。

② 腐木质体

此为腐植体中结构腐植体亚组的显微组分,指不同凝胶化程度的组织中的细胞壁。腐木质体中细胞壁的大小和形态可能存在差异。受均质化作用,细胞壁的结构已经消失,胞腔闭合。凝胶化作用使细胞壁发生显著膨胀,导致在同一植物组织中,腐木质体细胞壁的厚度大于木质结构体细胞壁的厚度,并且在腐木质体中,细胞壁被压缩,从而可能使细胞产生收缩裂缝。根据反射率的不同,可将腐木质体分为腐木质体 A 和 B,前者的反射率低,而后者的反射率较高。在光学显微镜下,腐木质体 B 与中阶煤中的镜质结构体形态相似。

腐木质体 A 呈暗灰色,腐木质体 B 呈灰色,少量带有褐色色调。腐木质体 A 可能会有微弱的橙色内反射。腐木质体 B 的荧光性取决于煤阶,其随机反射率在 0.2%～0.4%之间,在同一煤样中,腐木质体 A 的反射率较低。

腐木质体 A 的荧光性为脏黄色、褐色至深褐色。腐木质体 A 的荧光强度高于腐木质体 B。随着凝胶化程度和煤阶的增加,腐木质体荧光强度降低。腐木质体的抛光硬度较弱,与其他显微组分相比,不显突起。腐木质体包含腐殖酸、腐殖酸盐以及少量木质素和纤维素,凝胶化的细胞壁不含纤维素。因此,腐木质体 A 的反射率较低必然与细胞壁内充填的树脂或蜡质有关。另外,腐木质体中可含有纤维素的分解产物,其元素的组成与煤阶有关。

(2) 碎屑腐植体

煤中碎屑腐植体包括松散堆积的细胞碎片或其他腐植植物碎屑。根据凝胶化程度,碎屑腐植体包含 2 个显微组分,未凝胶化的细屑体和凝胶化的密屑体。通过透射电子显微镜可区分这 2 个显微组分在结构上的更多差异细节。在沉积物中,所有不能归为其他腐植体显微组分的腐植碎屑,即使有时候其粒径大于 10 μm,也被称为碎屑腐植体。碎屑腐植体具有红外吸收光谱特征,这是由于其具有脂类、芳香烃、羟基和羧基官能团。密屑体可能含有与原始植物中相似的化学结构(如苯基丙烷)。相比被子植物,碎屑腐植体中降解的木质素结构与现代裸子植物更为接近,这一点可以从邻甲氧苯基的存在上得到证实。

① 细屑体:是腐植体中碎屑腐植体亚组的显微组分,是由不同形态的粒径小于 10 μm 的腐植体颗粒和海绵状至多孔状且未凝胶化的无定形腐植物质组成的混合物。

② 密屑体:主要为被无定形的致密腐植物质黏结的细小不同形态腐植体颗粒(粒径小于 10 μm)。因此,在抛光的煤颗粒上,密屑体表面均一、极少有杂色斑点。密屑体的形成有 2 种过程:由纤维素和木质素构成的茎、叶的薄皮组织和木质组织发生强烈的腐化,随后在泥炭阶段潮湿条件下经生物化学凝胶化作用形成;随着煤化作用的进行,原来的细屑体发生地球化学凝胶化作用而形成。

(3) 凝胶腐植体

凝胶腐植体包括团块腐植体和凝胶体。前者是相互分离的均质团块个体或原地形成的鞣质体胞腔充填物;后者为次生、均一的充填物,常充填在之前就存在的空隙中。凝胶腐植体有多种成因,可来源于强烈凝胶化的植物组织和腐植碎屑,并且在反射光下已无法辨认其结构;也可来源于沉淀的腐植凝胶,或者植物原生的鞣质体胞腔充填物(主要在裸子植物中）。

① 团块腐植体

它是呈均质的离散状的腐植胞腔原位充填物，与木质结构体或腐木质体伴生；或者呈离散状独立存在于细屑体、密屑体或黏土中。团块腐植体的形态取决于所充填的胞腔的形状和切片的方向，多呈球形、椭圆形或长条状。团块腐植体的大小也受细胞的原始大小的影响。在古近纪和新近纪煤中，球形的团块腐植体粒径为 10～40 μm，长条状的团块腐植体尺度为 20～170 μm。大多数团块腐植体是紧密均质的，少数团块腐植体有孔隙存在。

团块腐植体中有 2 个显微亚组分，即鞣质体（phlobaphenite）和假鞣质体（pseudo-phlobaphenite）。可通过下列特征区分：鞣质体为原生细胞分泌物的煤化作用产物，假鞣质体来源于腐植凝胶物质形成的次生胞腔充填物。只有它们赋存在木质结构体或腐木质体中，这二者才可被辨别。如果充填物未与闭合的细胞壁接触（孤立地位于胞腔内），则为鞣质体；如果胞腔内完全被无定形的腐植质充填，并且细胞壁和充填物间的界限模糊，则为假鞣质体。

次生的腐植胞腔充填物也可归类为凝胶体。在植物组织中，来源未知，不能分辨出原始位置的单个腐植团块，一般情况下也归于团块腐植体。

② 凝胶体

凝胶体可分为 2 个显微亚组分，即均匀凝胶体（levigelinite）和多孔凝胶体（porigelinite）。均匀凝胶体不显任何结构，呈致密均匀状；在干燥条件下，可见收缩裂缝。均匀凝胶体经化学浸蚀后，可分辨出 3 种隐显微组分：结构凝胶体（telogelinite）可见细胞结构，碎屑凝胶体（detrogelinite）具有细屑体形态，均质凝胶体（eugelinite）无结构。均质凝胶体充填植物胞腔，有裂隙和其他空洞。多孔凝胶体呈海绵状、多孔状或微粒状。与均质凝胶体相似，多孔凝胶体在很多地区的褐煤中均有出现。

凝胶体呈中至浅灰色。多孔凝胶体内部呈离散状的橙色内反射。均匀凝胶体的反射率取决于煤阶，其随机反射率为 0.25%～0.40%。在同一煤样中，多孔凝胶体的反射率通常略高于腐木质体 B 或细屑体的反射率。如果用于煤阶的测定，则必须说明测得的是凝胶体的反射率。由于孔隙的存在，同一煤层中多孔凝胶体可能比均匀凝胶体颜色略深。凝胶体无荧光性，外观均匀，抛光后无突起；维氏硬度为 1.97～2.22 MPa；其化学组成受煤阶、沉积相和区域条件影响。

2.3.1.4 类脂体

类脂体包括孢子体、角质体、木栓质体、树脂体、渗出沥青体、藻类体、类脂碎屑体、沥青质体和叶绿素体等。类脂体由比较富氢的植物物质，如孢粉质、角质、木栓质、树脂、蜡、橡胶、胶乳、脂肪和油所组成；此外，蛋白质、纤维素和其他碳水化合物的分解产物也可参与类脂体的形成。类脂体含有大量的脂肪族成分，其中脂肪蜡可溶于有机溶剂，而木栓质、角质则不溶。这些组分在透光下一般呈黄色，反射光下多数呈深灰色、灰色（低煤阶）；具突起或不具突起。类脂体组分的氢含量高，加热时能产出大量的焦油和气体，黏结性较差或没有。在低煤化烟煤阶段，类脂体脱羧基并生成石油，在中煤化阶段（镜质组 $V_{daf}=29\%$）转变为气态烃。所以，低阶煤中类脂体很常见，到中煤化阶段以后类脂体数量很少。类脂体显微组分如图 2-6 所示。

(1) 孢子体

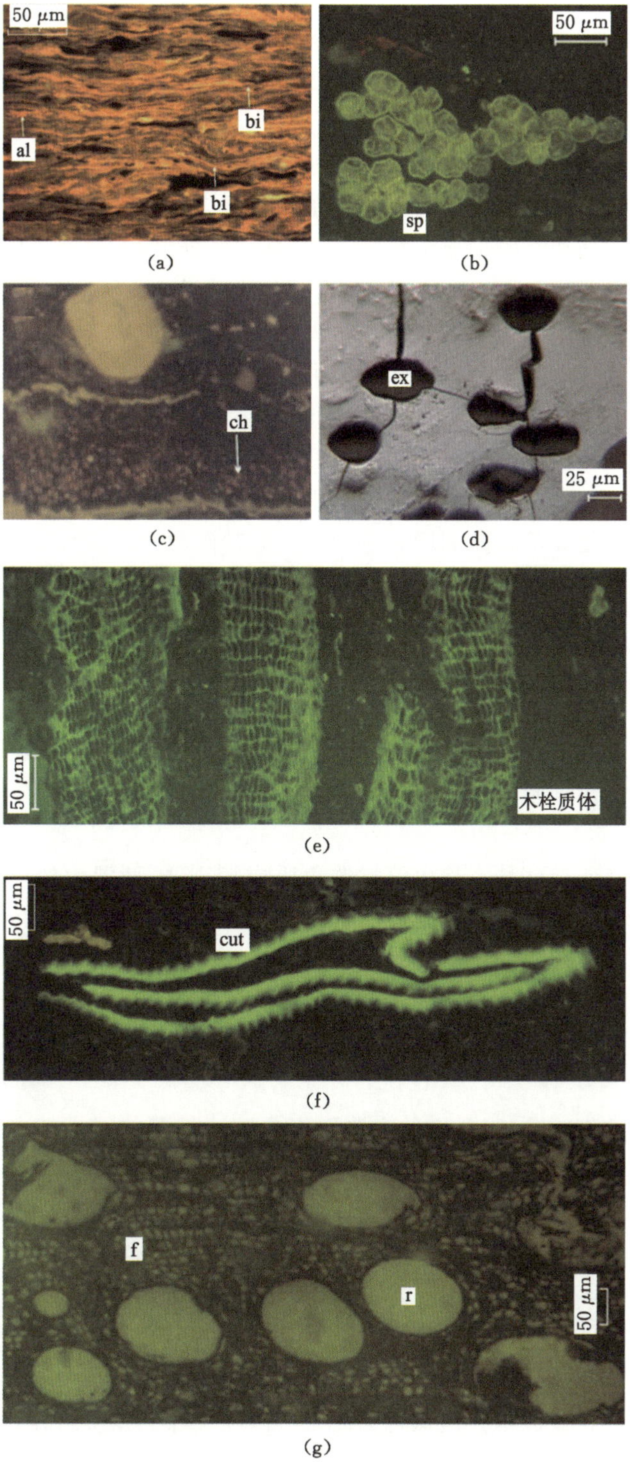

al—藻类体；bi—沥青质体；sp—孢子体；ch—叶绿素体；cut—角质体；r—树脂体；f—丝质体。

图 2-6　类脂体显微组分(代世峰等，2021d)

孢子是孢子植物的繁殖器官。煤中的孢子体是孢子的外细胞壁，其内壁主要由纤维素组成，成煤过程中和孢腔内的原生质一起被破坏。外孢壁主要由孢粉质组成，致密坚硬，容易保存下来。异孢植物的孢子有雌雄之分，雌性孢子个体大，称大孢子；雄性孢子个体小，称小孢子。同孢植物的孢子无雌雄之分。

大孢子的直径一般为 0.1～3.0 mm。在垂直于层理的切面上，大孢子呈被压扁的扁平体，为封闭的长环状，折曲处呈钝圆形。大孢子的外缘多半光滑，有时表面有瘤状、棒状、刺状等各种纹饰。它的孢壁有时可显示粒状结构，有时可分出外层和内层。

小孢子的直径一般小于 0.1 mm，多呈扁环状、细短的线条状或蠕虫状等，有时分散或聚集在一起成小孢子堆。小孢子形状与花粉很相似。花粉是种子植物的繁殖器官，其大小一般为 0.05 mm。小孢子有三射线裂缝痕，而花粉没有。

古生代的煤主要由孢子植物形成，煤中孢子很多；中、新生代成煤植物以裸子及被子植物为主，煤中花粉较多，孢子减少。从低阶煤到中阶煤，孢子体透光色由黄色变为橙红色、红色，反光色从暗灰色变为灰色。在低煤阶时，用荧光能很好地区别腐植体与孢子体。

孢子体的折射率随煤阶增高而增大，韧性好，磨蚀硬度大，突起高，显微硬度随煤化程度加深而增高。孢子体主要由孢粉质组成，孢粉质由类胡萝卜素和类胡萝卜素酯的氧化聚合物组成，化学式为 $C_{90}H_{127}O_{12}(OH)_{15}$。随煤化程度增高，碳含量增大，氧和氢含量减小。

（2）角质体

角质体是覆盖在叶、种子、叶柄、细茎、丫枝上的一层透明的角质表皮层，不具细胞结构，抗化学反应的能力强，细菌和真菌很难破坏它，能防止水分蒸发，有抵抗摩擦和起保护植物的作用。角质体由表皮细胞分泌而形成，它紧密地镶在表皮的外层细胞上，留下了表皮细胞结构的印痕。

角质体有薄壁和厚壁两种。旱生植物的角质层特别厚，而湿生植物的角质层较薄。在垂直于层理的切面上，角质体呈细长条带状，外缘光滑，内缘具锯齿状结构(表皮细胞的印痕)。在透射光下，角质体一般呈黄色，随煤化程度的增高，逐渐呈橙黄色；在反射光下，角质体呈暗灰色，煤化程度升高，则呈灰色。角质体往往出现褶皱。角质体有好的韧性，具波状消光，显示多色性。低煤化阶段用紫外光照射时，角质体发出黄色、绿黄色荧光。

（3）树脂体

树脂体为植物的细胞分泌物，它的主要作用是防止细菌的侵入和水分的蒸发。树脂体呈球形、卵形、纺锤形、小杆状，有时充填胞腔。在透射光下，它一般呈浅黄、黄、橙黄等颜色；在反射光下呈深灰色、灰色；磨蚀硬度和镜质体相近，故一般无突起或突起不高，表面比较均一。有的树脂体受一定程度的氧化，可看到外圈和内圈的颜色深浅不同。树脂体的荧光色随煤化程度增高从蓝绿色、绿黄色变为浅橙黄色等。树脂体的折射率介于 1.53～1.60 之间。古近-新近纪煤中树脂体较多，有人称之为琥珀，如我国辽宁抚顺古近纪煤。

（4）木栓质体

木栓质体由植物树皮的木栓组织转变而来。国际硬煤的显微组分分类方案中没有划分出这一煤岩组分，但在我国古生代煤中，木栓质体的分布相当广泛，尤其是我国南方晚二叠世的煤中更加丰富，如江西乐平、浙江长广等地的树皮残植煤。

木栓质体由数层至十几层扁平的长方形木栓细胞所组成，排列紧密，纵切面呈叠瓦状结构，弦切面呈鳞片状结构。它在透光下呈橙黄色、红棕色等，色调不均匀；在反射光下呈深灰色、灰色。木栓质体往往呈不规则块状、条带状。有时由于凝胶化作用较强，木栓质体的细胞结构不太清楚。木栓质体的荧光呈现褐黄色或暗褐色，荧光色不均匀。

(5) 藻类体

藻类体只存在于腐泥煤及腐植腐泥煤中。在古生代的藻煤中，主要有两种类型的藻类，即皮拉藻和轮奇藻。皮拉藻具放射状的扇形构造，轮奇藻在水平切面上呈空心球的形状。皮拉藻与现代的丛粒藻或葡萄藻相当，是生活于淡水湖或潟湖中的富脂肪的浮游绿藻，主要是由四个梨形藻细胞组成的群体。皮拉藻个体大小一般为 6～10 μm；群体的大小可达 0.1～0.5 mm，且往往具锯齿状外缘、菊花状结构。轮奇藻在垂向切片上，空心腔被压扁呈一条线，向外张开可形成锯齿状边缘。

在酸度较大的沼泽中，一般不适于藻类生活，故藻类小而少。由于藻类仅生长于深水地带，故藻煤的分布范围不大。在现代的一些芦苇沼泽或落叶杉沼泽的深水地带，水面上可繁殖厚达几厘米的黄-绿藻席。

藻类体在透射光下呈绿黄色、浅黄色，在反射光下呈黑灰至暗灰色。在所有的显微组分中，藻类体的反射能力最弱而荧光性最强，荧光色为亮绿黄色。藻类体具较大的磨蚀硬度，故磨光面上常呈正突起。

(6) 类脂碎屑体

类脂碎屑体由孢子、角质层、树脂体、木栓层或藻类的碎片或分解残体组成；其大小一般小于 30 μm，形态不同；低反射率和强的荧光性是它们的共同特点。由于碎屑很小，所以很难判别它们的母质是哪一种壳质组分。

在低煤化阶段的煤中，类脂碎屑体和黏土矿物在反光油浸下很难区分；用高倍的荧光显微镜可较容易地把它们区分开，即类脂碎屑体具很好的荧光性，而黏土矿物一般无荧光性。

类脂碎屑体在许多水下形成的煤中，特别是腐泥煤、富类脂组的煤中富集。

(7) 沥青质体

沥青质体是藻类、浮游动物、细菌和一些类脂物质的分解产物。它没有固定的形状，通常以其他显微组分的基质形式出现。它在透射光下呈绿黄、黄、褐黄等色调，在反射光下呈深灰色，表面粗糙，不显突起；在高倍镜下，显示出不均匀的团块状、细粒状、条纹状等结构。沥青质体具浅褐、灰黄或黄色的荧光，随照射时间的延长，其荧光强度明显增大。在煤化作用过程中，沥青质体可生成石油类物质，其残余产物为微粒体。

沥青质体多见于低煤化程度的煤中。它是腐泥煤和其他水下生成富类脂组的煤类型的特征组分，也是油页岩和其他油源岩中占优势的组分。

(8) 渗出沥青体

渗出沥青体是煤化过程中新产生的组分，属于次生显微煤岩组分。它是由树脂体或其他壳质组分、腐植凝胶化组分在煤化作用第一次跃变时期产生的。在亮褐煤和低煤化程度烟煤中最为常见。渗出沥青体产状特殊，它充填在煤的裂隙、层面、细胞空腔或其他孔隙中，呈脉状穿插，有时切割层理。

渗出沥青体在透射光下的颜色与母质相近，多数为黄、橙黄等色调，反射光下为灰黑、深灰色。母质为树脂体或其他壳质组分的渗出沥青体，其荧光强度较强，往往呈绿黄、亮黄等色调；母质为镜质体的渗出沥青体，其荧光强度较弱，为棕黄、棕等色调。

渗出沥青体多出现在富含壳质组和基质镜质体的煤岩类型中。

(9) 叶绿素体

古近-新近纪由叶片组成的软褐煤中，有时还保存着叶绿素体。用紫外光照射时，叶绿素体呈亮红色荧光；高浓缩时，在透射光下呈浅绿色。叶绿素体为圆形小颗粒，直径为1～5 μm。

2.3.2 无机显微组分

按照煤中无机显微组分来源，可以将煤中的无机显微组分划分为原生矿物、同生矿物和后生矿物。

2.3.2.1 原生矿物

成煤植物在生长过程中，通过根部吸收溶于水中的一些矿物质，以促进植物新陈代谢。这些矿物质中，以钙、钾、磷、硫、氮、镁等元素较多，其次为硅、铁、锰、锌、铜、钼、钠和铝，有时还有极少量的氟、碘、溴、钛、钴、铬、镍、钒和铅等。这些矿物质燃烧后产生的灰分，一般称为内在灰分。

2.3.2.2 同生矿物

同生矿物是在泥炭堆积时期，由风和流水带到泥炭沼泽中和植物一起堆积下来的碎屑物质，主要是石英、黏土矿物、长石、云母、各种岩屑和少量的重矿物(如锆石、电气石、金红石等)，还有由胶体溶液中沉淀出来的化学成因和生物成因的矿物，如黄铁矿、菱铁矿、蛋白石、玉髓、黏土矿物等。这些同生矿物多数是细粒的，并且与煤紧密共生，在平面上分布比较稳定，有时可用于鉴别和对比煤层。不同的沉积环境，同生矿物的数量和种类有很大的不同。近海环境形成的煤层中黄铁矿较多，陆相环境形成的煤层中黏土矿物和石英碎屑较多。同生矿物是煤中灰分的主要来源。

2.3.2.3 后生矿物

煤层形成固结后，由于地下水的活动，溶解于地下水中的矿物质，因物理化学条件变化而沉淀于煤的裂隙、层面、风化溶洞和细胞腔内，这些矿物称为后生矿物，主要有方解石、石膏、黄铁矿、高岭石、石英等。有时由于岩浆热液的侵入，也可形成一些后生矿物，如石英、闪锌矿、方铅矿、石墨等。煤中后生矿物多数呈薄膜状、脉状等，往往切穿层理。

按照矿物质种类，煤中矿物有黏土矿物、碳酸盐矿物、硫化物、氧化物、氢氧化物、盐类，还有一些重矿物和痕量元素。

(1) 黏土矿物

黏土矿物是最重要的矿物质，占煤中矿物质总量的60%～80%，常见有高岭石、伊利石、蒙脱石和绿泥石。黏土矿物通常以两种形式出现：一种呈结晶状态，如高岭石；另一种呈非结晶的微粒状充填细胞腔或细分散在基质镜质体中，或者集合成透镜状、条带状、团块状或不规则状分布在煤中。宏观观察和光学显微镜很难区分出具体矿物成分，需配合差热分析、X射线衍射、红外光谱、电子探针和扫描电镜等手段。

① 高岭石【$Al_4[Si_4O_{10}](OH)_8$】

高岭石单晶一般相互叠置为书页状或蠕虫状的聚合体，呈土状、白色，有时带浅褐色、浅红色。煤中高岭石可以碎屑方式由风和水搬运进泥炭沼泽中沉积而成，也可由铝硅酸盐(如长石、云母)经风化产生，其溶液在泥炭沼泽中沉淀而产生；低温热液围岩蚀变可产生高岭石，也可以由火山灰风化形成。高岭石在酸性淡水条件下比较稳定。

② 伊利石【$K_{<1}(Al,R^{2+})_2[(Si,Al)Si_3O_{10}](OH)_2 \cdot nH_2O$】

伊利石中 K_2O 含量一般为 3%～7%，呈鳞片状、土状和块状。它常呈白、灰白色，有时为浅黄、浅绿色。伊利石在酸性环境中不稳定，而在中性及碱性环境中比较稳定。伊利石多为碎屑成因，煤层顶板比煤中伊利石含量高。

③ 蒙脱石【$(Na,Ca)_{0.33}(Al,Mg)_2[Si_4O_{10}](OH)_2 \cdot nH_2O$】

蒙脱石又称微晶高岭石或胶岭石，隐晶质，白色，带浅红、浅灰色。它遇水膨胀，体积会增加数倍并分散成糊状，具极强的分散性及膨胀性，可塑性和耐火性较差。它具有强的吸附力和阳离子交换性能。蒙脱石主要是基性火山岩在碱性环境中风化的产物，也有沉积作用形成的。蒙脱石在酸性环境中不稳定。其颗粒小，故常沉积于盆地的远岸区。煤层底板黏土岩中的蒙脱石含量比煤层中高。蒙脱石为膨润土的主要成分。

(2) 碳酸盐矿物

煤中常见的碳酸盐矿物有菱铁矿、方解石和铁白云石。

① 菱铁矿【$FeCO_3$，其中 FeO 质量占 62.01%，CO_2 质量占 37.99%】

菱铁矿在煤中多见放射状或同心状的球状结核或透镜状等隐晶质块体。它在反光显微镜下呈浅灰色，表面呈蜂窝状，具非均质性，透射光下干涉色为高级白色。煤中菱铁矿是由泥炭层孔隙水中的铁与有机物质发酵产生的 CO_2 相互作用而产生的，为氧气不足弱还原条件下形成的同生矿物。菱铁矿在氧化带不稳定，易被氧化成褐铁矿。

② 方解石【$CaCO_3$】

反射光下方解石呈乳灰色，表面平整，有时可见到两组斜交(夹角为 124°)解理，透射光下一般无色，干涉色为高级白色。方解石是煤中很常见的矿物杂质。煤中方解石一般为后生矿物。主要因地下水活动使 $CaCO_3$ 在煤的裂隙和层面上沉淀下来而形成，所以煤中的方解石往往成为薄膜状、脉状或充填于胞腔中，有时岩浆热液的作用也可形成方解石。

③ 铁白云石【$Ca(Mg,Fe)(CO_3)_2$】

白云石常含 Fe、Mn，当 Fe 含量多于 Mn 时称铁白云石。在煤层中常以煤核出现，大小为 1～40 cm，其中常有保存很好的植物原结构，可以用于研究成煤植物的种类、古气候、古地理，还可用于煤层对比，煤核一般呈黑灰色，较坚硬，相对密度大。煤中的铁白云石一般为浅海沉积。

(3) 硫化物

煤中最常见的硫化物是黄铁矿，有时可见到白铁矿、方铅矿、闪锌矿和黄铜矿。

① 黄铁矿【FeS_2】

黄铁矿呈浅铜黄色，条痕呈绿黑色；透射光下呈黑色，反射光下呈亮浅黄、亮黄色；突起高；硬度为 6～6.5，性脆。煤中黄铁矿粒级差别很大，微粒状黄铁矿只有几微米，而透镜状黄铁矿大者直径可达 1～2 m。黄铁矿有时交代植物组织。煤中黄铁矿多为同生矿物。近海条件下形成的煤层，黄铁矿含量高，而内陆条件下形成的煤层中黄铁矿含量较低。后生黄铁矿多呈薄膜状，脉状充填在煤的裂隙中，往往与地下水或岩浆热液的活动有关。黄铁矿在氧化条件下不稳定，易氧化为褐铁矿。

② 白铁矿【FeS_2】

白铁矿晶体呈板状、斜方柱状等，集合体常呈球状结核、皮壳状、钟乳状等。白铁矿与低温岩浆热液活动有关，常与黄铁矿、黄铜矿、闪锌矿、方铅矿、雄黄、雌黄等共生；也可从酸性溶液中沉淀出来。白铁矿易氧化变成褐铁矿。

(4) 氧化物和氢氧化物

煤中最常见的氧化物为石英，有时可见到玉髓、蛋白石、赤铁矿和磁铁矿等。煤中的氢氧化物有褐铁矿、硬水铝石等。

① 石英【SiO_2】

石英在反射光下呈深灰、灰色；硬度高，有高的突起；表面平整，轮廓清楚，干涉色为一级灰。煤中的石英多为碎屑搬运成因，由风、水带至泥炭沼泽中，石英一般为粉砂级，棱角状至次棱角状。化学成因的石英、玉髓和蛋白石由二氧化硅的溶液凝聚而成，一般呈无定形状态。石英多呈微粒(几到几十微米)分布于煤中，为同生矿物。煤层形成后，由于地下水活动或岩浆的侵入活动，也可生成后生石英充填在裂隙或空洞中，多为脉状、薄膜状。

② 褐铁矿【$2Fe_2O_3 \cdot 3H_2O$】

褐铁矿为黄褐色或红褐色，不透明。煤中的褐铁矿主要为后生矿物，较少见。它是含铁矿物风化形成的。

③ 硬水铝石【$Al_2O_3 \cdot H_2O$】

它又称一水硬铝石，呈灰白色、黄褐色；集合体多为片状、隐晶质、鲕状等。硬水铝石见于煤中的高岭石夹矸中。煤系中的硬水铝石多见于铝土矿中，海相沉积规模大，如我国华北晚古生代煤系中的铝土矿层。

(5) 盐类

煤中有时含有少量的氯化物、磷酸盐、硫酸盐和硝酸盐，个别地区盐类含量较高。

① 磷酸盐

煤中的磷酸盐可出现于植物的灰分中，或出现在磷灰石和磷块岩中。磷灰石存在于岩浆岩中，磷块岩为浅海沉积，它们的碎屑有时会被带进泥炭沼泽中。磷在冶金焦中是有害物质。

② 硫酸盐

煤中有时可看到石膏、水绿矾、重晶石等硫酸盐矿物。煤中的石膏是后生矿物，通常是由于硫化物(如黄铁矿)氧化后生成的硫酸与石灰岩或方解石作用而形成的。石膏在煤中呈脉状。水绿矾也属后生矿物，由硫化物氧化而成。重晶石呈无色或白色，在煤层中常呈结核状或脉状产出。

③ 氯化物

煤中石盐和钾盐是由于煤层上部有含盐地层，后经地下水溶解、淋滤作用带至煤层裂隙中沉淀而成的。

④ 硝酸盐

煤中偶尔有硝酸盐出现，是地下水淋滤作用的结果。若矿井水中硝酸盐含量高，则对矿井生产设备有严重的腐蚀作用。

(6) 重矿物和痕量元素

煤中有时可发现少量的重矿物，如锆石、电气石、石榴子石、金红石、橄榄石等。煤中的痕量元素较多，如 Ag、As、B、Na、Ge、Ga、Mn、V、U、Ti、Sr、Ni、P、Mo 等。

2.4 化学组成

煤的化学组成很复杂，但归纳起来可分为两大类，即有机质和无机质。前者是煤的主要组成部分，也是加工利用的对象；后者包括无机矿物质和水分，对煤炭加工利用有一定影响。煤主要由碳、氢、氧、氮、硫等元素组成。

2.4.1 煤中有机质

煤中有机质是由各种复杂的高分子有机化合物所组成的混合物，主要由碳、氢、氧、氮和有机硫等元素构成，此外还有极少量的磷和其他元素。碳和氢是煤有机质的主要组成元素，碳、氢、氧三种元素含量占煤有机质的 95%以上。

煤中有机质的特性之一是难以分离提纯成单一化合物，往往只能把性质上相似的化合物归并成一类，分成不同的族组分。易于受热分解是煤中有机质的另一特性，分解温度从 200 ℃左右开始，一般是随着煤化程度加深而提高的。在有机化合物中，元素组成相同而结构不同的同分异构现象相当普遍，煤中有机质也不例外，即当两种煤的元素分析结果基本相同时，它们的工艺性质可能有很大差别（表 2-4）。

表 2-4　典型煤的工业分析和元素分析特征（李勇，2022）　　单位：%

煤种	区域	R_o	工业分析			元素分析				
			M_{ad}	A_{ad}	V_{ad}	C	H	O	N	S
褐煤	云南	0.31	7.44	11.82	31.03	61.78	3.11	16.94	1.02	0.86
	内蒙古	0.47	4.78	7.92	39.87	68.02	3.84	14.28	1.06	0.71
	内蒙古	0.50	4.29	5.23	35.45	72.64	3.96	12.69	1.04	0.81
烟煤	陕西	0.63	6.42	15.13	29.85	57.57	2.15	17.54	1.07	0.78
	山西	0.69	3.73	17.10	26.94	63.76	3.24	15.31	0.98	0.73
	天津	0.71	2.41	19.14	28.60	52.08	3.35	18.69	1.03	0.68
	新疆	0.81	2.71	4.68	31.74	78.64	4.25	6.84	1.02	0.62
	山西	1.10	1.28	20.78	26.52	64.71	3.05	15.27	1.04	0.66
	山西	1.20	1.25	12.28	27.69	77.88	3.95	5.23	1.03	0.65
	山西	1.70	0.90	5.23	20.26	85.05	4.04	4.21	1.04	0.57
	山西	1.80	0.80	9.41	22.02	77.91	3.97	5.32	1.06	0.64
	山西	2.18	1.28	14.01	14.38	75.90	3.25	6.15	1.01	0.82
无烟煤	山西	2.89	1.70	9.06	9.47	83.27	3.14	4.96	1.01	0.95
	山西	3.65	2.14	10.54	7.74	80.28	2.56	4.85	1.06	0.74
	福建	5.16	4.11	19.58	3.62	74.55	1.13	11.08	1.04	0.66
	福建	6.24	2.27	9.92	3.01	84.68	3.05	4.76	1.04	0.69

煤中有机质尚无法直接测定，生产上主要应用元素分析和工业分析等数据来研究煤质和进行煤的分类，计算煤的热加工化学产品的产率、煤的发热量以及燃烧产物等。煤的有机

质中各种元素含量，因煤的种类、煤岩成分和变质程度的不同而异。对于同一个煤田的煤，煤中有机质元素组成往往随着煤化程度加深而有规律地变化，其中碳含量随着煤化程度加深而不断地增加，氢和氧的含量则趋于减小，至于氮含量的变化一般是略微减少，但其规律性不甚明显。我国煤的碳、氢含量的变化范围如表 2-4 所示。

2.4.2 煤中无机质

煤中无机质主要是指水分和矿物质，直接影响煤的质量和煤的加工利用。矿物质组成和赋存状态与成煤条件密切相关。

(1) 水分

煤中水分划分类型复杂且不统一，综合考虑煤-水界面作用、水的可动性以及煤中矿物组成等，将其划分为可动水(重力水和毛细水)、束缚水(吸附水、沸石水、结晶水和层间水)和结构水 3 大类和 7 小类，其中吸附水、毛细水和重力水由孔隙主导，沸石水、结构水、结晶水和层间水由矿物主导，如图 2-7 所示。

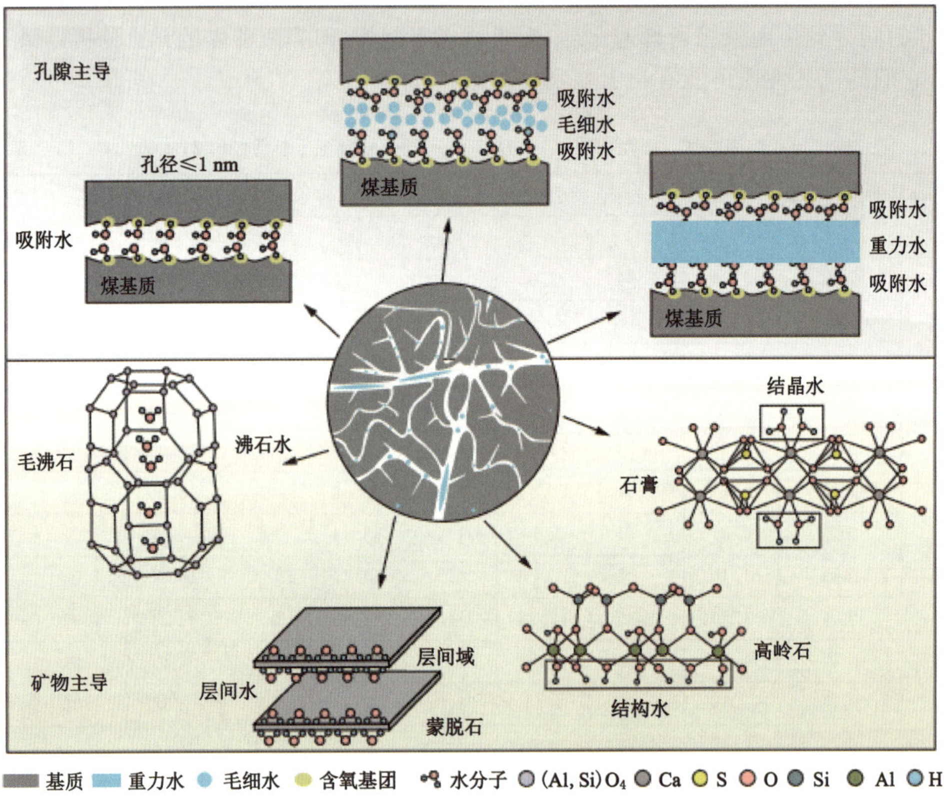

图 2-7 煤中不同类型水分赋存状态(李勇等，2024)

重力水指孔隙中在重力作用下能够自由移动的液态水，也称自由水；物理化学性质与一般水相近，在常温下即可蒸发散失，主要来自原始沉积水和后期入侵地下水。

毛细水指孔隙中受到毛细管力可以向上移动的液态水，也称为毛管束缚水。毛细水的蒸汽压低于纯水的蒸汽压，沸点高于一般水，主要来自原始沉积水。

吸附水又分为强吸附水和弱吸附水，强吸附水指受静电引力和氢键联结力作用，存在于煤孔隙壁表面的水分，弱吸附水则指处于强吸附水外层，受范德瓦耳斯力和强结合水最外层水分子静电引力合力影响的水分。吸附水排列紧密，不能自由移动，密度通常大于 1 g/cm^3，在外力作用下很难排出，主要来源为煤化作用生成的水分，但在高温（105～107 ℃）条件下容易蒸发（郑超等，2023）。

结晶水指以单个中性水分子形式参与组成矿物晶体结构的水分，当参加阳离子配位多面体时，也称配位水。它在晶格中有固定位置，起构造单元的作用，是矿物化学的重要组成部分。结晶水脱水往往表现为分阶段式和跳跃式的，脱水温度通常在 100～200 ℃，一般不超过 600 ℃，脱水情况和水分子与矿物的结合程度有关，当结晶水失去时，矿物结构遭到破坏和重建，形成新的结构，典型矿物如石膏（周龙政等，2022）。

层间水指存在于部分层状结构硅酸盐矿物晶格结构层之间的中性水分聚合物，可以失而复得，不影响矿物结构，大部分处于黏土矿物（如蒙脱石）层间域内。层间水含量不确定，受层间可交换阳离子种类和数量、环境湿度和温度影响，脱水温度介于 100～250 ℃之间，在 110 ℃左右即大量析出（况联飞等，2013）。

沸石水指赋存于沸石族矿物微小结构孔道中的单个中性水分子，不参与矿物晶格，含量上限与矿物的其他组分之间有固定的比例关系。脱水温度受孔隙束缚程度控制，范围变化大且具有连续性，介于 80～400 ℃之间，典型矿物包括海泡石、坡缕石，煤中沸石族矿物较少（况联飞等，2013）。

结构水以 H^+、OH^-、$(H_3O)^+$ 等形式存在于矿物晶格内（如黏土矿物），占有确定的位置和含量，极其稳定，温度达到 450～1 000 ℃才会组成水分子从矿物中析出，结构水不占据孔隙空间。

对同一种煤的不同煤岩成分来说，其水分含量各不相同，镜质组的水分含量大于丝质组的水分含量，其间的差值随着煤化程度加深而缩小。

煤中水分随煤变质程度加深而呈规律性变化：泥炭→褐煤→烟煤→年轻无烟煤，水分逐渐减少，而年轻无烟煤→年老无烟煤，水分又逐渐增加（表 2-5）。因此可以由煤的水分含量来大致推断煤变质程度。许多国家还将它和发热量相结合，利用一项叫作“含水无灰基发热量”的指标进行年轻煤的细分类。

表 2-5　煤中水分与煤变质程度的关系（据李增学，2005）

煤种	内在水分/%	煤种	内在水分/%	煤种	内在水分/%	煤种	内在水分/%
泥炭	5～25	气煤	1～5	瘦煤	0.5～2.0	年老无烟煤	2.0～9.5
褐煤	5～25	肥煤	0.3～3.0	贫煤	0.5～2.5		
长焰煤	3～12	焦煤	0.5～1.5	年轻无烟煤	0.7～3.0		

当煤遭受风化后，其吸湿能力将会提高，所以风化煤的水分含量偏高。这是判断煤风化与否以及鉴定煤的风化程度的标志，对勘探炼焦用煤来说甚为重要。

对煤的加工利用来说，其中水分含量越少越好。当煤储运时，水分能加速煤的氧化和增加煤的运输费用；如果煤用于燃烧则由于蒸发水分而浪费热能，还会影响锅炉燃烧稳定性；当煤炼焦或气化时，水分含量的波动会破坏正常的生产操作、延长焦化周期和降低设备的生产能力。此外，煤中水分过多还将造成筛分、破碎等机械加工困难。仅在特殊情况下，例如当燃烧粉煤、土法炼焦或压制成型煤等需要捣固时，才希望煤中有适量的水分。

(2) 矿物质和煤灰

煤中矿物质含量的变化很大而且成分十分复杂。就矿物质的元素组成而言，有数十种之多，其中主要是硅、铝、铁、钙、钠、钾、硫和磷，它们分别以碳酸盐(Ca，Mg，Fe)、硅酸盐(Al，Ca，Mg，Na，K)、硫酸盐以及硫化物等盐类的形态存在。矿物质中绝大部分是铝硅酸盐，占总量的95%以上。按照煤中矿物质的来源，可把它分为原生和外来两大类。这两类矿物质的成分、在煤中分布的特点和选除的难易程度都不相同。

(3) 稀有、分散元素

煤中存在许多稀有、分散以及放射性元素，它们分别以有机或无机化合物的形态存在于煤中。从煤中提炼富集程度较高的稀有分散元素具有很大的经济价值(代世峰等，2014)。

锗广泛应用于能源、光电、国防军事、航空航天等领域，在现代高新技术和国防建设中发挥着重要作用(刘欢等，2022)。硼及其化合物因其硬度高、耐熔、电导率高等性质在冶金、化工、轻工、核工、高新材料、农业、工艺品等领域应用广泛，是很重要的化工原料(冉福林等，2023)。金属砷主要作为合金材料应用于铜和铅的合金中。此外，砷还被当作掺杂材料应用到一些半导体材料中，如N型半导体材料等(李斌凯，2022)。中华人民共和国成立以来，我国许多工矿企业和科研机构先后研究利用煤的灰渣来提取铝、钒以及其他稀有、分散元素，制造轻质建筑材料等，为防治公害、保护环境和综合利用资源展示了宽广的应用前景。

2.4.3 煤的工业分析

煤的工业分析，又叫煤的技术分析或实用分析，是评价煤质的基本依据。在国家标准中，煤的工业分析包括煤的水分、灰分、挥发分和固定碳等指标的测定。通常煤的水分、灰分、挥发分是直接测出的，而固定碳是用差减法计算出来的。广义上讲，煤的工业分析还包括煤的全硫分和发热量的测定，又叫煤的全工业分析。煤的工业分析可以确定煤的组成，也是了解煤质基本特征的主要指标，并由此来确定各煤种的工业用途及加工利用效果(孟召平等，2011)。

(1) 水分(M)

从存在形态的角度来说，煤的水分可分为游离水和结晶水。那些吸附在煤颗粒内部毛细孔中或者煤颗粒表面且以物理状态存在的水分称为游离水。煤的游离水又包括内在水分和外在水分，前者吸附于煤颗粒内部的毛细孔中，后者吸附于煤颗粒表面。需要注意的是，在温度超过100 ℃的情况下，必须经过一段时间才能使煤的内在水分蒸发掉。

煤的外在水分在实际测定中是指煤样达到空气干燥状态时所减少的那部分水。将煤进行空气干燥处理后，取一定量作为样品放置于105～110 ℃干燥箱中，这些样品在空气流中进行干燥，直到质量保持稳定，在这一过程中损失的水分为煤的内在水分(何启林等，2005)。全水分等于外在水分与内在水分之和，在煤的工业分析中，煤的内在水分、外在水分和全水分一般以百分比的形式表现。

在进行工业分析时会用到空气干燥基(符号为ad)和干燥基(符号为d)。空气干燥基指以经过空气干燥并达到平衡状态的煤为基准；干燥基指以假想无水状态下的煤为基准。

(2) 灰分(A)

灰分是指煤中所有可燃物质完全燃烧，煤中矿物质在一定温度下产生分解、化合等复杂反应后剩下的残渣。煤的灰分来自煤中的矿物质，但其组成和质量与矿物质不同，如煤燃烧后，方解石($CaCO_3$)变成 CaO 和 CO_2(气态)，黄铁矿(FeS_2)变成 Fe_2O_3 和 SO_2(气态)，高岭石和石膏失去结晶水。所以煤灰不是煤中原有的成分，而是矿物质燃烧后形成的新产物。煤灰的质量通常低于矿物质的质量。煤的灰分是煤质的重要指标。

干燥无灰基(符号为 daf)就是指以假想无水、无灰状态的煤为基准。

(3) 挥发分(V)

将煤样隔绝于空气，在大概 900 ℃的高温情况下进行加热，使煤的有机质能够发生热解反应，分解成小分子的化合物并以气态形式析出，其他不能够分解的有机质便会以固态形式在热解后残留下来。这种有机质高温热解之后分解成气态的化合物被称为挥发物，挥发物所占煤样质量的百分比称为挥发分或者挥发分产率，用符号 V_{ad} 表示。挥发分产率是用空气干燥基煤样测定的，其计算结果 V_{ad} 是包含水分和矿物质在内的基准的百分数。由于煤中的水分和矿物质的含量是变化的，而煤的挥发分只与有机质的性质有关，为了消除水分和矿物质对挥发分的影响，必须把空气干燥基(V_{ad}，%)换算为干燥无灰基(V_{daf}，%)，才能反映有机质的特性，换算公式如下：

$$V_{daf}=V_{ad}\times\frac{100}{1-M_{ad}-A_{ad}}\% \tag{3-1}$$

(4) 固定碳(FC)

固定碳是指从煤中除去水分、灰分、挥发分后的残留物，其产率是通过测定煤的水分、灰分和挥发分后，用计算方法求出的。其计算公式如下：

$$(FC)_{ad}=1-(M_{ad}+A_{ad}+V_{ad}) \tag{3-2}$$

$$(FC)_{daf}=1-V_{daf} \tag{3-3}$$

煤的固定碳是煤测定挥发后的残渣，是由 C、H、O、N、S 等元素组成的复杂高分子混合物，与煤的碳含量是两个不同的概念，后者是指煤中全部的碳元素占煤质量的百分比。

2.4.4 煤的元素分析

煤的元素分析是指测定煤中有机质的主要元素含量的过程。煤的有机质主要由 C、H、O、N、S 等元素组成，还有少量的 P 和金属元素，其中 C、H、O 占 95%以上。煤的元素分析就是测定这些元素的百分含量。根据元素分析的结果，可判断煤化程度、煤的工艺性质，预测煤热加工产品的产率，计算煤的发热量，为动力锅炉的设计、热工计算提供依据，还可作为煤的分类指标。由于煤中矿物质也含有少量的 C、H、O、S 等元素，故元素分析时，一般要用分选后的精煤，以减少矿物质对元素分析的干扰。元素分析的结果一般用干燥无灰基(daf)表示。

煤中除了含有 C、H、O、N、S 等元素外，还含有一些其他有害元素和稀散元素。有害元素有 P、As、Cl、Hg、F 等，稀散元素有 Ge、Ga、U、V、Th、Re、Ti、Be、Li、Sr 等。

2.5 思考题

(1) 煤沉积环境与宏观煤岩类型有什么关系？

(2) 宏观煤岩类型如何影响煤层气的生成和储层物性？

(3) 显微组分在煤的变质过程中发生了哪些结构和性质的变化?

(4) 煤有机质和无机质组成受什么因素影响?

(5) 煤中水分分为几类,分别以什么形式赋存?

(6) 煤的工业分类、工业分析指标、宏观煤岩类型、显微煤岩组分具有什么联系?

2.6 参考文献

程慧杰,2022. 沁水盆地郑庄某井区 3# 煤储层非均质性精细表征及剩余气分布[D]. 徐州:中国矿业大学.

代世峰,任德贻,周义平,等,2014. 煤型稀有金属矿床:成因类型、赋存状态和利用评价[J]. 煤炭学报,39(8):1707-1715.

代世峰,唐跃刚,姜尧发,等,2021a. 煤的显微组分定义与分类(ICCP system 1994)解析Ⅰ:镜质体[J]. 煤炭学报,46(6):1821-1832.

代世峰,王绍清,唐跃刚,等,2021b. 煤的显微组分定义与分类(ICCP system 1994)解析Ⅱ:惰质体[J]. 煤炭学报,46(7):2212-2226.

代世峰,刘晶晶,唐跃刚,等,2021c. 煤的显微组分定义与分类(ICCP system 1994)解析Ⅲ:腐植体[J]. 煤炭学报,46(8):2623-2636.

代世峰,赵蕾,唐跃刚,等,2021d. 煤的显微组分定义与分类(ICCP system 1994)解析Ⅳ:类脂体[J]. 煤炭学报,46(9):2965-2983.

韩德馨,1996. 中国煤岩学[M]. 徐州:中国矿业大学出版社.

何启林,王德明,2005. 煤水分含量对煤吸氧量与放热量影响的测定[J]. 中国矿业大学学报,34(3):358-362.

贾雪梅,蔺亚兵,马东民,2019. 高、低煤阶煤中宏观煤岩组分孔隙特征研究[J]. 煤炭工程,51(6):24-27.

况联飞,周国庆,商翔宇,等,2013. 钠蒙脱土晶层间水分子结构分子动力学模拟[J]. 煤炭学报,38(3):418-423.

李斌凯,2022. 青藏高原富硼盐湖的物质来源与迁移富集过程及形成模式[D]. 西宁:中国科学院大学(中国科学院青海盐湖研究所).

李勇,2022. 煤结构演化及燃料、原料和材料属性开发[J]. 煤炭学报,47(11):3936-3951.

李勇,徐立富,刘宇,等,2024. 深部煤层气水赋存机制、环境及动态演化[J]. 煤田地质与勘探,52(02):40-51.

梁国栋,2022. 准噶尔盆地南缘中侏罗统西山窑组煤系物性特征与煤层气富集模式[D]. 阜新:辽宁工程技术大学.

刘保民,2005. 霍林河煤田宏观煤岩类型划分及煤岩特征[J]. 煤炭技术,24(11):99-101.

刘欢,张长青,吉晓佳,等,2022. 云南会泽铅锌矿床闪锌矿中稀散元素锗的差异性富集规律研究[J]. 矿床地质,41(5):1057-1072.

孟召平,朱绍军,贾立龙,等,2011. 煤工业分析指标与测井参数的相关性及其模型[J]. 煤田地质与勘探,39(2):1-6.

全国煤炭标准化技术委员会,2000. 烟煤的宏观煤岩类型分类:GB/T 18023—2000[S]. 北京:中国标准出版社.
全国煤炭标准化技术委员会,2009. 煤岩术语:GB/T 12937—2008[S]. 北京:中国标准出版社.
全国煤炭标准化技术委员会,2010. 中国煤炭分类:GB/T 5751—2009[S]. 北京:中国标准出版社.
冉福林,鄢中妮,梅朝阳,等,2023. 混合酸溶 ICP-AES 测试碳酸盐岩石中硼元素[J]. 山西化工,43(2):44-45.
孙达三,1982. 煤的微类型及煤岩类型[J]. 煤田地质与勘探,10(2):1-8.
张殿奎,2010. 我国褐煤综合利用的发展现状及展望[J]. 神华科技,8(1):51-56.
张群,潘治贵,1999. 烟煤的宏观煤岩分类系统研究[J]. 煤田地质与勘探,27(2):2-5.
张双全,2019. 煤化学[M]. 5 版. 徐州:中国矿业大学出版社.
郑超,马东民,陈跃,等,2023. 水分对煤层气吸附/解吸微观作用研究进展[J]. 煤炭科学技术,51(2):256-268.
周龙政,蔡进功,李旭,等,2022. 泥页岩中水的赋存态研究进展及其意义[J]. 地球科学进展,37(7):709-725.
JENNINGS D H,2001. Introduction to modern mycology [J]. Plant cell and environment, 3:389.

第3章 成煤环境和煤化作用

煤是植物残骸经过复杂生物、地球化学、物理化学作用转变而来，从植物死亡、堆积到转变为煤需要经过一系列的演变过程，这个过程称为成煤作用(杨起等，1979；韩德馨等，1980；李增学等，2001)。

3.1 成煤作用阶段

成煤作用通常分为两个阶段：

第一阶段，主要发生于地表的泥炭沼泽、湖泊以及浅海滨岸地带，植物死亡后的遗体在各种微生物的参与下，不断地分解、化合、聚积，在这一阶段中起主要作用的是表生的生物地球化学作用，结果使低等植物转变为腐泥，高等植物则形成泥炭。因此，成煤作用的第一阶段称为腐泥化阶段或泥炭化阶段(Shearer et al.，1994；邵龙义等，2020)。

第二阶段，已形成的泥炭或腐泥，由于地壳沉降等被沉积物覆盖掩埋于地下深处，成煤作用就进入第二阶段，即煤化作用阶段(Levine，1993；Greb et al.，2006；刘梅堂等，2014)。在成煤作用的第二阶段中，起主导作用的是在温度、压力条件下使煤进一步转化的物理化学作用，即煤的成岩作用和变质作用(图3-1)(刘池洋等，2017；李勇等，2022)。

成煤环境研究是深入认识聚煤规律的重要基础(Diessel，1986；Jones，1987)。泥炭是泥炭化作用的最终产物，又是煤化作用的初期产物(图3-1)(Flores，2014)。

3.2 成煤环境

泥炭沉积环境的传统描述是植物有机质、固体碳和气态副产物积聚的场所(杨起等，1979；韩德馨等，1980；Diessel，1986)。泥炭地在时空上与沉积系统(如河流、三角洲、洪泛区、湖泊、潟湖、潮汐河口)有联系(图3-2)，受生物、化学、水文和物理过程的支配，这些过程相互关联，形成含煤地层层序(邵龙义等，1998)。泥炭层的堆积主要取决于泥炭沼泽的水面和植物遗体堆积的沉积面(即泥炭层的上表面)两者间的关系。泥炭沼泽水面和植物遗体堆积面保持均衡，即泥炭层堆积面不断上涨和沼泽水面不断上升保持均衡，这是泥炭层不断增厚的必要条件，一旦这种均衡遭到破坏，泥炭层的堆积也就随之终止(Shearer et al.，1994；邵龙义等，2020)。

在空间上，泥炭沼泽可以形成于多种沉积体系中(Wang et al.，2011)，呈现分带性(Moore et al.，2003)。在时间上，受水体进退的影响，泥炭沼泽的发育位置和类型会发生迁移或交替(Mccabe，1987；Moore et al.，2003)。从沉积学角度看，聚煤作用的形式多样，这些聚煤形式可以同时出现在一个体系域内，煤层垂向上相互叠加、横向上交错转化。在一套

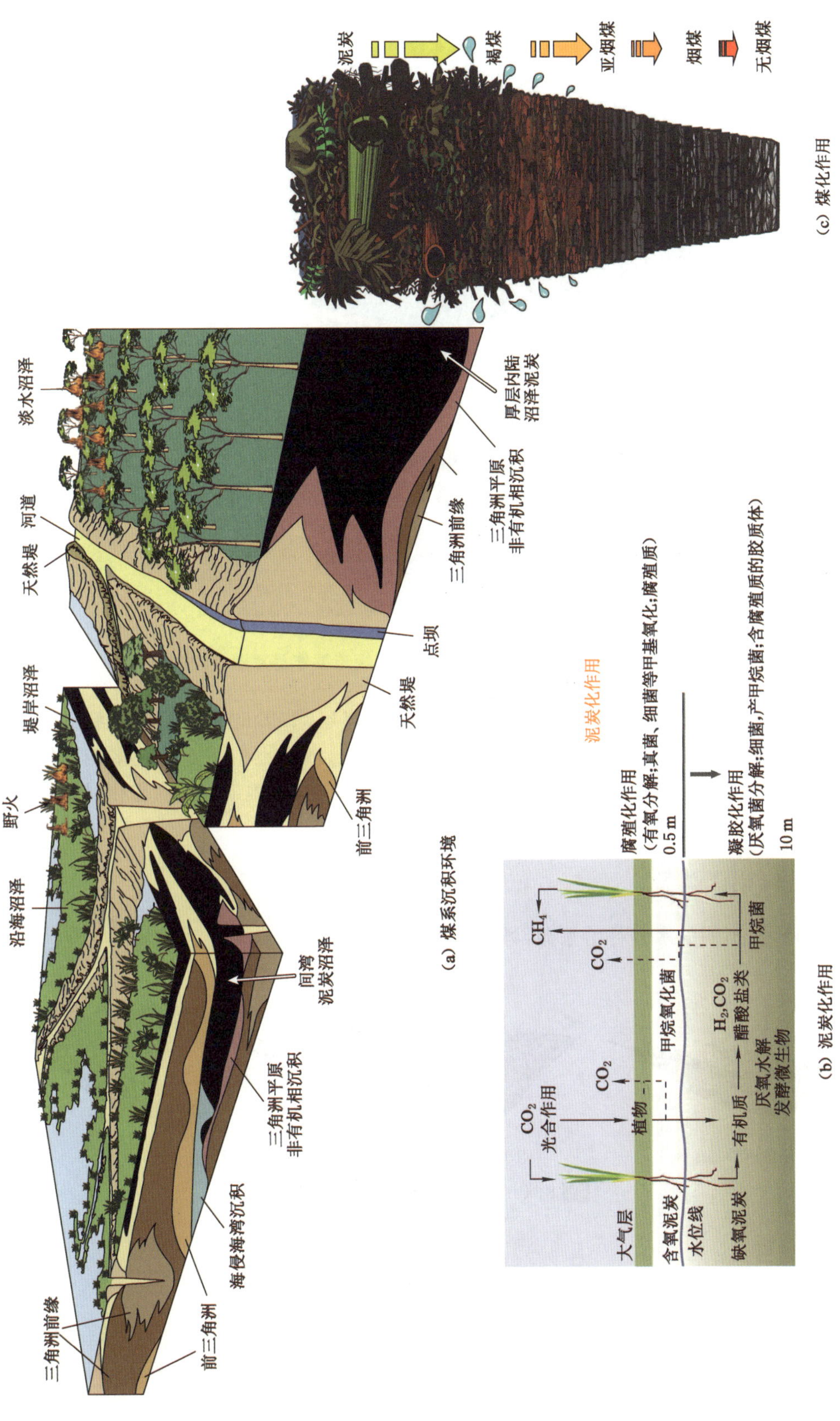

图 3-1　成煤作用示意图（李勇等，2022）

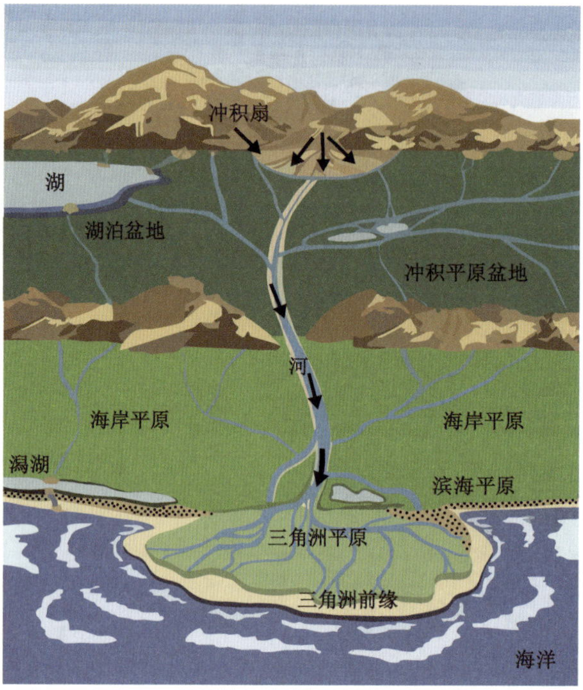

图 3-2 从山前冲积扇到沿海三角洲平原的广义沉积系统连续体示意图(修改自 Flores,2014)

含煤地层之中可以出现不同成煤环境单元形成的多套煤层,如华北晚石炭-早二叠世含煤岩系,具有典型的成煤类型多样性的特点(桑树勋等,2001),而且在空间上呈现多旋回性。从根本上来说,盆地属性转换影响了盆地内沉积体系的配置,沉积体系配置的变化又直接影响到了成煤环境单元的转换。

3.2.1 泥炭沼泽类型

(1) 沼泽按不同的水分补给来源,可划分为三种类型,如图 3-3 所示。

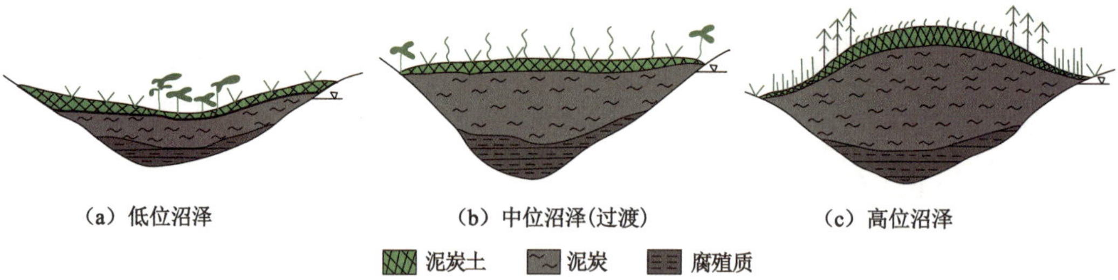

图 3-3 沼泽分类

① 低位沼泽:主要由地下水补给,潜水面较高的沼泽。

② 高位沼泽:主要以大气降水为补给来源,其地下水面经常低于凸起的沼泽表面。

③ 中位沼泽或过渡沼泽:兼有低位沼泽和高位沼泽的特点,其水源部分由地下水补给、

部分又由大气降水补给的沼泽。

(2) 根据沼泽距离海岸的远近,可以分为近海泥炭沼泽与内陆泥炭沼泽。在近海地区不论是滨海平原、滨海三角洲平原,还是潮坪带都有泥炭沼泽发育。

滨海平原泥炭沼泽可见于北美大西洋墨西哥湾沿岸的滨海平原,宽达五百余千米,滨海平原上分布着许多宽阔的河流盆地,由于泄水不良,有泥炭沼泽发育,有些面积可达几千平方千米。三角洲平原泥炭沼泽可见于美国密西西比河三角洲及墨西哥湾北岸,发育着大片的滨海沼泽,局部伸入大陆内部达 50 km。红树林泥炭沼泽,是一种特殊类型的滨海泥炭沼泽,红树林是热带地区的海岸植物,它生长在滨海的浅海滩上。内陆泥炭沼泽发育在山间盆地、内陆湖泊、冲积扇前缘、河漫滩阶地和牛轭湖等处。

根据沼泽内的植物群,可分为草本泥炭沼泽和木本泥炭沼泽。我国四川西北部,康藏高原东北边缘的若尔盖沼泽就属于草本泥炭沼泽。若尔盖沼泽海拔平均为 3 400 m,面积为 2 700 km^2 左右,在沼泽中堆积着泥炭层,泥炭层的厚度一般为 2～3 m,厚者可达 6 m,故为内陆高原低位草本型沼泽。

(3) 依据水介质的盐度,可以划分为三种类型:淡水沼泽、半咸水沼泽和咸水沼泽。淡水沼泽在大陆上分布很广,有些是由湖泊淤泥形成的,或是在河流两侧的泛滥平原和扇前地区形成的,如我国的若尔盖沼泽以及河北省围场满族蒙古族自治县宽谷泥炭沼泽等。咸水和半咸水的沼泽,却都是与海有关的近海泥炭沼泽,如我国海南岛三亚市海边的红树林泥炭沼泽,海南岛文昌市境内由草木植物形成的滨海泥炭沼泽,以及美国南部墨西哥湾北岸现代沼泽。从这些分布情况可以看出:沼泽由海岸向陆地方向,由咸水的逐步过渡到半咸水的乃至淡水的沼泽。

3.2.2 成煤沉积环境模式

根据泥炭沼泽发育与泥炭堆积场所之间的关系,可以划分出原地堆积成煤和异地堆积成煤两种机制,同一个聚煤盆地可能存在一种或两种泥炭堆积机制(杨起等,1979;韩德馨等,1980;李增学等,2015)。

(1) 原地堆积成煤

煤层发育的地方也是泥炭沼泽发育的地方,即原地堆积成煤。该成煤机制研究主要包括适宜植物生长与泥炭保存的古气候、古地理及古构造背景。该成煤机制可以分为活动碎屑体系不同阶段环境单元的局部泥炭沼泽化成煤(分流间湾、滨海潮坪泥炭沼泽化)和碎屑体系废弃后的泥炭沼泽化成煤(河道、湖泊及潟湖泥炭沼泽化)。

(2) 异地堆积成煤

异地堆积成煤是指泥炭保存成煤的地方并不是植物生长的地方,其间经历了长距离的搬运。该成煤机制必须要有搬运体系,且搬运体系能够为泥炭找到适宜其堆积与保存的场所。异地成煤实际上属于事件沉积,因为其经过事件性碎屑流体搬运和再沉积,煤层顶底板均为深水沉积物,如水下重力流沉积或者海相灰岩沉积。

在现实煤田地质勘探中,经常可以发现异地煤与原地煤共生发育的现象,这与沉积环境转换有关。

3.3 煤化作用

当泥炭形成后，由于沉积盆地的沉降，泥炭被埋藏于深处，在温度、压力增高等物理、化学作用下，形成褐煤、烟煤、无烟煤和变无烟煤的过程，称为煤化作用过程，包括成岩作用阶段和变质作用阶段（杨起，1992）。对腐泥来说，则经历了硬腐泥、腐泥褐煤、腐泥亚烟煤、腐泥烟煤到腐泥无烟煤的煤化作用过程（姚素平，2002）。由于煤化作用是一个复杂过程（图 3-4），不同煤化阶段中各种指标变化的显著性各不相同。随着煤化程度的增加，这些煤化程度指标有规律地变化。煤的挥发分产率和镜质组反射率是反映煤化程度的有效指标，在煤层气地质研究中煤的挥发分产率和镜质组反射率是较常用的两个煤化程度指标，其中又以镜质组反射率应用效果最好（Levine，1993；Liu et al.，2016）。

3.3.1 煤化作用跃变

煤化作用过程是煤物质结构不断变化，持续聚碳的过程（图 3-5）。煤化作用的发展是非线性的，表现为煤化作用的跃变，简称煤化跃变（曹代勇等，2009）。煤的各种物理、化学性质的变化，在煤化进程中，快、慢、多、少是不均衡的。随着反射率增加，变质程度升高，煤样总孔容和比表面积呈现波浪式变化（图 3-6）。低变质程度煤岩结构松散，原生孔隙含量高，平均孔径相对较大，孔隙随着压力增加而迅速减小。同时热作用也会导致较小的脂类物质从大分子结构上脱落，进一步改变煤中孔隙分布，CO_2 吸附和小角散射均显示微孔和介孔含量增加，但是含有宏孔信息的液氮总孔容降低（Li et al.，2017；Flores，2014）。

第 1 次煤化跃变后，煤体受强烈的温度、压力等地质作用，脂肪碳区甲基和亚甲基含量升高，而次甲基裂解生成油气或者与芳香碳结合成新的桥接芳碳等，导致脂肪支链长度缩短，数量有所增加。同时煤体芳香化程度提高，煤体结构更加致密，总体孔容及比表面积均相应减小（Li et al.，2017；Flores，2014）。

第 2 次煤化作用跃变后，脂肪侧链结构进一步断裂，甲基、亚甲基等数量减少，亚甲基裂解生成油气或者与芳香碳结合成新的质子化芳碳等，大量气孔生成且部分内生裂隙生成，孔容及比表面积增大，同时煤中的芳香层片秩理性增强，总孔体积增大，平均孔径也缓慢增大。在镜质组反射率大于 3.5%以后进入变无烟煤阶段，煤中芳香晶核经历芳构化、环聚合以及拼叠作用和秩理化作用，向石墨结构发展，非定向的芳香碳经过一系列的微观结构和化学成分的变化产生各种中间相态，最终形成石墨矿物晶体结构，随着结构有序度提高，孔容、比表面积呈现降低趋势（Yao et al.，2011；李勇，2022）（图 3-6）。

第 3 次跃变称为无烟煤化作用和半石墨化作用的阶段，它们代表了煤化作用的最终阶段，其产物是无烟煤和变无烟煤的形成。

第 4 次跃变主要表现为氢含量与氢碳原子比的急剧下降。碳含量随埋藏深度的增加明显地增大，芳香单元的芳香度和缩合度也急剧增加。

3.3.2 煤分子结构演变

煤分子结构复杂，用^{13}C-NMR（碳-13 核磁共振）方法可识别其主要结构参数，包括脂肪碳（$0\sim9\times10^{-5}$）、芳香碳（$9\times10^{-5}\sim1.65\times10^{-4}$）和羰基（$1.65\times10^{-4}\sim2.20\times10^{-4}$）等。脂

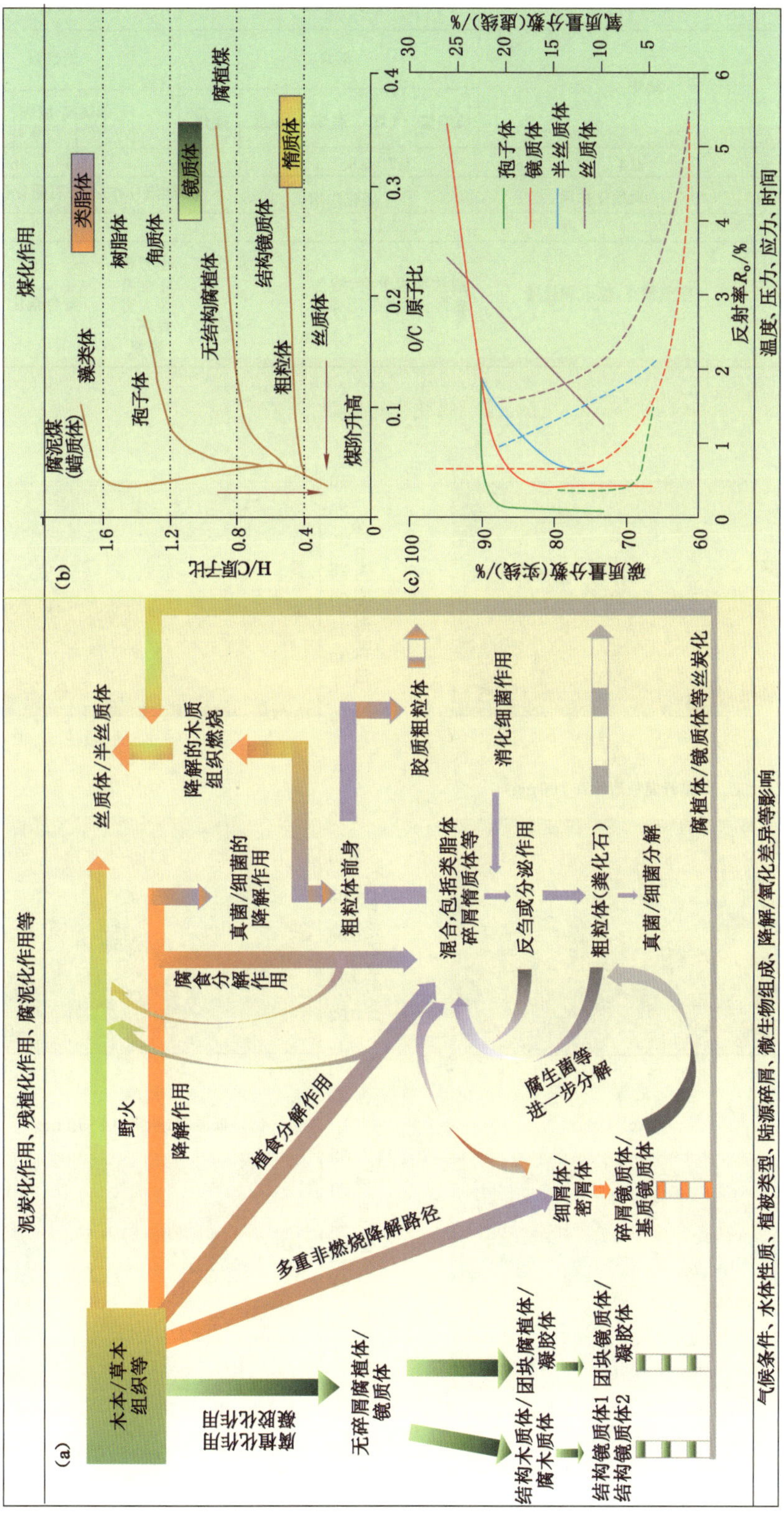

图 3-4　煤炭形成过程和演化路径

变质程度	未变质	低变质	中等变质					高变质			
煤级		褐煤	烟煤					贫煤	无烟煤		
			长焰煤	气煤	肥煤	焦煤	瘦煤		无烟煤一号	无烟煤二号	无烟煤三号
R_o/%	0.25	0.4 0.5		0.7	0.8	1.1	1.5	1.9	2.5	6	8
演化过程	泥炭化作用	木质化作用	煤化作用					无烟煤化作用	石墨化作用		
化学变化		空气氧化,脱水和脱羧	脱羧和氢分开、缩合成为小型芳香环体系					小芳香环缩合为大芳香环；脱氢	完全碳化		

图 3-5 煤化作用阶段

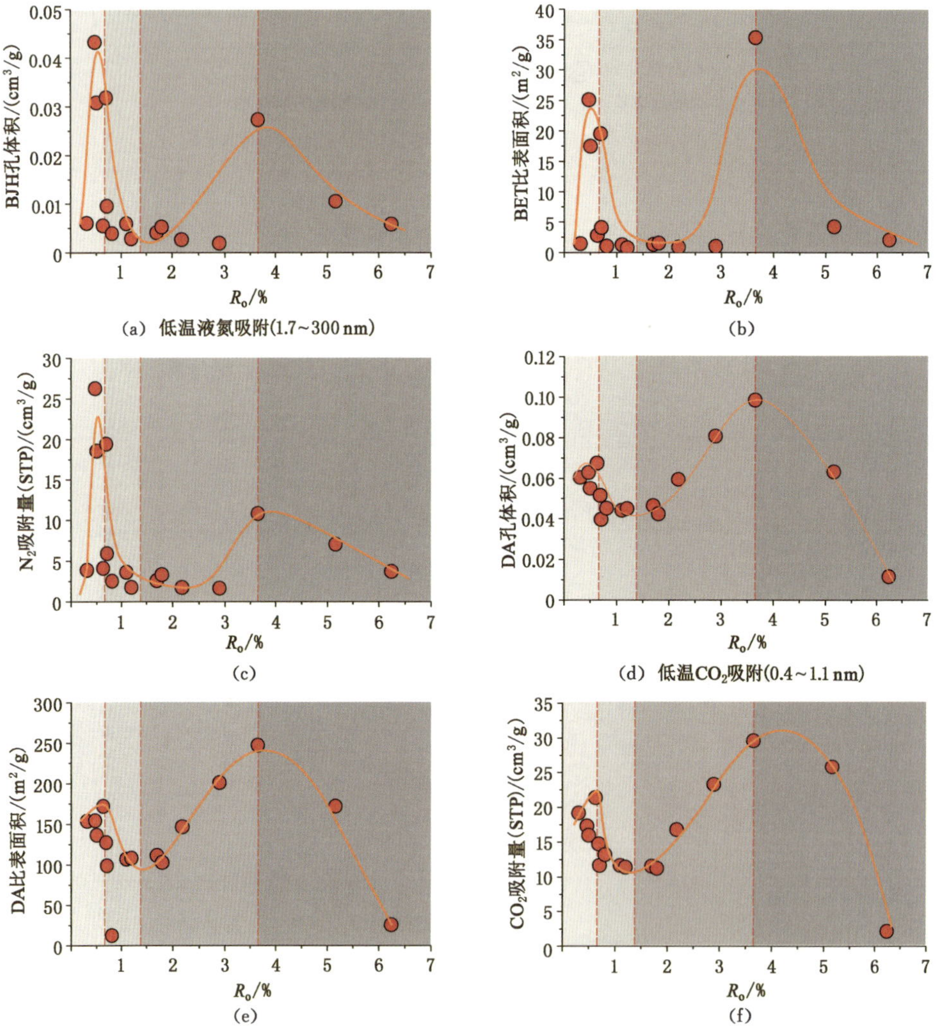

图 3-6 孔隙结构随煤变质程度变化的规律(李勇,2022)

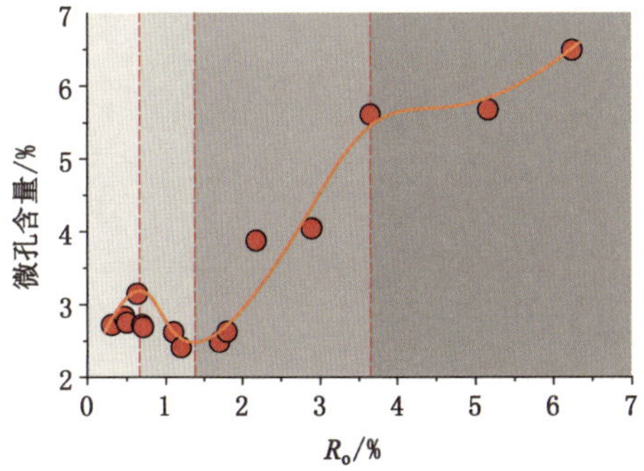

(g) 小角散射(0~100 nm)

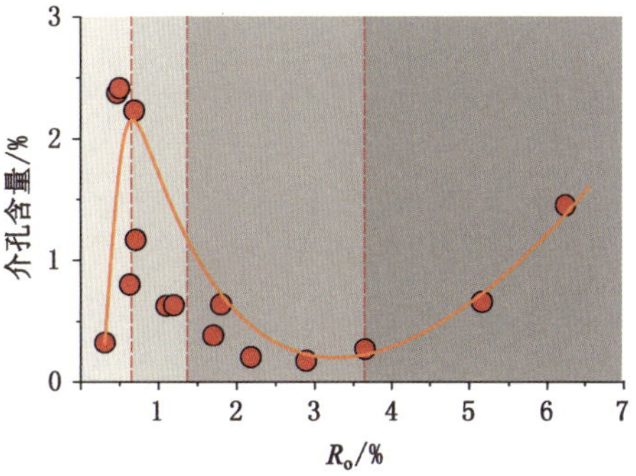

(h)

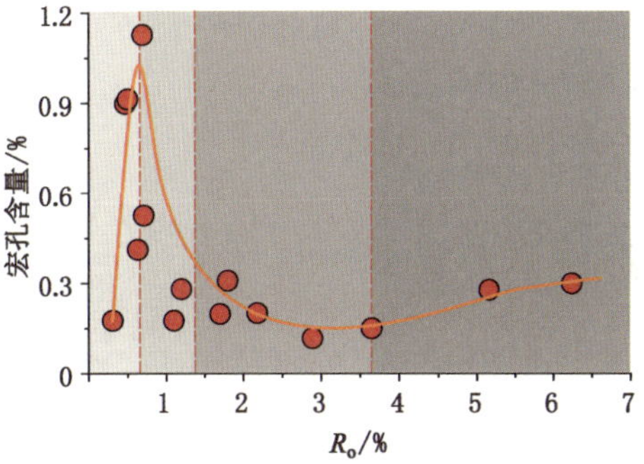

(i)

图 3-6(续)

肪碳区主要包括附着在缩合芳香核周缘的弱键结构或芳香核的支链与侧链，属富氢结构，由甲基、亚甲基、次甲基和季碳等组成。不同煤阶煤分子结构的变化反映了煤化学组分随煤化作用的变化。随煤阶升高，脂肪碳区峰位先增高增宽、后逐渐变窄(图 3-7)。

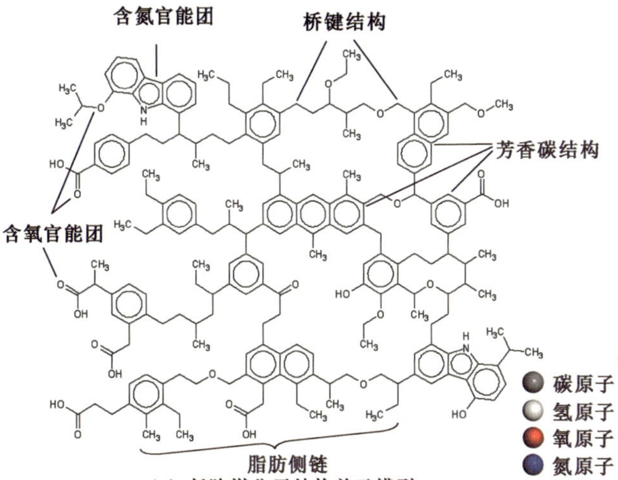

(a) 低阶煤分子结构单元模型

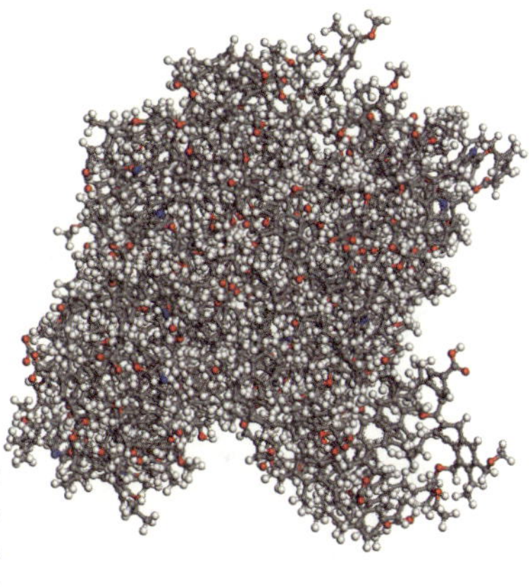

(b) 低阶煤大分子结构模型

图 3-7　不同煤阶煤分子结构单元模型和大分子结构模型(李勇，2022)

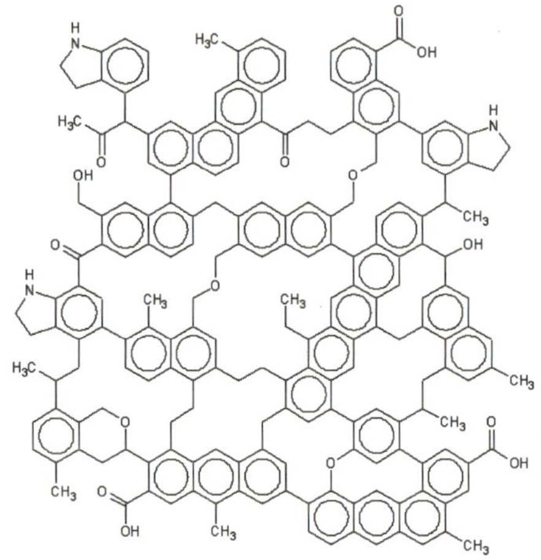

(c) 中阶煤分子结构单元模型

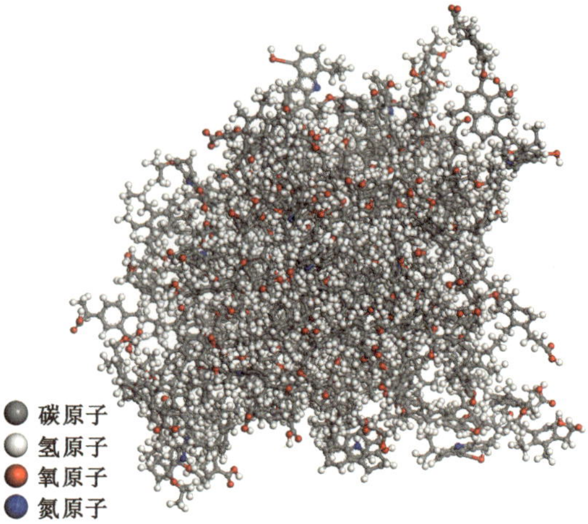

(d) 中阶煤大分子结构模型

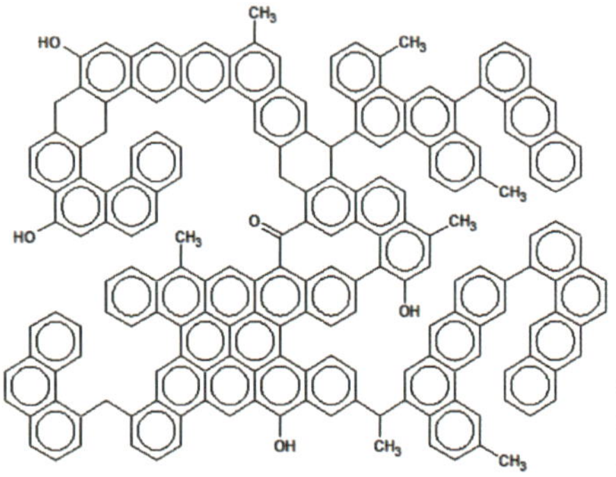

(e) 高阶煤分子结构单元模型

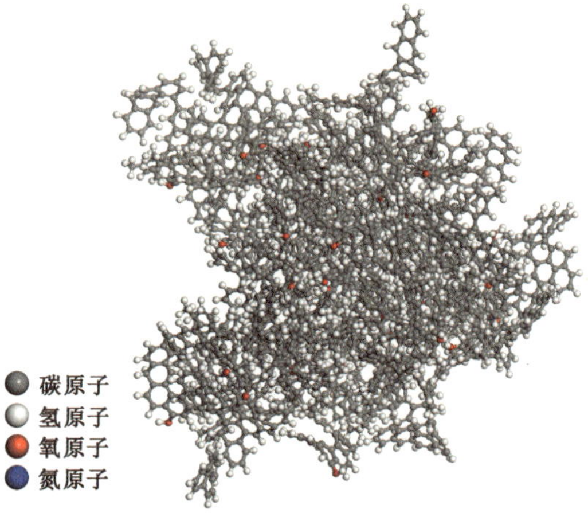

(f) 高阶煤大分子结构模型

图 3-7(续)

芳香碳区($9\times10^{-5}\sim1.65\times10^{-4}$)变化与脂肪碳的变化紧密相关。褐煤-烟煤阶段，^{13}C-NMR 的 1.27×10^{-4}附近峰位明显增宽，这是由于第 1 次煤化跃变时，部分脂肪侧链与芳香核交联，形成桥接芳碳。烟煤-无烟煤阶段，^{13}C-NMR 的 1.27×10^{-4}附近峰位明显收缩、增高并左偏，是由于第 2 次煤化跃变时，甲基和亚甲基等侧链结构断裂，与桥接芳碳或芳香核交联脱氢，形成质子化芳碳，芳香率增大，芳香片层堆垛现象增加。随煤阶升高，羰基区($1.65\times10^{-4}\sim2.20\times10^{-4}$)峰位逐渐趋于平缓，这是因为煤化作用持续进行，侧链不断脱落，支链上的氧元素和羰基碳逐渐减少。

3.3.3 煤化作用影响因素

在煤化作用过程中，热增温对煤的变质起着主导的作用。由于引起煤变质的热源和增热的方式及变质特征的不同，将煤的变质划分为深成变质作用、岩浆变质作用(区域岩浆热变质作用和接触变质作用)、动力变质作用。

3.3.3.1　深成变质作用

(1) 希尔特定律

深成变质作用是指煤层因沉降而埋藏于地下深处，在地热作用及上覆岩系静压力条件下所发生的变质作用。德国学者希尔特(1873)曾针对西欧若干煤田煤变质规律提出，在地层大致水平的条件下，每加深 100 m，煤的挥发分降低约 2.3%，即煤的变质程度随埋藏深度的加大而增高，称为希尔特定律。

希尔特定律可用变质梯度表示。变质梯度是指煤在地壳恒温层之下，每加深 100 m 煤变质程度增高的幅度。煤的变质梯度常用煤中干燥无灰基挥发分减少的数值(ΔV_{daf}，即挥发分梯度，指向地下每加深 100 m 挥发分减少的数值)，或镜质组反射率增大的数值(ΔR_{omax}，即镜质组反射率梯度)来表示。

(2) 煤变质的分带性

在煤的深成变质作用过程中，由于煤系下部煤层或煤组经受高于上部的温度及压力，其上下变质程度高低不同。这种煤质随沉降深度呈现有规律性的变化，即煤变质的垂直分带(赵师庆等，1994)。

煤变质的水平分带是垂直分带性的一种表现，由于地壳构造运动的影响，同一煤田内同一煤层或煤组在形成和形变过程中沉降深度不同，这就表现为煤系本身厚度变化和煤系上覆岩系厚度变化的不相同。因此，同一煤层或煤组所经受的变质程度不同，反映在平面上就构成煤变质的水平分带特征。

煤变质带的幅度与形状则取决于下列因素：与原来沉降幅度的差异性有关，变质带窄的地方，可能是当时沉降幅度差异较大的地方，变质带的形状则直接受煤盆地的形状所控制；与该地区地热增温率的大小有关，地热增温率高的地方煤变质带就较窄，反之就较宽；受后期构造运动的影响，后期构造线的走向可能平行上覆岩系厚度变化的方向，或与之斜交或垂直。

3.3.3.2　岩浆变质作用

由于岩浆热、挥发分气体和压力的影响，煤发生了变质作用。这种变质作用形成的条件是岩浆的侵入、穿过或靠近煤层或煤系。根据侵入岩体的大小和侵入部位以及侵入岩体与煤层的直接接触或间接影响，可将岩浆变质作用进一步划分为两种类型：一种是与浅成侵入岩有关的接触变质作用；另一种是与地下庞大的深成侵入体有关的区域岩浆热力变质作用。

区域岩浆热力变质作用，又称区域热力变质作用或远程岩浆变质作用等。区域岩浆热力变质作用与深成变质作用的特征有若干相近之处，但在受热温度高低、时间长短及受热均匀程度上又有许多不同之处。区域岩浆热力变质作用有以下主要特征(吴传荣，1992)：

(1) 由于变质作用是在区域地热场上叠加了岩浆热，故该地区的地热温度较高，地热梯度较大，煤变质的垂直分带明显，变质带厚度及平面宽度都较小。

(2) 这种变质作用所产生的变质带，在平面上的展布特征与煤系和上覆岩系等厚线的展布无关，而与深成岩体分布有一定关系。

(3) 煤的变质程度取决于岩体大小以及与岩体距离的远近。距岩体近的煤变质程度高，并常有热液矿化现象，远离岩体则变质程度较低。

应该指出，在这种区域热力变质过程中，由于岩浆热液作用，无烟煤带的围岩往往发生蚀变，如硅化、叶蜡石化、绢云母化、碳酸盐化、绿泥石化、黄铁矿化等，且石英砂岩变为石英岩，灰岩变质为结晶灰岩或大理岩，泥质岩变质为板岩。特别是热液石英脉的发育，是区域岩浆热力变质作用的标志之一。

接触变质作用，指各种岩床、岩墙、岩脉等浅成岩体侵入煤层或接近煤层，这些侵入体的热能使煤层达 1 000 ℃以上。这种热影响多是局部的、多变的，地质时间上是短暂的（刘东娜，2015）。

接触变质作用有以下特征：

（1）在侵入体与煤层接触带附近，煤层受热温度和增温速率高，但延续时间短，受热均匀性差。因此，邻近侵入体附近往往有不规则的天然焦带。天然焦多呈深灰、灰黑色，多孔隙，有明显的垂直柱状节理。

（2）经接触变质作用的煤，颜色变浅，密度增大，灰分增高，挥发分和发热量降低，黏结性消失，越靠近岩体越明显。在接触变质过程中，由于氧含量迅速减少，碳含量增加得慢，所以与正常煤相比，这种煤的挥发分、发热量均偏低。此外，由于煤在高温下分解时易产生 CH_4 气体，与硫酸盐作用可生成碳酸盐矿物。因此，煤中碳酸盐矿物含量的增加，往往是接触变质煤的特征之一。

（3）在接触带中，煤的镜质组因经受高温溶解时气体逸出而具有气孔状构造。形成多气孔和沟槽的天然焦，其最大反射率和各向异性随温度提高而增大。

（4）在接触带附近，常常存在规模较小且不规则的局部煤质分带现象。其宽度不大，从数厘米至数米不等。

3.3.3.3 动力变质作用

动力变质作用是指由于地壳构造变动的直接原因而造成煤发生变质的作用。

20 世纪 30 年代，以美国人怀特（White）为代表的学者曾认为，煤的变质主要受构造变动的控制，从而夸大了动力变质作用的影响。应该指出，动力变质作用在自然界是存在的。

构造变动产生的动压力不能促进化学煤化作用的进行，一般只引起物理煤化作用（敖卫华等，2012）。所以只有当构造应力作用于煤岩层而产生大量摩擦热后，才会导致煤的变质。由于这种热量往往较少，因此动力变质作用主要发生在煤层围岩导热差，且热量易于集中的相对密闭环境中。

含煤建造的形成与演变过程常是复杂的，所以在一些煤田中煤的变质作用往往以多种复合形式出现。因此，研究煤的变质问题只有综合、全面地分析影响煤质变化的因素及其演化史，从而阐明变质作用的类型及其规律，才能为煤质预测提供科学依据。

3.3.3.4 煤变质作用的影响因素

（1）温度

温度是煤变质作用的主要因素。煤变质是各种变质作用产生的结果，也是各种变质作用产生的高热能而导致的。

（2）时间

时间是煤变质作用的重要因素。最高温度持续时间是影响煤变质程度的一个重要因素，有效热作用时间比高温更重要。

（3）压力

压力在煤变质作用中的影响较多。目前主要有三种观点：压力促进煤变质作用；高静压力会阻碍煤变质作用（在温度一定的情况下，低压有利于煤化作用的进行）；压力为煤变质作用非主要因素。在煤变质作用过程中，如果挥发分不能逃逸，即在封闭环境，则会延缓煤化作用；如果在开放的环境，较低温度下，压力增加，煤变质作用即能发生。

（4）其他

放射热：异常高的放射性岩石产生的高温可对煤变质有影响；围岩的热导率：煤层顶板为砂岩的比为泥岩的煤级要低，这是因为砂岩比泥岩的热导率要高，煤的热导率比较低；煤的物理性质：低成熟度、低压实度和高含水饱和度的煤层经历岩浆侵入事件，煤的变质程度较低。岩浆侵入时，有机质成熟度、压实程度和有效孔隙度都是影响煤变质的关键因素。

3.4 思 考 题

（1）成煤作用分为哪两个主要阶段？每个阶段的主要过程是什么？

（2）成煤作用的主要影响因素是什么？在不同的成煤环境下，哪些因素可能起到决定性作用？

（3）温度、时间和压力对煤化作用的影响各不相同，具体表现是什么？在煤的变质过程中，哪一个因素最为关键？

（4）结合成煤作用的两个阶段，讨论如何通过地质和地球化学分析手段重建古代的成煤环境，以及这些环境如何与不同类型煤的分布相对应？

（5）从多尺度（宏观和微观）分析煤化作用中的跃变现象，探讨如何通过现代高分辨率分析技术（如 X 射线衍射、核磁共振等）揭示煤的微观结构变化，并将其应用于煤层气储层的评估与开发中。

（6）假设一个沉积盆地内经历了多个沉积体系的转化（如三角洲平原到海相沉积环境的过渡），讨论这种沉积体系的演化如何影响煤层的堆积和后续煤化作用，特别是在多旋回沉积环境中的煤层气潜力评估方面。

3.5 参考文献

敖卫华，黄文辉，唐修义，等，2012. 构造附加动力对煤变质过程的影响[J]. 地质科学，47(2)：517-529.

曹代勇，李小明，邓觉梅，2009. 煤化作用与构造-热事件的耦合效应研究：盆地动力学过程的地质记录[J]. 地学前缘，16(4)：52-60.

韩德馨，杨起，1980. 中国煤田地质学 下册：中国聚煤规律[M]. 北京：煤炭工业出版社.

李勇，孟尚志，吴鹏，等，2017. 煤层气成藏机理及气藏类型划分：以鄂尔多斯盆地东缘为例[J]. 天然气工业，37(8)：22-30.

李勇，潘松圻，宁树正，等，2022. 煤系成矿学内涵与发展：兼论煤系成矿系统及其资源环境效应[J]. 中国科学：地球科学，52(10)：1948-1965.

李勇，2022. 煤结构演化及燃料、原料和材料属性开发[J]. 煤炭学报，47(11)：3936-3951.

李增学，魏久传，韩美莲，2001. 海侵事件成煤作用：一种新的聚煤模式[J]. 地球科学进展，16

(1):120-124.
李增学,吕大炜,王东东,等,2015.多元聚煤理论体系及聚煤模式[J].地球学报,36(3):271-282.
刘池洋,赵红格,赵俊峰,等,2017.能源盆地沉积学及其前沿科学问题[J].沉积学报,35(5):1032-1043.
刘东娜,2015.大同双纪含煤盆地煤变质作用与沉积-构造岩浆活动的耦合关系[D].太原:太原理工大学.
刘梅堂,王天雷,程瑶,等,2014.中国泥炭褐煤资源及发展腐植酸钾产业潜力[J].地学前缘,21(5):255-266.
桑树勋,陈世悦,刘焕杰,2001.华北晚古生代成煤环境与成煤模式多样性研究[J].地质科学,36(2):212-221.
邵龙义,窦建伟,张鹏飞,1998.含煤岩系沉积学和层序地层学研究现状和展望[J].煤田地质与勘探,26(1):4-9.
邵龙义,王学天,高祥宇,等,2020.DDE框架下的煤炭资源潜力评价及煤田地质学知识创新[J].中国煤炭地质,32(9):47-53.
吴传荣,1992.煤的岩浆热变质作用[J].煤田地质与勘探,20(4):24-30.
杨起,韩德馨,1979.中国煤田地质学 上册:煤田地质基础理论[M].北京:煤炭工业出版社.
杨起,1992.煤变质作用研究[J].现代地质,6(4):437-443.
姚素平,2002.早期煤化作用机制与有机质早期成烃演化[J].地球科学进展,17(1):63-68.
赵师庆,王飞宇,董名山,1994.论"沉煤环境-成煤类型-煤质特征"概略成因模型:I 环境与煤相[J].沉积学报,12(1):32-39.
DIESSEL C F K,1986. On the correlation between coal facies and depositional environment: adcances in the study of the Sydney Basin[C]//Proceeding of 20th Symposium of University of Newcastle:19-22.
FLORES R M,2014. Coal and coalbed gas:fueling the future[M]. Amsterdam:Elsevier.
GREB S F, DIMICHELE W A, GASTALDO R A, 2006. Evolution and importance of wetlands in earth history[M]//Wetlands through Time. Boulder:Geological Society of America.
JONES R,1987. Advance in Petroleum Geochemistry[M]. London:Academic Press.
LEVINE J R,1993. Coalification:the evolution of coal as source rock and reservoir rock for oil and gas[M]//Hydrocarbons from Coal. [S. l.]:American Association of Petroleum Geologists.
LI Y,ZHANG C,TANG D Z,et al,2017. Coal pore size distributions controlled by the coalification process: an experimental study of coals from the Junggar, Ordos and Qinshui basins in China[J]. Fuel,206:352-363.
LIU P, ZHANG D X, WANG L L, et al, 2016. The structure and pyrolysis product distribution of lignite from different sedimentary environment[J]. Applied energy, 163:254-262.
MCCABE P J,1987. Facies studies of coal and coal-bearing strata[J]. Geological Society,32

(1):51-66.

MOORE T A,SHEARER J C,2003. Peat/coal type and depositional environment:are they related? [J]. International journal of coal geology,56(3/4):233-252.

SHEARER J C,STAUB J R,MOORE T A,1994. The conundrum of coal bed thickness:a theory for stacked mire sequences[J]. The journal of geology,102(5):611-617.

WANG H,SHAO L Y,HAO L M,et al,2011. Sedimentology and sequence stratigraphy of the Lopingian (Late Permian) coal measures in southwestern China[J]. International journal of coal geology,85(1):168-183.

YAO Y B,LIU D M,HUANG W H,2011. Influences of igneous intrusions on coal rank, coal quality and adsorption capacity in Hongyang, Handan and Huaibei coalfields, North China[J]. International journal of coal geology,88(2/3):135-146.

第4章 煤层含气性及其测试方法

煤层气的主要成分是甲烷(CH_4),伴随少量的二氧化碳(CO_2)、氮气(N_2)及其他稀有气体。这些气体以吸附态和游离态为主要形式赋存在煤层中,在含水煤层中存在溶解态,但是含量一般不高。煤层总含气量和吸附气、游离气的相对含量决定了煤层气资源的开发潜力和经济价值。本章系统探讨煤层气的成因及地球化学特征,详细分析煤层气的赋存状态及其转化关系,揭示煤层气在不同地质条件下的赋存规律和动态变化,并介绍几种常用含气量测定及预测方法,为煤层气资源的高效开发提供理论依据和技术支持。

4.1 煤层气成因及地球化学特征

在微生物或热力作用下,伴随煤(或泥炭)成分与结构的变化,煤化作用不同阶段都有烃类等气体产生。不同阶段、不同成因类型的烃类气体具有不同的成分和同位素特征。

4.1.1 煤层气成因

煤层气成因分为生物成因和热成因两类,但其具有明显的阶段性和复杂性,不同地区、不同地质背景的煤层气成因类型不同。

4.1.1.1 生物成因气

生物成因煤层气是指在微生物作用下,有机质(泥炭、煤等)部分转化为煤层气的过程。从其形成阶段可划分为原生生物成因气和次生生物成因气。

(1) 原生生物成因气

早期生物成因气形成于泥炭-褐煤阶段($R_o<0.5\%$),即泥炭化作用和成岩作用阶段。由于埋藏浅(小于400 m)、温度低,热力作用尚不足以使有机质结构变化产生气体。在此阶段,有机质成分与结构的变化主要通过各类微生物参与下的生物化学反应实现。以CH_4为主要成分的生物成因气,主要是在泥炭沼泽环境中通过微生物对有机质的分解作用而形成的。依其所利用的碳源,生物气的形成途径可分为两种:① CO_2还原生成CH_4;② 醋酸、甲醇和甲胺等发酵转化成CH_4。

生物气的形成应满足两个条件:① 丰富的有机质提供产气物质基础;② 具备有利于甲烷菌繁殖的环境条件。研究表明:在厌氧环境、低SO_4^{2-}浓度、低温(通常在50 ℃以下)、高pH值、适宜的孔隙空间和可快速沉积等条件下,生物气会大量形成。

甲烷菌使乙酸还原为CH_4的过程,可概括为:

$$CH_3COO^- + H^+ \longrightarrow CH_4 + CO_2 \tag{4-1}$$

在厌氧环境中CO_2、乙酸主要来自富氧的碳水化合物,少部分来自蛋白质,在高等植物中主要是纤维素、半纤维素、糖类、淀粉和果胶等有机化合物。

近地表处新鲜沉积物可通过上述两条途径形成气体，但可能散失到大气中而保存甚少，而深处的沉积物则主要通过 CO_2 还原形成生物气，其保存条件优于前者。

(2) 次生生物成因气

原生与次生生物成因气的阶段划分取决于地层有没有抬升。在煤层形成并被埋藏后，如果没有进入成熟阶段(R_o<0.5%)，同时又没有发生抬升，形成的生物气为原生生物成因气；如果发生抬升，不管煤阶如何，再生成的生物气即次生生物成因气。在煤层后期抬升阶段，煤层中温度等环境条件又适宜微生物生存。这些微生物主要通过位于补给区的煤层露头由大气降水带入，在相对低温条件下(56 ℃)代谢湿气、正烷烃和其他小分子有机化合物，生成 CH_4 和 CO_2。次生生物气的形成除了要具备原生生物气的形成环境条件外，关键取决于有机质的供给。低分子有机质的来源是煤，大分子的煤要通过腐生菌作用才能降解为可供甲烷菌作用的低分子有机质。大量的试验表明煤阶越低，越有利于次生生物气的形成，当 R_o>1.5%时，次生生物气的形成微弱。

次生生物成因气的形成，对煤层气勘探和生产具有重要意义。在美国圣胡安盆地煤层气勘探开发中，首次揭示出次生生物成因气的存在，粉河盆地低煤阶煤层气的商业化开发充分说明次生生物成因气的重要性。次生生物成因气的生成决定了中、低煤阶煤层气生成的持续性(秦勇，2012)。

4.1.1.2　热成因气

煤在温度、压力作用下发生一系列物理、化学变化的同时，也生成大量的气态和液态物。热成因煤层气可区分为两类：原生热成因气和次生热成因气。前者是指由煤生成并就地储存的热成因气，保持了煤层气原始的组分和同位素组成；后者是指热成因气形成后经过运移，再在异地聚集下来，运移造成了煤层气气体组分和同位素的分馏。

(1) 原生热成因气

从烃源岩的角度，可将煤级演化阶段分为未成熟阶段(泥炭-褐煤阶段，R_o<0.5%)，以生物气形成为主；成熟阶段(长焰煤-瘦煤阶段，0.5%<R_o<2.0%)，以热降解气生成为主；高成熟阶段(贫煤-无烟煤阶段，R_o>2.0%)，以热裂解气形成为主(图 4-1)。

① 热降解气(0.5%<R_o<2.0%)

在热力作用下，有机质中各种官能团和侧链分别按活化能的大小，依次发生分解，转化为具有不同分子结构的烃类。生成物的同位素组成，按活性的大小发生相应的分馏效应。

这一阶段发生的化学反应，主要是官能团和侧链的裂解及其产生的大分子烃类(油、湿气)的裂解与聚合，据反应进行程度可分早、中、晚三期。

早期(0.6%<R_o<0.8%)：以含氧官能团的断裂为主，产生 CO_2，芳烃结构上烷烃支链部分断裂形成少量 CH_4 和 C_2H_6 以上的重烃。H/C 数量比变化不大，O/C 数量比由 1.23 急降至 0.12。

中期(0.8%<R_o<1.3%)：有机质的演化主要通过树脂、孢子、角质等稳定组分降解初期所形成沥青的转化，以及芳核结构上烷烃支链的断裂，形成富含重烃的气体，该阶段相当于生油岩高峰生油期。该阶段 H/C 数量比从 1.76 降至 0.89，O/C 数量比从 0.12 降至 0.05，CH_4 生成量高于 CO_2，其中 R_o=0.8%～1.0%为热成因 CH_4 大量形成的阶段。

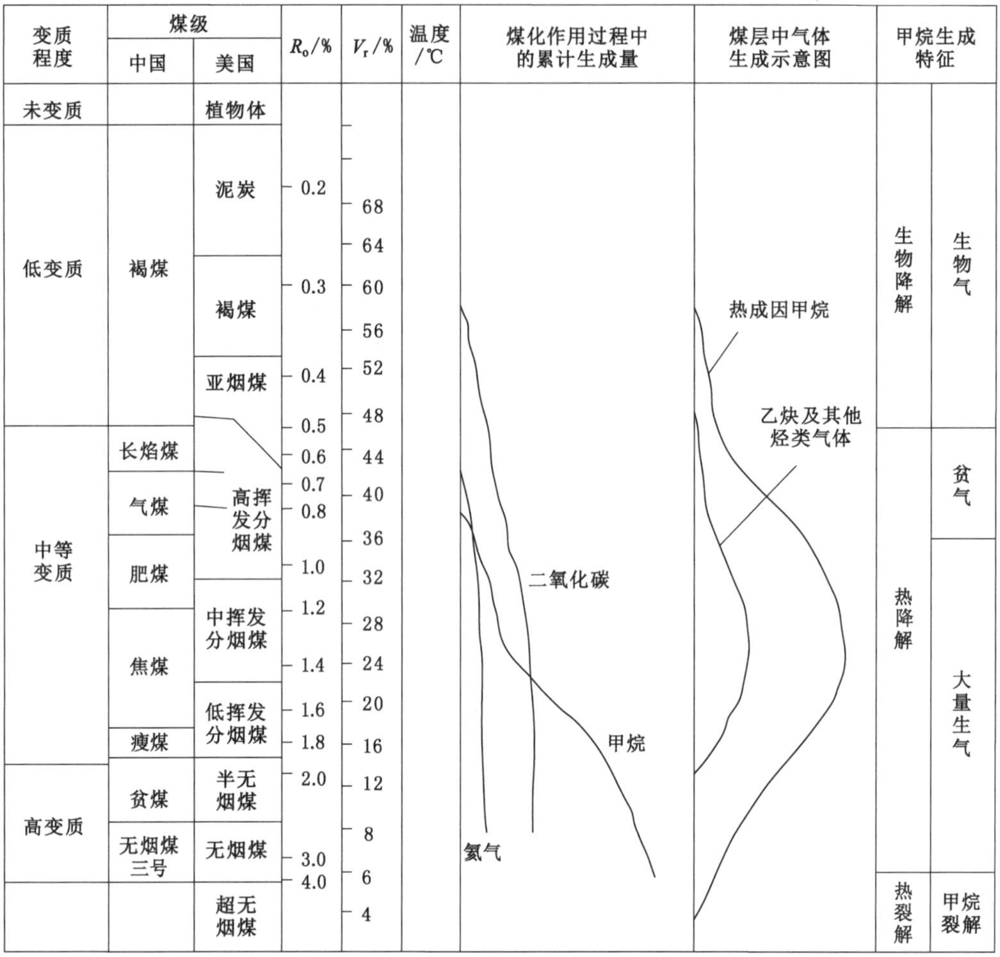

图 4-1 煤化阶段及气体生成(部分引自 Palmer et al.,1996)

晚期(1.3%<R_o<2.0%):沥青质、液态残余烃等较大分子烃类裂解以及芳核支链的进一步断裂形成含 CH_4 较多的气体。H/C 数量比由 0.79 降至 0.48,O/C 数量比由 0.05 到 0.04 并保持平稳。

② 热裂解气(R_o>2.0%)

由于有机质芳香结构上的大部分烷烃支链在成熟阶段已消耗,化学反应由以裂解为主转为芳香核之间的缩合为主,并由此产生大量 CH_4 气体。在此阶段,有机质芳香度从 0.85 增至 0.97,C 原子几乎全部集中在芳香结构上。

(2) 次生热成因气

次生热成因气是与之同源的原生热成因气经解吸、扩散、溶解、运移再聚集的结果。在这一过程中,由于不同组分气体和同一组分不同同位素组成气体的解吸、扩散速率和溶解度不同,它们将发生分馏作用。当气体运移到聚集区时,其成分和同位素组成发生了显著变化。如美国圣胡安盆地北部的高渗、高压区,二氧化碳的含量最高;我国沁水盆地南部煤层气藏地下水滞留区(次生热成因气聚集区)煤层气中二氧化碳的含量高于浅部(秦勇,2012)。

(3) 混合成因气

煤层气的形成具有明显的阶段性,同时又有持续性。热成因气取决于地质历史时期煤体最高成熟度时的温压条件,无论是一次生烃还是二次生烃,都具有明显的阶段性;次生生物气则具有显著的持续性,在煤层被抬升到适合微生物活动的环境条件下时,次生生物气都在不断地生成。因此,混合气存在两种形式:① 原地混合气,即原地形成的热成因气和原地形成的次生生物气相混合,不发生运移,一般出现在浅部。② 异地混合气,即热成因气和次生生物气发生了运移,在地下水滞留区聚集、混合,如圣胡安盆地北部和沁水盆地东南部。

(4) 无机成因气

煤层气除了生物成因和热成因外,还有无机成因。地球原始大气中含有的大量甲烷,是无机成因烃类的主要来源。当地球开始凝聚时,原始大气中的甲烷作为“化石”被“吸收”保留在上地幔和地壳深部,再通过断裂、火山活动或地壳运动等地球脱气作用释放出来。另一种无机成因气与二氧化碳的形成有关。当火山活动强烈时,大量的岩浆侵入含煤岩系,岩浆的高温使碳酸盐类分解,生成大量的 CO_2,并储存在煤中。由于 CO_2 与甲烷相比,在煤表面具有优先吸附、滞后解吸的特性,二氧化碳可大量吸附在煤体表面,形成 CO_2 气藏。

4.1.2 煤层气地球化学特征

4.1.2.1 气体组分

煤层气的化学组分有烃类气体(甲烷及其同系物)、非烃类气体(二氧化碳、氮气、氢气、一氧化碳、硫化氢以及稀有气体氦、氩等)。其中,甲烷、二氧化碳、氮气是煤层气的主要成分,尤以甲烷含量最高,二氧化碳和氮气含量较低,一氧化碳和稀有气体含量甚微(宋岩等,2012)。

(1) 烃类气体

煤层气的主要成分是甲烷,其含量一般大于 80%,其他烃类气体含量极少。通常,同一煤阶烃类气体随埋藏深度的增大而增加。重烃气主要分布于未受风化的煤层中。此外重烃含量常常还与煤变质程度有关,一般中变质煤中重烃含量高,而低、高变质煤中低。

(2) 非烃类气体

大多数煤层气中的非烃类气体含量通常均小于 20%,其中 N_2 约占 2/3,CO_2 约占 1/3。N_2 分子较小、运移速度快,因而主要受上覆盖层质量影响。CO_2 易溶于水且易被地下水带走,因而 CO_2 含量主要受地下水活动影响。此外,N_2 和 CO_2 含量亦受煤层埋深和煤变质程度影响。一般而言,越靠近地表,N_2 和 CO_2 含量越高;煤变质程度越高,N_2 和 CO_2 含量越低。

4.1.2.2 同位素特征

煤化作用过程中生成的气体包括 CH_4、CO_2、湿气(C_2H_6、C_3H_8 等)、N_2、H_2、H_2S 等,它们都是煤层气的组分。

$\delta^{13}C_1$ 值及 $C_1/(C_1—C_5)$ 数量比是划分烃类气体成因类型的主要地球化学指标(图 4-2),但就煤层气的具体资料看,这两项指标变化很大,实际应用较为困难,特别是对于埋藏浅的煤层气。至今为止,结合地质历史分析,元素同位素地球化学方法不失为煤层气成因研究的有效手段之一,但应用过程中必须注意:元素同位素具有母质继承性;元素同位素受有机质成熟度控制;元素同位素受生物作用、CH_4-CO_2 碳同位素交换平衡效应、解吸-扩散-运移的影响。

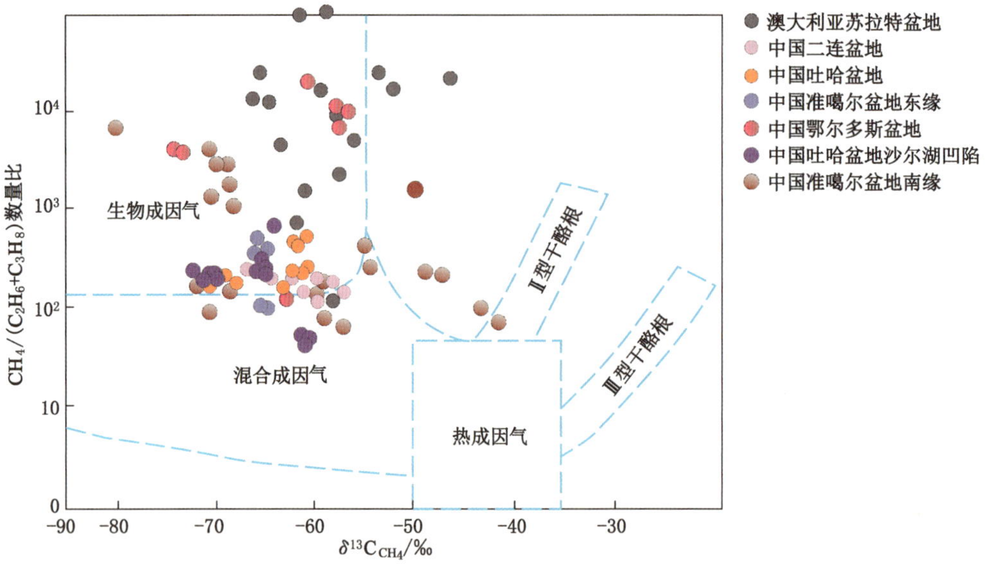

(a) 基于$CH_4/(C_2H_6+C_3H_8)-\delta^{13}C_{CH_4}$关系的煤层气成因判识

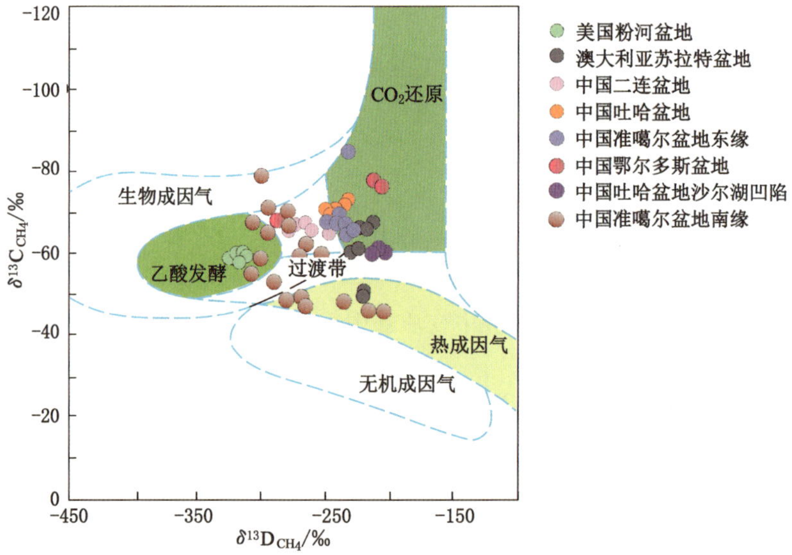

(b) 基于$\delta^{13}C_{CH_4}-\delta^{13}D_{CH_4}$关系的煤层气成因判识

图 4-2 煤层气成因判识图

4.2 煤层气赋存状态

吸附态煤层气主要储集于煤基质的微孔隙和显微裂隙中，游离态和溶解态煤层气主要储集于煤的大孔隙和大裂隙中。

4.2.1 吸附态

煤层气在煤储层中的吸附方式为物理吸附。煤层气之所以能吸附于煤基质的微孔隙和显微裂隙中，是因为煤表面的力场是不饱和的。这种不饱和力场的存在，使甲烷气体与煤分子之间存在诱导力(induction force)和色散力(dispersion force)，由此形成吸附势阱。当甲烷气体碰撞到煤体表面，分子运动的动能小于吸附势阱时，气体分子则会被煤分子捕获，从而与煤分子结合在一起，并放出吸附热。处于吸附态的煤层气吸附量与储层压力之间的关系可用朗缪尔等温吸附方程表示：

$$V_{吸附} = \frac{pV_L}{p_L + p} \tag{4-2}$$

式中 $V_{吸附}$——吸附气体积，m^3/t；

V_L——朗缪尔体积，m^3/t；

p_L——朗缪尔压力，MPa；

p——储层压力，MPa。

4.2.2 游离态

煤储层的外生裂隙中，存在呈自由状态的煤层气，在等温条件下可按真实气体状态方程来描述：

$$pV_{游离} = ZnRT \text{ 或 } V_{游离} = \frac{ZnRT}{p} \tag{4-3}$$

式中 $V_{游离}$——游离气体体积，m^3；

p——气体压力，MPa；

T——热力学温度，$T=t+273$，K；

n——气体摩尔数；

R——气体常数，$R=0.820\,5$；

Z——压缩因子，即在给定温度、压力条件下，真实气体所占体积与相同条件下理想气体所占体积之比。

4.2.3 溶解态

煤储层的裂隙或孔隙中可能含有水分，在定压力作用下有少部分煤层气溶解于水中，其溶解度可用亨利定律描述：

$$p_b = K_c C_b \text{ 或 } C_b = \frac{1}{K_c} p_b = K'_c p_b \tag{4-4}$$

式中 p_b——气体在液体上方的蒸汽平衡分压，Pa；

C_b——气体在水中的溶解度，mol/m^3；

K_c——亨利常数，取决于气体的成分和温度；

K'_c——溶解系数。

4.2.4 赋存状态转化

煤层气在煤储层中赋存的三种状态并不是一成不变的，而是时刻处于一种动态平衡状态。煤层气在煤储层中的赋存状态及转化关系如图 4-3 所示。

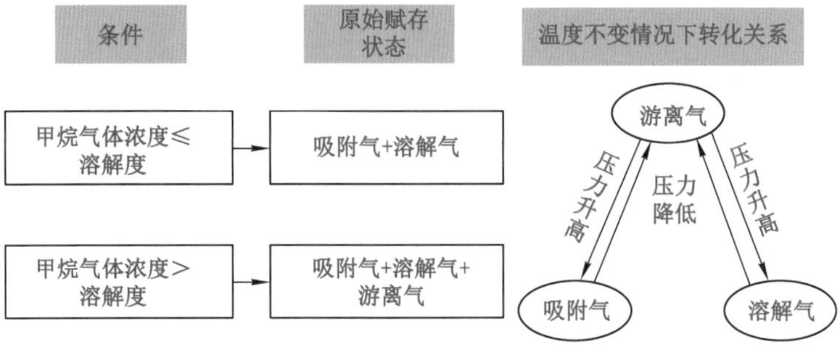

图 4-3 煤层气在煤储层中的赋存状态及转化关系

4.3 煤层气吸附-解吸特征

4.3.1 等温吸附线与吸附理论

4.3.1.1 等温吸附线类型

等温吸附线用来描述吸附量变化规律，诠释吸附质与吸附剂之间的作用力，揭示吸附机理，根据国际纯粹与应用化学联合会(International Union of Pure and Applied Chemistry，IUPAC)的分类，等温吸附线有以下六种类型(图 4-4)。

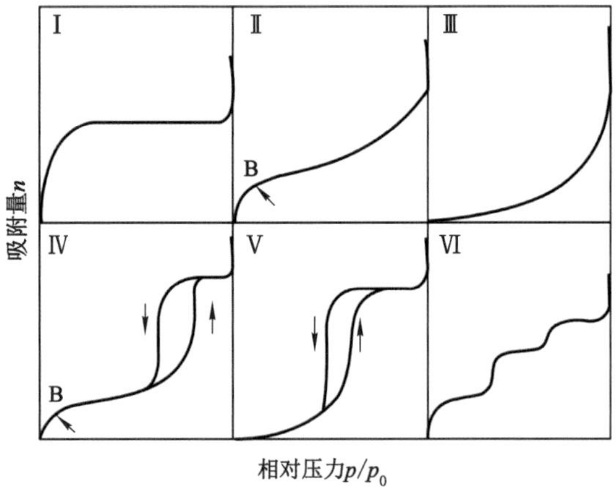

图 4-4 常见六类等温吸附线(据 IUPAC)

Ⅰ型等温吸附线：由化学吸附或气体的单分子层吸附可以得到。气体在微孔吸附剂(活性炭、分子筛)上的吸附等温线亦呈现Ⅰ型。

Ⅱ型等温吸附线：气体分子在非孔或大孔吸附剂中的等温吸附线可呈现。B 点往往被认为是单分子层吸附的完成和多分子层吸附的开始。

Ⅲ型等温吸附线：有些气体在非孔或大孔吸附剂中的等温吸附线。它类似于Ⅱ型等温吸附线形成机理，但没有 B 点。Ⅲ型等温吸附线比较罕见，在某些特定的吸附体系，吸附质与吸附剂的相互作用小于吸附质分子间的相互作用，低压下气体分子仅吸附在固体表面少数的活性位上，随着压力的升高，气体分子优先吸附并聚集形成团簇，因此在吸附剂表面没有形成完整的单分子层时，局部已经形成多分子层吸附。

Ⅳ型等温吸附线：中孔吸附剂的等温吸附线，起始段与Ⅱ型等温吸附线相同，吸附机理也基本一致，当相对压力达到一定值时，吸附质在中孔内发生毛细凝聚，吸附量陡然上升，毛细凝聚结束后，等温吸附线出现平台。Ⅳ型等温吸附线和等温脱附线不重合，存在回线。产生回线的原因主要是发生毛细凝聚与蒸发时所对应的开尔文半径不同。

Ⅴ型等温吸附线：也是中孔吸附剂上的吸附行为描述，机理与Ⅳ型等温吸附线类似，存在吸附、脱附等温线滞回现象，产生回线的原因也与Ⅳ型等温吸附线相同。

Ⅵ型等温吸附线：又称阶梯状等温线，由结构简单的非极性分子（如 Ar、Kr 和 Xe 等）在能量均匀的吸附剂（石墨）表面的吸附可以得到（王红岩，2005）。

4.3.1.2　等温吸附线应用

等温吸附线在煤层气研究中的应用主要表现在以下四个方面：

(1) 评价煤层对气体的最大吸附能力，实测值往往偏低。

(2) 预测生产过程中储层压力降低时释放出气体的最大值和释放速率。

(3) 确定临界解吸压力。

(4) 确定含气饱和度。特别是在气体处于未饱和状态，即所含气体量未达到最大吸附能力时，这一测试相当重要。

这些应用可在图 4-5 中清晰反映出来。

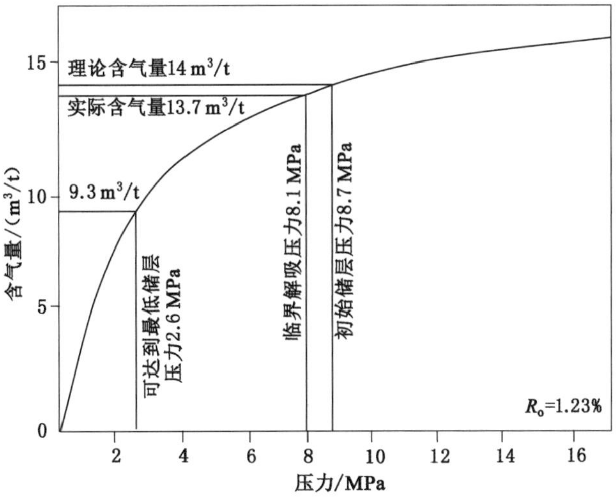

图 4-5　等温吸附线与煤层气产出、压力的关系

4.3.1.3　等温吸附线数学表达式

如何用数学方法表达等温吸附线，即给等温吸附线一个方程，是表面物理化学的一个重要研究领域。长期以来，众多的研究者试图从三个方面解决这一难题：动力学理论、热力学理论和位能理论。这里只介绍动力学理论中的单分子层吸附和多分子层吸附理论以及位能

理论。

(1) 单分子层吸附理论——朗缪尔方程

动力学理论中最早的、迄今仍在广泛应用的是朗缪尔理论。该理论认为被吸附气体和吸附剂之间的平衡是动态的，即分子在吸附剂表面空白区凝结的速率等于分子从已占领区域重新蒸发的速率，其表达式为：

$$V = \frac{V_m bp}{1 + bp} \tag{4-5}$$

式中 p——压力；

V——吸附体积；

V_m——单分子层体积；

b——常数。

如果把式(4-5)改写成线性方程：

$$\frac{p}{V} = \frac{1}{V_m b} + \frac{p}{V_m} \tag{4-6}$$

以$\frac{p}{V}$对 p 作图可得一条直线，由斜率和截距便可求出常数 V_m 和 b。

V_m 与固体的比表面积有关：

$$V_m = \frac{\sum V_0}{N_0 \sigma_0} \tag{4-7}$$

式中 σ_0——一个吸附位的面积，cm^2；

V_0——标准状态下气体分子体积，cm^3；

N_0——阿氏常数；

$\sum$—— 比表面积，cm^2/g。

该理论适合物理吸附和化学吸附，可描述Ⅰ型等温吸附线，是目前广泛用于煤层气吸附的状态方程。更为简单的表达式为：

$$V = \frac{V_L p}{p_L + p} \tag{4-8}$$

式中 V——吸附量；

p——压力；

p_L——朗缪尔压力，在此压力下吸附量达最大吸附能力的 50%；

V_L——朗缪尔体积，反映煤的最大吸附能力，与温度、压力无关，取决于煤的性质。

令 $b=\frac{1}{p_L}$，则朗缪尔方程可改写为：

$$V = V_L \frac{bp}{1 + bp} \tag{4-9}$$

朗缪尔方程在低压下可简化为亨利定律：

$$V = V_L bp \tag{4-10}$$

式中 b——亨利常数，即等温吸附线的斜率，b 值越大，初始解吸(吸附)速率越大，温度的影响就包含在 b 值中。

$$b = \alpha \frac{e^{\left(\frac{Q}{RT}\right)}}{\sqrt{T}} \tag{4-11}$$

式中　Q——吸附热；

α——系数。

(2) 多分子层吸附理论——BET 方程

多分子层吸附理论，简称 BET 理论，是一种关于固体表面发生物理吸附的理论。BET 是三位科学家(Brunauer、Emmett 和 Teller)的首字母缩写。1983 年，这三位科学家对朗缪尔理论进行修正，提出著名的 BET 理论，其正式名称是多分子层吸附理论，多分子层吸附理论将朗缪尔对单分子层假定的动态平衡状态用于各不连续的分子层。另外再假设第一层中的吸附是靠固体分子与气体分子间的范德瓦耳斯力，而第二层以上的吸附是靠气体分子间的范德瓦耳斯力。吸附是多分子层的，每一层都可能有空吸附位，层是不连续的。这种吸附称 BET 吸附，由 BET 方程描述。在较高的压力下，多分子层吸附存在的可能性更大。

$$\frac{V}{V_m} = \frac{cx}{(1-x)[1+(c-1)x]} \tag{4-12}$$

式中　$x = p/p_0$；

c——与气体吸附热和凝结有关的一个常数。

式(4-12)就是著名的 BET 二常数方程，改写为：

$$\frac{x}{V(1-x)} = \frac{1}{cV_m} + \frac{(c-1)x}{cV_m} \tag{4-13}$$

以 $x/[V(1-x)]$ 对 x 作图，由斜率和截距可求出 V_m 和 c。

式(4-12)的假设是吸附层数是无限的，但对多层吸附而言，由于受孔径限制，吸附层只能为 n 层，则导出 BET 三常数方程：

$$V = \frac{V_m cx}{1-x} \cdot \frac{1-(n+1)x^n + nx^{n+1}}{1+(c-1)x - cx^{n+1}} \tag{4-14}$$

该式在给定不同条件时，可得出所有五种等温吸附线方程。

(3) DR 和 DA 方程

DR(Dubinin-Radushkevich)和 DA(Dubinin-Astakhov)方程是两种用于描述吸附剂孔隙结构特性的数学模型，它们广泛应用于气体吸附分析中，尤其是在研究多孔材料的孔隙特性时。在对煤-单组分气体等温吸附模拟时较准确的表达式分别为：

$$\text{DR 方程：} \frac{V}{V_0} = \exp\left\{-D\left[\ln\left(\frac{p_0}{p}\right)\right]^2\right\} \tag{4-15}$$

$$\text{DA 方程：} \frac{V}{V_0} = \exp\left\{-D\left[\ln\left(\frac{p_0}{p}\right)\right]^n\right\} \tag{4-16}$$

式中　D——常数；

n——指数。

另外，V_0、D 和 n 可用最小二乘法和 MATLAB 多因素优化算法进行优化。

(4) 其他理论

科林(Collin)的综合性理论认为处于吸附平衡状态时，孔隙中存在四种相态：由孔隙表面的单分子层吸附相，向外依次为类液态相、孔隙气态相和最外部的游离态相。该理论认为这四种相态内，存在两种分子间的力：分子间的范德瓦耳斯力和色散力。假设多孔物质的孔隙为柱状，半径相等，则高压下的等温吸附线方程为（王勃，2013）：

$$N_a = \frac{Sp}{p_L + p} + V_p G(T)\left[\frac{p}{KT}\left(1 - 2\bar{B}\frac{p}{KT}\right)\right] + \left[\frac{\lambda}{KT\ln\frac{KT\lambda(T)}{4\bar{B}p}}\right]^{\frac{1}{3}} \sum V_p \quad (4\text{-}17)$$

$$\lambda(T) = \sqrt{\frac{h}{mKT}} \quad (4\text{-}18)$$

式中 N_a——吸附剂中气体分子数；

$G(T)$——无量纲温度校正因子；

λ——常数；

V_p——吸附剂孔隙体积；

K——博尔茨曼(Boltzman)常数；

$\bar{B}$——范德瓦耳斯因子；

S——吸附位总数量；

h——普兰克(Plank)常数；

m——气体分子量。

4.3.2 多组分气体吸附

煤层气是一种多组分混合气体，其多组分的吸附特征备受关注。在解吸过程中，CH_4 的解吸量随压力下降而下降，CO_2 在同一区间内的解吸量则相对上升。对混合气体的吸附特征可用扩展的朗缪尔方程描述：

$$V_i = \frac{V_{mi}B_i p_i}{1 + \sum_{j=1}^{n} B_j p_j} \quad (4\text{-}19)$$

式中 V_i——第 i 种吸附质的吸附量，cm^3；

V_{mi}——第 i 种吸附质单分子层的吸附量，cm^3；

B_i——第 i 种吸附质的吸附常数；

p_i——第 i 种吸附质的分压，Pa；

B_j——第 j 种吸附质的吸附常数；

p_j——第 j 种吸附质的分压，Pa；

n——组分数量。

对于不同气体，其沸点越高越易被吸附，如 $H_2 > CO_2 > N_2 > CH_4 > C_2H_6$；气体分子的极性也起作用，极性分子比非极性分子有更强的吸附能力。

4.3.3 煤层气解吸机理

解吸是煤吸附的逆过程，但是自然条件下煤层气的吸附条件、吸附过程和煤层气开发过程中煤层气的解吸条件、解吸过程存在着本质差异。地下煤储层是由固态（煤基质）、液态（煤层水为主）和气态（煤层气）三相物质组成的，煤与甲烷气体之间的作用以物理吸附为主，水分子的存在使煤与甲烷之间的相互作用变得复杂。甲烷分子没有极性，其与煤大分子间无静电力，但受煤分子极化产生诱导偶极，并受临近电场的变化产生色散力，是煤基质与甲烷分子间的主要作用力。但水分子较甲烷更容易吸附在煤表面上，这主要是由于煤分子和水分子之间的氢键作用。氢键的形成不需要严格的条件，但较范德瓦耳斯力要大，所以在固、液、气体中几乎都有氢键形成，从而使水分子比甲烷分子在煤表面的吸附中更有优势。为考虑更多水分子的影响，学者们开展了煤样注水试验，发现水会克服界面张力使煤基质孔隙内表面被润湿，降低表面极性，使甲烷吸附的色散力有所降低。尽管水膜对甲烷分子的作用力很小，但其提供了较多的吸附位，对不同煤阶煤样吸附性能的影响仍然存在争议(图 4-6)。

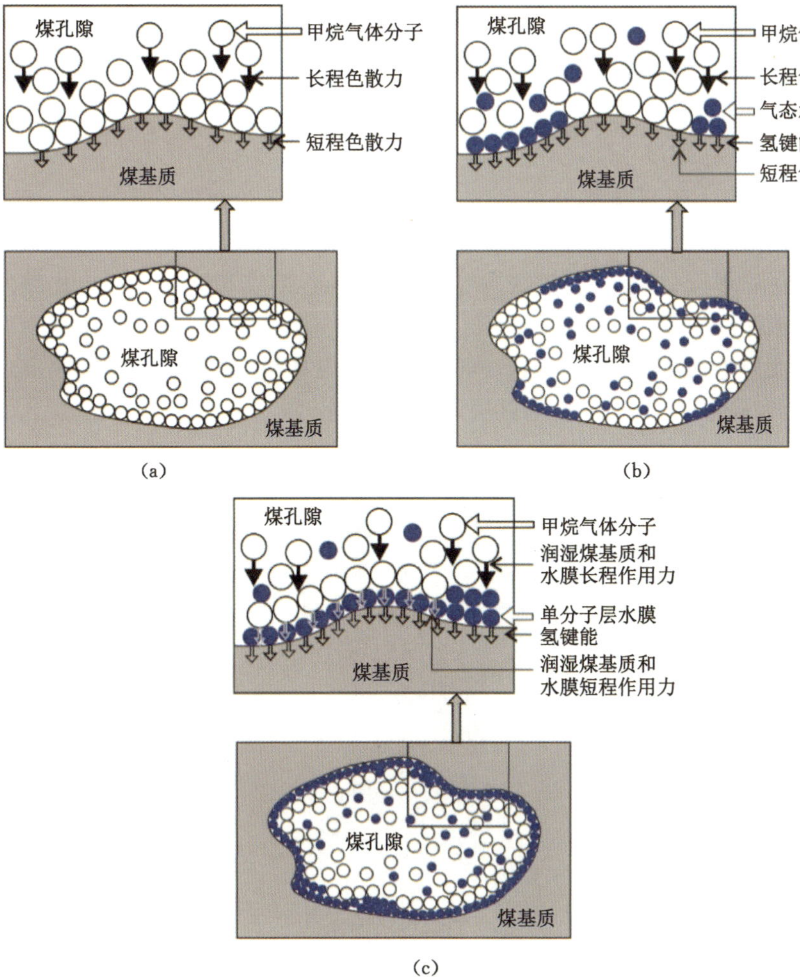

图 4-6　不同含水条件下煤基质吸附甲烷的受力作用分析

部分煤层气井在无排采水时还在产气，即无压降时解吸作用还在持续进行，分析认为煤层气吸附-解吸动态变化的实质是吸附热的变化。理论上来讲，吸附过程与解吸过程是一个可逆的动态平衡过程，吸附过程中的含气量应该等于解吸过程中的含气量，但实际吸附-解吸试验结果表明，吸附曲线总是低于解吸曲线。研究吸附热计算结果发现，等量吸附热和极限吸附热在吸附过程中放出的热值总是小于解吸过程中吸收的热值。在这中间产生的热量差值，使得吸附过程中放出的热量不能完全满足解吸过程中所需要的热量，从而导致在一定程度上解吸作用相对于吸附作用不能彻底进行，造成煤层气解吸的滞后性(图 4-7)。由此可知，吸附过程的吸附热与解吸过程的吸附热之间的热量差值越小，说明随着温度的升高解吸作用进行得越容易。

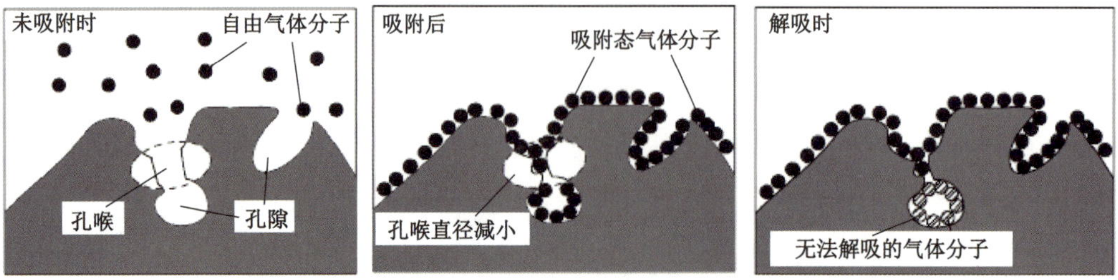

图 4-7 解吸滞后现象示意图

大量的 CH_4、CO_2、N_2 等单组分和多组分气体的吸附-解吸试验结果表明，解吸过程具有典型的可逆性和滞后性。解吸滞后的形成因素主要是甲烷吸附导致基质膨胀，从而使孔隙喉道变窄，又由于水分、挥发分和矿物质等物质的影响，造成气体分子进出孔隙的能量不同，从而产生解吸滞后。影响因素包括煤阶、煤岩、煤质、温度、压力、粒径、含水率和孔隙结构等多个方面，此外近几年的研究发现，外场(如声场、电场)的热效应和机械效应也可以影响煤的表面势能和孔隙结构，进而影响其吸附-解吸性能(图 4-8)。

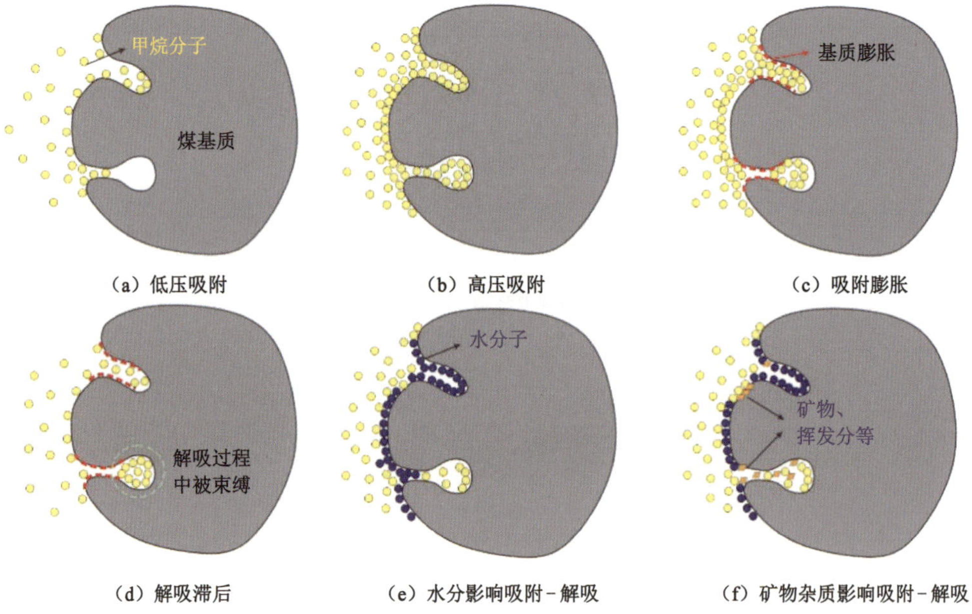

图 4-8 甲烷解吸滞后的产生过程及吸附-解吸部分影响因素

在降压解吸过程中，高煤阶比低煤阶储层煤层气解吸率低，解吸滞后特征更加显著，但也有试验结果表明，长焰煤在吸附-解吸曲线上体现了明显的滞后现象，在焦煤煤样上却有很好的重合性。不同温度条件下的吸附-解吸试验表明，随着温度的升高(20～40 ℃)，解吸滞后现象变得不明显；但是也有试验结果显示，随着温度的升高(30～50 ℃)，解吸滞后现象更加明显。低温(0 ℃及以下)的试验结果表明,降低温度可以抑制煤的瓦斯解吸,温度越低,抑制解吸效果越明显。

针对干燥煤样、平衡水煤样和注水煤样的大量试验结果表明,随着含水量的增加,煤样的甲烷吸附能力降低,但水分对高煤阶煤样的甲烷极限吸附量影响较小。针对不同粒径的煤样注水试验结果表明,水分对处于吸附态的甲烷具有明显的抑制作用,而且有矿化度的水比无矿化度的蒸馏水更能抑制甲烷解吸。但是针对不同煤阶有相反的观点,有学者认为水分能提高低阶煤储层中甲烷的解吸率,但也有试验结果表明外加水分促进了中、高阶煤储层对甲烷的解吸,抑制了低阶煤储层对甲烷的解吸。此外,也有针对块煤开展含水率对甲烷吸附的影响分析,与粉煤的测试结果有所不同。

从微观上看,煤对气体的吸附主要是煤的大分子结构和气体分子之间相互作用的结果。经试验研究发现煤中的含氧官能团具有抑制甲烷吸附的作用,而脂肪侧链具有促进甲烷吸附的作用。可从煤化过程中微晶结构变化来解释甲烷的吸附-解吸作用:变质程度的增强,使得烷烃侧链及部分含氧官能团断裂脱落,煤岩芳核结构重组,极性增加,纳米级孔隙增多,更加有利于气体的吸附和储集,进而影响吸附-解吸作用。

4.4　含气性测试及预测方法

4.4.1　直接法

解吸气测定:将现场取得的常规煤心煤屑、井壁取心煤心、绳索取心煤心、保压取心煤心等样品放入已知质量的解吸罐中密封,并记录钻遇煤层的时间、取心开始时间和装罐时间。室内在常压和储层温度条件下,用解吸仪解吸。记录解吸量随时间的变化数据,采集解吸气体并用气相色谱仪测定气体成分。在解吸速率平均小于 10 cm^3/d 时终止测试,然后打开解吸罐,剔除肉眼可见的矸石,并取样进行煤岩煤化分析,将解吸气体的体积校正为标准状态的体积。

残余气测定:将样品罐加入钢球后密封,放在球磨机上磨制 2 h,然后按测试解吸气的程序测试残余气。

逸散气确定:煤的总含气量中,解吸气和逸散气是煤层气的可采部分,因此准确确定逸散气至关重要。煤体内的孔隙是球形的,且孔径的分布是单峰的,气体在孔隙中的扩散是等温的且服从朗缪尔第一定律;所有孔隙中气体的初始浓度相同,球体的边界处浓度为零。则解吸最初几个小时释放出的气体与解吸时间的平方根成正比,总的解吸量可由下式表示:

$$V_t = V_e + a\sqrt{t + t_0} \tag{4-20}$$

式中　V_t——总解吸量;

V_e——逸散气量;

a——系数;

t——解吸罐解吸时间;

t_0——逸散时间。

令 $T=\sqrt{t+t_0}$,则式(4-20)可写为:$V_t=V_e+aT$,其中实测解吸气 $V_d=aT$。

式(4-20)可通过两种途径计算逸散气:一是作图法,即以 T 为横坐标,总解吸量(V_t)为纵坐标,通过作图得一条直线,该直线在纵轴上的截距为逸散气,见图 4-9。二是回归法,即以最初几个小时的实测数据为依据,用最小二乘法做回归分析,即可得式(4-20)中的逸散气量(V_e)(汤达祯等,2003)。

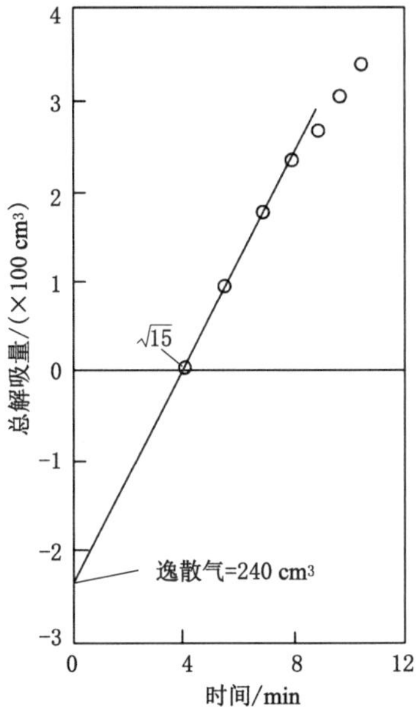

图 4-9 逸散气作图求取法

4.4.1.1 史密斯-威廉姆斯法

原美国矿业局关于直接法确定逸散气是以煤中孔隙孔径单峰分布为前提的,但试验表明煤中孔隙孔径分布是呈双峰分布的,为此史密斯和威廉姆斯于 1981 年提出了以孔径双峰分布为前提的确定逸散气方法。史密斯-威廉姆斯法适用于低含气量、微量样品的测试。该方法引入了地面时间比(STR)和逸散时间比(LTR)两个参数:

$$\mathrm{STR}=\frac{\text{岩心密封时间}-\text{岩心到达地面时间}}{\text{岩心密封时间}-\text{钻遇煤层时间}} \tag{4-21}$$

$$\mathrm{LTR}=\frac{\text{岩心密封时间}-\text{钻遇煤层时间}}{\text{岩心密封时间}-\text{钻遇煤层时间}\ t_{25\%}} \tag{4-22}$$

式中 钻遇煤层时间 $t_{25\%}$——由钻揭煤层到解吸气的 25%($V_{25\%}$)解吸出来的时间。

在体积校正因子图上(图 4-10),用 STR、LTR 可查出校正因子 VCF 的值,有:

$$V_t = V_d \times \mathrm{VCF} \tag{4-23}$$

逸散气体体积为:

$$V_e = V_t - V_d \tag{4-24}$$

总含气量为:

$$Q = \frac{V_t}{\text{试样总质量}} \tag{4-25}$$

将含气量校正到标准温度、压力条件下:

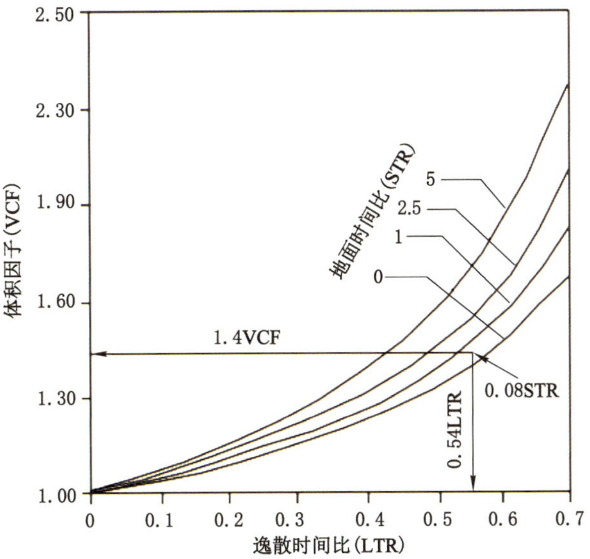

图 4-10　体积校正因子图

$$V_{STP}=V_d\times\frac{p_I}{29.92}\times\frac{520}{460+T_I} \tag{4-26}$$

式中　T_I——实际温度；

p_I——实际压力。

4.4.1.2　改进的直接法

除记录直接法应测定的数据外，还要记录每次测定时密封罐的温度、压力，且每次都要采集气样做成分分析，据此就可计算出每次解吸的各种气体体积和残留在罐中的气体体积，二者之和即该阶段总的解吸体积。终止解吸的标准与直接法相同：每克煤样解吸量小于 0.05 cm^3/d，或一周内每天煤样解吸量平均小于 10 cm^3。另外，测定残余气体时不再用球磨机破碎，而是用岩石破碎机，大大缩短了破碎时间。

4.4.1.3　曲线拟合法

解吸量与时间的平方之根不是简单的线性关系，引入扩散理论得出了如下方程：

$$V_d(t)=V_{ed}\left[1-\frac{6}{\pi^2}\exp\left(-\pi^2\frac{D}{r^2}t\right)\right]-V_e \tag{4-27}$$

式中　V_d——解吸量；

V_{ed}——逸散气和解吸气体积之和；

V_e——逸散气；

$\frac{D}{r^2}$——扩散速度，其中 D 为扩散系数，r 为特征扩散距离(煤粒的半径)。

按实测数据用回归分析法即可求出 V_{ed}、V_e、$\frac{D}{r^2}$。

4.4.1.4　快速解吸法

该方法中一个显著的优点是在采用水置换法测定含气量时，利用快速破碎法可有效地减少气体在水中的溶解量，特别是 CO_2。具体方法是将煤样放在一个装有不锈钢球的解吸罐中，以便下一步破碎煤样时不再由一个解吸罐移入另一个解吸罐。为了确保 CO_2 等气体在水中的溶解量最小，传统的解吸时间要控制在 30 min 以内，随后立即将煤样破碎再进行解吸测试，在后期阶段测得的解吸气中一部分为传统的解吸气，另一部分为残余气。

4.4.1.5 密闭取心法

煤层易受钻具转动而产生摩擦和振动，导致煤体原有特征和完整性受此类机械作用而破坏，影响煤心采取效果。因此，煤层气密闭取心器设计采用"三筒单动"结构，即外筒、内筒和液压传递筒，取心钻进过程中外筒随钻杆同步转动，而内筒和液压筒相对不动。外筒上端与钻杆相连、下端与取心钻头连接，外筒传递钻压和扭矩。内筒是煤心和解吸气的存储容器，容积大小满足煤层气含量测定煤样量采取的需要；内筒上下端均与球阀相连，对煤心样品进行密封保压；取心内筒上端球阀外侧安装一个解吸阀门，便于煤心提至地面后进行解吸气的测量，实现取心与气含量测定一体化。液压推动筒传递液压动力，推动内筒上下端球阀关闭，其上端由销钉与悬挂总承相连。密闭取心器下部是取心钻头，在钻压和扭矩作用下钻头壁对煤层进行切削，以形成柱状煤心进入取心内筒(孙四清，2018)。地面井煤层气含量测定密闭取心器结构组成如图 4-11 所示。

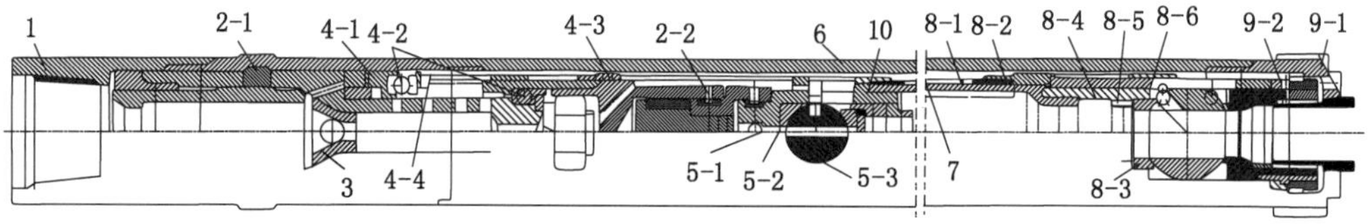

1—钻杆转接头；2—悬挂总成(2-1 取心器固定卡键、2-2 内筒悬挂销钉)；3—投球系统；4—液压动力机构(4-1 活塞总成、4-2 推动轴承、4-3 动力销钉、4-4 液压推动筒)；5—上端密闭解吸系统(5-1 解吸阀门端口、5-2 单向阀、5-3 上端密闭球阀)；6—取心外筒；7—取心内筒；8—高压割心密闭系统(8-1 下球阀关闭连接管、8-2 下球阀关闭套筒、8-3 下端球阀、8-4 下球阀限位套筒、8-5 岩心卡簧、8-6 下球阀关闭滑块)；9—钻头系统(9-1 外钻头、9-2 内螺纹钻头)；10—密封圈组件。

图 4-11　地面井煤层气含量测定密闭取心器结构组成(孙四清，2020)

密闭取心器密闭检测试验主要利用高压泵向取心内筒注入一定压力的流体，当压力达到一定数值后切断高压补给源，并采用压力表和电子压力计两种方式同时检测取心内筒流体压力变化情况。

密闭取心钻进前，先对密闭取心设备进行装配，将取心内筒上下端球阀置于开启状态。当钻进至预定煤层取心深度后，提出钻具并连接密闭取心设备，并将密闭取心设备下到预定煤层深度，要确保小径钻头进入碎软煤层中。更换低排量的泥浆泵，按照设计的钻压、转速和泥浆流量进行取心钻进。当取心钻进进尺达到设计值后，停泵停止钻进，向取心钻具内孔中投入钢球，钢球依靠自重落于密闭取心设备底座上，堵住密闭取心设备正常钻进的水路。根据煤层煤体破碎情况适当上提钻具(硬煤层上提 20～30 cm，碎软煤层上提 5～10 cm)。再次开启泥浆泵向钻具中注入泥浆液，密切观察泥浆泵压力表数值变化，当泥浆泵表压升高到一定数值(一般 6 MPa 以上)后明显快速下降，且孔口出现返浆现象，这表明密闭取心设备水路畅通，密闭取心设备球阀已关闭(孙四清，2018)。地面井煤层气含量测定密闭取心工艺流程如图 4-12 所示。

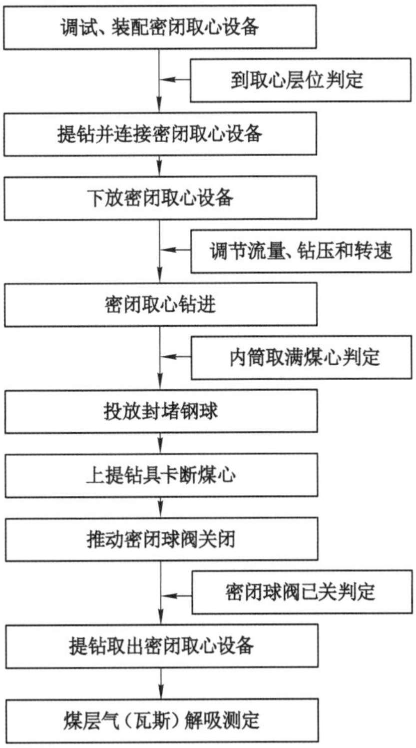

图 4-12　地面井煤层气含量测定密闭取心工艺流程(孙四清,2018)

4.4.1.6　绳索取心法

煤田地质勘探和煤层气资源勘探期间采用常规方法测得的煤层气含量低于煤层中实际含气量。常规煤层气含量测试采用解吸法进行测试,其测试的含气量包括损失气、解吸气和残余气 3 部分。解吸气和残余气两部分均可以精确实测,但损失气量目前主要根据煤心初期瓦斯解吸规律并通过经验公式估算,这是煤层气含量测试结果偏低的主要原因(田宗正等,2014)。为满足地面井快速获取煤心、准确测定煤层气含量的要求,在剖析现有煤层密闭取心技术及装置存在问题的基础上,提出地面井绳索密闭取心装置设计思路,如图 4-13 所示。

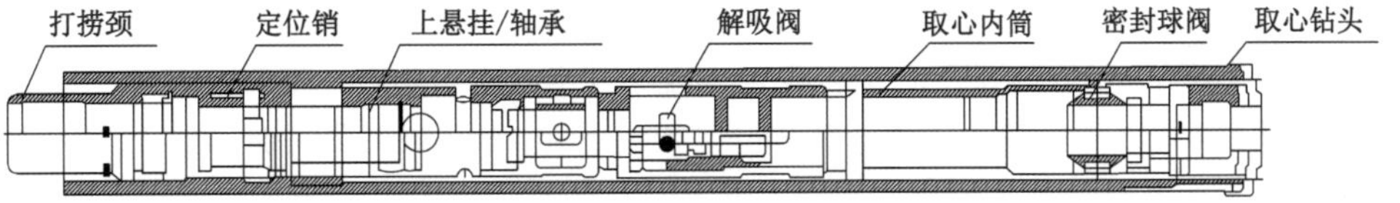

图 4-13　地面井绳索密闭取心装置结构(龙威成等,2021)

取心外筒置于密闭取心装置最外层,包括外筒和转换接头等。外筒前端通过丝扣安装密闭取心钻头,末端通过转接头与取心钻杆相连,一则保护内置的取心内筒和液压推动总成等内部部件,二则连接钻杆传输旋转动力,带动钻头取心钻进。取心内筒是收集、切断并密封煤心的部件,采用取心和解吸一体化设计,实现煤心从钻割后直至解吸全过程的密闭功能。取心内筒由剪切/关闭球阀、球阀转接头、取心筒管、解吸连接阀门以及定位轴承等组成。取心内筒前端通过转接头(球座)安装剪切/关闭球阀。取心筒管在取心过程中收集煤心,取心钻进结束后,剪切/关闭球阀截断煤心并将煤心密闭在取心筒内。取心筒末端安装解吸阀门,使取心内筒可兼作解吸罐,剪切/关闭球阀关闭的同时,关闭解吸阀门,取心结束后无须拆开取心内筒与煤样装罐,即可连接煤层气测试设备进行现场解吸测试(龙威成等,2021)。地面井绳索密闭取心成套装置如图 4-14 所示。绳索密闭取心具体操作工艺流程如图 4-15 所示。

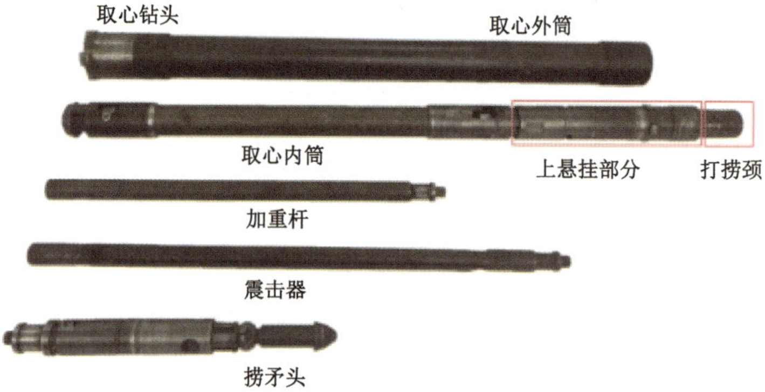

图 4-14 地面井绳索密闭取心成套装置(龙威成等,2021)

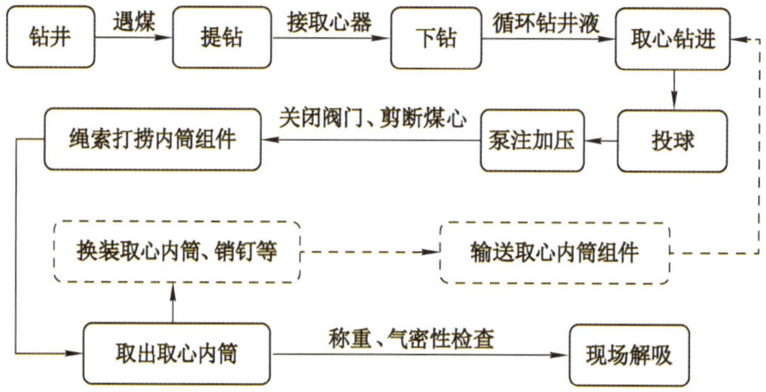

图 4-15 绳索密闭取心具体操作工艺流程(龙威成等,2021)

单井同一煤层密闭取心空气干燥基含气量为常规(绳索)取心含气量测值(平均值)的 1.12～1.17 倍,绳索提心速度为 63.60～66.92 m/min,地面煤层气井绳索密闭取心含气量测定技术在提高煤层气含量测定准确度的同时,大幅缩短密闭取心所需时间,降低作业强度并提高密闭取心的工作效率。

4.4.1.7 其他方法

(1) 基于气体解吸量随时间的平方根呈指数衰减的关于软煤解吸研究的经验方法:

$$V_d = a\exp\sqrt{t} \tag{4-28}$$

式中 V_d——解吸量;

a——系数;

t——解吸时间。

根据解吸数据，利用此方程可得到解吸与逸散气量。

(2) 质量法测定含气量：将新鲜煤样放在密封罐中解吸，记录质量随时间的变化数据，当解吸值小于 0.1 $cm^3/(g \cdot d)$时，对煤样进行加压再充气，然后卸压解吸并记录数据，用艾雷(Airey)公式处理数据获得经验系数，从而求算逸散气量。

4.4.2　间接法

(1) 等温吸附线法

当已知储层压力、储层温度和煤的等温吸附线时，可计算出煤层气的含量。

(2) 金(Kim)法

在等温吸附线和储层压力已知时，可估计煤层气含量，即把等温吸附线上原始储层压力对应的吸附量视为煤层气含量，称理论含气量。在实际操作中，在已知其他地区的等温吸附线和煤质资料，同时已知本区煤质资料的情况下，利用已知的煤质和储层参数，如水分、灰分、C/H、C/O、温度、压力等和吸附常数的关系，即可计算出任何埋深干燥无灰基煤的气体储存能力(傅雪海等，2007)。

$$G_{daf} = 0.75(1 - a - w_c)\left[k_0\ (0.095d)^{n_0} - 0.14\left(\frac{1.8d}{100} + 11\right)\right] \tag{4-29}$$

$$k_0 = 0.8\,\frac{x_{fc}}{x_{vm}} + 0.56 \tag{4-30}$$

$$n_0 = 0.315 - 0.01\,\frac{x_{fc}}{x_{vm}} \tag{4-31}$$

式中　G_{daf}——干燥无灰基气体储存能力，cm^3/g；

a——灰分含量，%；

w_c——水分含量，%；

d——样品埋深，m；

x_{fc}——固定碳含量，%；

x_{vm}——挥发分含量，%。

(3) 测井法

目前用于含气量计算的是密度和中子测井资料，利用这些资料首先获取煤质数据。根据煤层的体积模型，把煤层体积分成纯煤(包括固定碳和挥发分)、灰分(包括泥质和其他物质)、水分(孔隙中充满水)三部分，以此作为对测井响应的贡献之和。

密度：

$$\rho = V_c\rho_c + V_a\rho_a + V_w\rho_w \tag{4-32}$$

中子：

$$\varphi = V_c\varphi_c + V_a\varphi_a + V_w\varphi_w \tag{4-33}$$

$$1 = V_c\varphi_c + V_a\varphi_a + V_w\varphi_w \tag{4-34}$$

式中　ρ、φ——煤层对密度、中子测井的响应值；

ρ_c、ρ_a、ρ_w——纯煤、灰分、水分对密度测井的响应参数；

φ_c、φ_a、φ_w——纯煤、灰分、水分对中子测井的响应参数；

V_c、V_a、V_w——纯煤、灰分、水分的相对体积百分含量。

然后将体积含量换算为质量含量：

$$Q_c = \frac{V_c\rho_c}{\rho} \quad Q_a = \frac{V_a\rho_a}{\rho} \quad Q_w = \frac{V_w\rho_w}{\rho} \tag{4-35}$$

由于固定碳 Q_g 与灰分 Q_a 相对线性相关：

$$Q_g = mQ_a + n \tag{4-36}$$

用测井资料可以求得灰分质量，利用式(4-36)可以求出固定碳质量。挥发分 Q_v 可由计算出的纯煤质量减去固定碳质量求得：

$$Q_v = Q_c - Q_g \tag{4-37}$$

煤层中的甲烷气体是吸附在煤基质的微孔隙的内表面上，并且只有有机质才吸附气体，而矿物质和水是不吸附气体的。在一小勘探区的同一煤层中，由于储层压力和温度等影响因素是近似相等的，若忽略煤层含气饱和度的影响，则煤层含气量 Y 与非煤物质含量 x（灰分和水）呈线性关系，就可以连续地估算煤层气含量（a、b 为系数因子）。

$$Y = ax + b \tag{4-38}$$

4.4.3 气测录井法

气测录井是直接测定钻井液中可燃气体含量的一种录井方法。气测录井是在钻进过程中进行的，利用气测资料能及时发现油、气显示，并能预报井喷，在探井中广泛采用（傅雪海等，2007）。

(1) 气测录井的常见类型

根据所用仪器不同，气测录井可分为两种，即半自动气测和色谱气测。半自动气测是利用各种烃类气体的燃烧温度不同，将甲烷与重烃分开的。这种方法只能得到甲烷及重烃或全烃的含量。色谱气测利用的是用色谱原理制成的分析仪器，它是一个连续进行、自动记录的体系。样品由进样口进入后被载气带进色谱柱进行分离，分离后各组分分别进入鉴定器，产生的信号在记录器上自动记录下来。它可将天然气中各种组分（主要是甲烷至戊烷）分开，分析速度快，数据多而且准确。

按气测录井方式可将气测录井分为两类，即随钻气测和循环气测。随钻气测是指在钻井过程中测定由于岩屑破碎而进入钻井液中的气体含量和组分。循环气测是指在钻井液静止后再循环时，测定储层在渗透和扩散作用下进入钻井液中的气体含量和组分，故又称为扩散气测（傅雪海等，2007）。

(2) 半自动气测资料解释

半自动气测只提供了全烃和重烃的数据，因此只能定性地识别储层中流体的性质。该方法主要根据油层气与气层气的不同特点，及烃类气体在石油中的溶解度不同而进行解释。

① 区分油层和气层

油层气体的重烃含量比气层高，而且包含了丙烷以上成分的烃类气体。气层的重烃含量不仅低，而且重烃成分中只有乙烷、丙烷等成分，没有大分子的烃类气体。因此，油层在气测曲线上的反映是全烃和重烃曲线同时升高，两条曲线幅度差较小；而气层在气测曲线上的反映是全烃曲线幅度很高、重烃曲线幅度很低，两条曲线间的幅度差很大（蒙光荣等，1993）。

② 区分轻质油层和重质油层

烃类气体在石油中的溶解度基本上是随分子量的增大而增加的，所以在不同性质的油层中重烃的含量是不一样的。轻质油的重烃含量要比重质油的重烃含量高。因此，轻质油的油层气测异常明显，而重质油的油层气测异常显示远不如轻质油的明显，它们各自呈现完全不同的特征。烃类气体是难溶于水中的，所以一般纯水层中气测没有异常显示。若水层含少量溶解气，在气测曲线上也会有一定显示，反映为全烃、重烃同时增高，或只是全烃增高而重烃无异常。但是，水层比油层异常显示程度低（秦勇等，2000）。

（3）色谱气测资料解释

在探井中根据半自动气测成果可以发现油气显示，但是不能有效地判断油气性质，对于油质差别不很大的油层和凝析油气层就更不易判断。而色谱气测则可以判断油气层性质，划分出油层、气层、水层，从而提高解释精度。

① 色谱气测标准图版

在已证实的油、气、水层中，取钻井液样品或试油时的天然气做色谱分析。然后，在等间隔的横坐标上标出气体组分，以纵坐标代表各组分浓度百分数的对数值，将分析结果用点标记在图上，把同一样品数据点用折线相连，即可获得色谱气测的标准图版。

在使用色谱气测标准图版时，根据钻井过程中所得天然气组分的分析结果，按照同样方法作图，将其与标准图版相比较，即可判断所钻遇储层中所含流体（油、气、水）的性质。标准图版应分构造和层位编制，只有在勘探初期才使用统一编制的图版，或采用邻近构造的图版。

② 烃类气体比值图版

油、气、水层中天然气的组分差别较大，烃类气体比值图版就是从烃气组分中，选择能够代表油、气、水特征的单一组分，利用两个或三个能清楚划分出油、气、水层界限的组分比值参数，构成坐标系，并依据试油结果划出油、气、水区间，即可编制出图版。在使用时，根据气测值求出烃类组分比值，在图版中进行标注分析，从而可以区分油、气、水层。三角形组分图版就是其中的一种方法。

三角形组分图版是根据一个油田-定含油层的试油结果及相应天然气组分含量，选用三种参数（即 $C2/\sum C$、$C3/\sum C$、$C4/\sum C$，代表乙烷、丙烷、丁烷分别和全烃的比值），按三角形坐标绘制的，并根据试油结果划分出油、气、水区间。进行解释时，根据测量结果计算烃类气体各组分含量之和，求出各烃类气体占全烃的百分数，然后根据计算结果确定上述各参数在图版中的位置和形状。

4.5 思考题

（1）煤层气的主要成因类型是什么？请简要描述其主要特征。

（2）如何通过煤层气的赋存状态判断其开发潜力？

（3）什么是等温吸附线？它在煤层气研究中的应用是什么？

（4）在煤层气的解吸过程中，为什么会出现解吸滞后现象？有哪些主要影响因素？

（5）煤层气作为非常规天然气资源，其开发利用在能源转型中起到重要作用。请从可持续发展与环境保护的角度，探讨煤层气开发面临的挑战，并提出可能的解决方案。

4.6 参考文献

傅雪海,秦勇,韦重韬,2007.煤层气地质学[M].徐州:中国矿业大学出版社.

龙威成,孙四清,2021.煤层气含量测定用绳索密闭取心装置及技术研究[J].煤田地质与勘探,49(3):133-139.

蒙光荣,杨树林,易贵华,1993.MQJ215 密闭取心工具、钻头及工艺研究[J].西部探矿工程,5(1):48-52.

秦勇,叶建平,林大扬,等,2000.煤储层厚度与其渗透性及含气性关系初步探讨[J].煤田地质与勘探,28(1):24-27.

秦勇,2012.中国煤层气成藏作用研究进展与述评[J].高校地质学报,18(3):405-418.

宋岩,柳少波,洪峰,等,2012.中国煤层气地球化学特征及成因[J].石油学报,33(增刊 1):99-106.

孙四清,2018.煤层气含量地面井密闭取心与快速测定技术研究[D].北京:煤炭科学研究总院.

汤达祯,秦勇,胡爱梅,2003.煤层气地质研究进展与趋势[J].石油实验地质,25(6):644-647.

田宗正,韩国栋,2014.密闭取芯在页岩气中的应用[J].西部探矿工程,26(6):63-66.

王勃,2013.沁水盆地煤层气富集高产规律及有利区块预测评价[D].徐州:中国矿业大学.

王红岩,2005.山西沁水盆地高煤阶煤层气成藏特征及构造控制作用[D].北京:中国地质大学(北京).

PALMER I,MANSOORI J,1996. How permeability depends on stress and pore pressure in coalbeds: a new model[C]//SPE Annual Technical Conference and Exhibition. October 6-9,1996. Denver,Colorado.

第 5 章　煤储层孔裂隙特征

煤层既是源岩，又是储层。煤层作为一种有机储层，一定的孔隙和足够大的比表面积是储存煤层气的前提，连通的孔裂隙是煤层气有效产出的基础。煤储层以其特殊的性质和与煤层气特殊的结合方式而有别于常规油气储层。煤储层的物性参数包括孔隙度、渗透率、孔隙结构、含气量等。煤储层物性是影响煤层气储集能力的关键因素。

5.1　孔隙和裂隙组成

5.1.1　孔隙

孔隙可定义为煤的基质块体单元中未被固态物质充填的空间，由孔隙和喉道组成。一般将较大空间称为孔隙，其间连通的狭窄部分称为喉道。

5.1.1.1　孔隙成因

以扫描电镜观察结果为主要依据，可以将煤孔隙的成因类型划分为四大类十小类(张慧，2001)。煤孔隙的扫描电镜观察结果如图 5-1 所示。

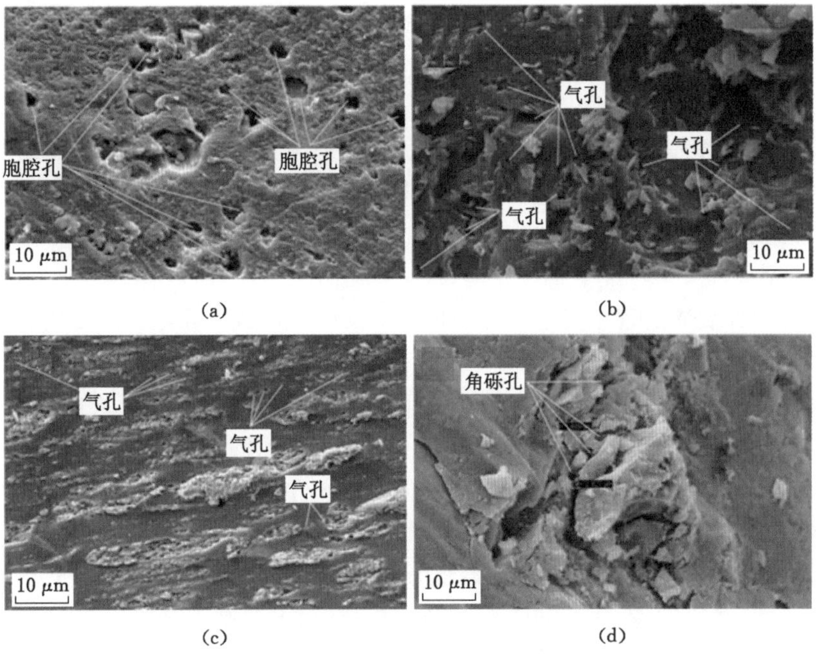

图 5-1　煤孔隙的扫描电镜观察结果

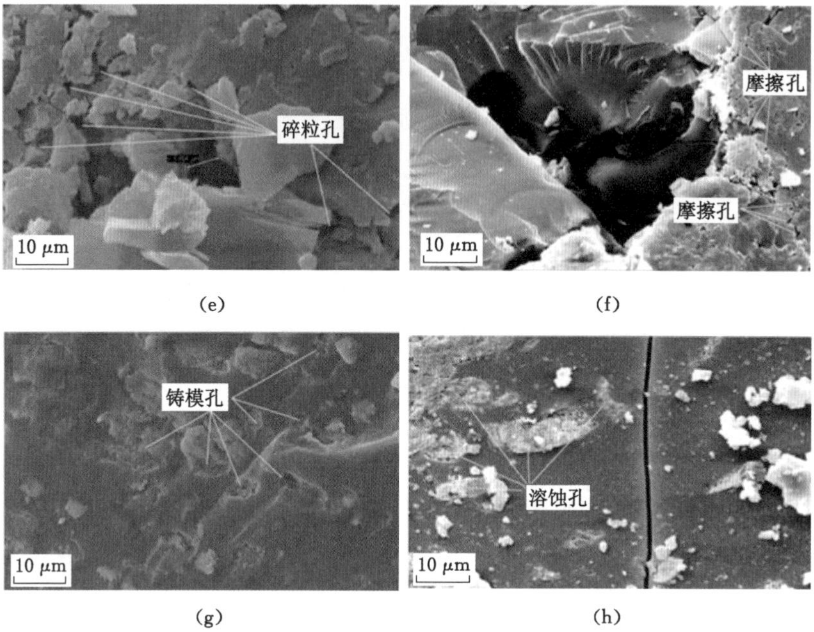

图 5-1(续)

(1) 原生孔

原生孔是煤沉积时已有的孔隙，有胞腔孔和粒间孔 2 种。胞腔孔(或称植物组织孔)是成煤植物本身所具有的细胞结构孔，当成煤原始物质死亡埋藏后，由于植物各部分的细胞腔内多为轻的、易水解的蛋白质和醋类等化学性质不稳定的化合物，在细菌和酶的作用下不断分解，胞壁组织由于成煤条件、变化过程及作用程度不同而保留了相应的胞壁结构，最常见的是镜质体、丝质体中保留的植物木质纤维组织的胞腔、导管及其各种纹孔、筛孔，有的煤还能见到木栓质体的细胞腔和表皮组织的呼吸孔。有时还可发现少量低等生物的体腔孔。

粒间孔指煤中各种碎屑状显微体，如镜屑体、惰屑体、壳屑体等碎屑颗粒之间的孔。这些碎屑颗粒无一定形态，有不规则棱角状、半棱角状或似圆状等，大小为 2～30 μm 不等，由其构成的屑间孔的形态以不规则状为主，孔的大小一般小于碎屑。

(2) 次生孔

次生孔是煤在变质过程中发生各种物理化学反应而形成的孔隙。煤变质过程是一个芳香稠环体系在温度、压力作用下其缩合程度不断增强，侧链逐渐减少、缩短，芳构化程度逐渐增高的过程。链间孔是凝胶化物质在变质作用下缩聚而形成的链与链之间的孔，其尺度范围大体为 0.01～0.1 μm。在高倍率扫描电镜下，链间孔无固定形态，大小及分布都比较均匀，其中常有直径 1 μm 左右的孔隙。链间孔储存吸附甲烷和游离甲烷，有比较均衡的甲烷气黏滞流和分子流。

气孔主要由生气作用而形成，常见大小为 0.1～3 μm，1 μm 左右者多见。单个气孔的形态以圆形为主，边缘圆滑，还有椭圆形、梨形、圆管形、不规则港湾形。气孔大多以孤立的形式存在，相互之间连通性不好。同时，也会有一些次生气孔群存在。

不同煤岩组分气孔的发育特征不同。煤岩三大组分(镜质体、惰质体和类脂体)的气孔发育特征分别为：类脂体气孔最发育，并大多以群体的形式出现，有些类脂体具有外壳壁，壳壁上很少有气孔，壳内气孔密集；镜质体气孔较发育，但很不均匀，成群的特点突出，气孔群中的气孔排列有无序的，也有的呈带状或线状分布，椭圆形及圆管形气孔的长轴常定向排列，气孔群与气孔群之间很少连通，有时气孔与裂隙连通；惰质体中很少见有气孔。

次生孔还有一种类型是，煤固结成岩后，受各种外界因素作用而形成的孔隙，称为构造孔。因此，次生孔又可分为角砾孔、碎粒孔和摩擦孔。

角砾孔是煤受构造破坏而形成的角砾之间的孔，角砾呈直边尖角状，相互之间位移很小或没有位移，角砾孔大小以 2～10 μm 居多。原生结构煤和碎裂煤的镜质体中角砾孔发育较好，并常有喉道发育，局部连通性较好。碎粒孔是煤受较严重的构造破坏而形成的碎粒之间的孔。碎粒呈半圆状、条状或片状，碎粒之间有位移或滚动，碎粒大小多为 5～50 μm，其孔隙大小为 0.5～5 μm。碎粒孔体积小，易堵塞。碎粒孔占优势的煤层，煤体破碎严重，影响煤储层渗透性。摩擦孔是煤中压性构造面上常有的孔隙，是在压力作用下面与面之间相互摩擦和滑动而形成的孔，摩擦孔有圆状、线状、沟槽状、长三角状等形态，且常有方向性，孔边缘多为锯齿状，大小悬殊，小者 1～2 μm，大者几十或几百 μm。摩擦孔还常与擦痕伴生。摩擦孔仅局限于二维构造面，空间连通性差。

(3) 矿物质孔

由于矿物质(包括晶质矿物和非晶质无机成分)的存在而产生的各种孔隙统称为矿物质孔，孔的大小以微米级为主，常见的有铸模孔、溶蚀孔和晶间孔。

铸模孔是煤中原生矿物质在有机质中因硬度差异而铸成的印坑。溶蚀孔是煤中可溶性矿物质(碳酸盐类、长石等)在长期气、水作用下受溶蚀而形成的孔。晶间孔指矿物晶粒之间的孔，有原生的，也有次生的。裂面和滑面上的次生方解石、白云石、菱铁矿、高岭石和石英等常发育有晶间孔或溶蚀孔。次生矿物晶间孔和溶蚀孔的发育是煤层水文地质环境的反映，也是煤储层渗透率的反映。矿物质在煤中含量有限，矿物质孔只有少数矿物质发育，数量很少，对煤储层性能影响不大。

5.1.1.2　孔径分类

目前国内和国际常用国际纯粹与应用化学联合会(IUPAC，1985)定义的分类方案，根据孔径(直径 d)大小把孔分为三种类型。

① 微孔(micropore)：$d<2$ nm；

② 介孔(mesopore)：2 nm$<d<$50 nm；

③ 大孔(macropore)：50 nm$<d$。

2015 年，IUPAC 对孔径分类做了补充。

④ 纳米孔(nanopore)：包括微孔、介孔和大孔，但上限仅到 100 nm；

⑤ 超微孔(ultramicropore)：孔径 $d<0.7$ nm 的较窄微孔；

⑥ 极微孔(supermicropore)：0.7 nm$<d<$2 nm 的较宽微孔。

5.1.1.3　孔隙形态

孔隙形态可根据孔的连通类型进行分类，也可根据孔形进行分类。孔隙形态分类如图 5-2 所示。

根据吸附和冷凝理论，当对具有毛细管的固体进行吸附试验时，在加压和减压后会发生

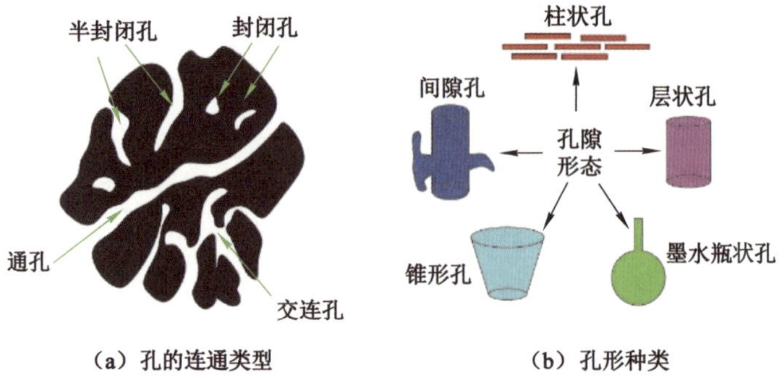

图 5-2　孔隙形态分类

吸附剂的解吸和蒸发现象，根据吸附-解吸曲线的形状可以识别孔隙的结构特性（毋耀凯，2019）。有学者依据孔形的不同以及凝聚、蒸发时气-液界面的差异，将孔形主要分为三种类型（陈萍等，2001）。① 一端封闭的圆筒孔、平行板孔及尖劈形孔[图 5-3(a)(b)]，在凝聚和蒸发过程中，孔的气-液两相界面均为半球形的弯月面，毛细凝聚时的压力约等于蒸发时的相对压力，不产生吸附回线。② 两端都开孔的圆筒孔和四边都开的平行板孔[图 5-3(c)(d)]，凝聚时的气-液界面和蒸发时气-液界面不同，吸附-解吸两条等温吸附线的分支会发生分离。③ 细瓶颈状孔[图 5-3(e)]，由于较小孔径的存在，解吸时较小孔径处的凝聚液封堵孔体内部的凝聚液，使得凝聚时的相对压力与蒸发时的压力不一致，产生吸附回线，并存在吸附拐点。

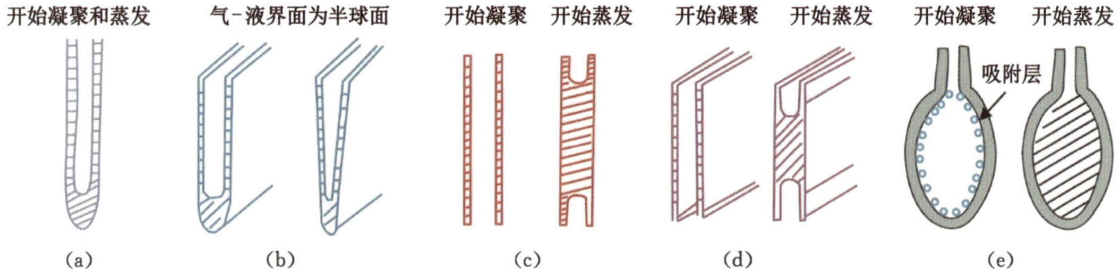

图 5-3　典型孔形吸附-解吸时的气-液界面

5.1.1.4　孔隙结构表征方法

(1) 定性试验方法

该方法通过获取高分辨率显微图像，对煤层微孔隙结构进行直接观测，可以揭示煤孔的形貌、成因与发育尺度，被广泛地运用在煤孔隙形态描述中，包括扫描电子显微镜（SEM）、场发射扫描电子显微镜（FE-SEM）、透射电子显微镜（TEM）、宽离子束扫描电子显微镜（BIB-SEM）、原子力显微镜（AFM）和电子计算机 X 射线断层扫描（CT）等方法。

(2) 定量表征方法

可利用高压压汞（MICP）、气体吸附（N_2、CO_2）、低场核磁共振（NMR）、小角度散射（SAXS，SANS）等试验技术手段对煤孔隙孔径分布、迂曲度、比表面积、面孔率等结构指标进行定量测定，从而定量表征孔隙结构。

5.1.2 裂隙

煤中裂隙往往呈多组出现，组成多个裂隙体系，对煤层气的运移和产出起决定性作用。这些裂隙把煤体切割成一系列形态各异的基质单元(图 5-4)。

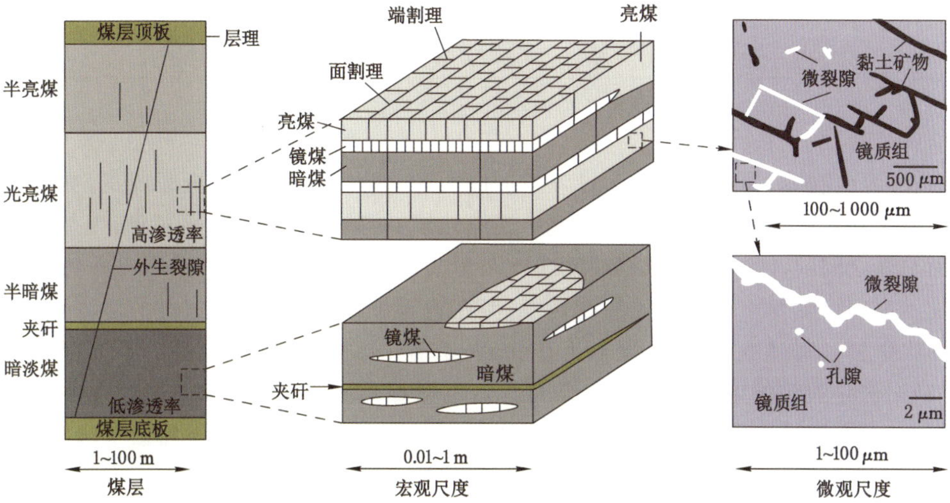

图 5-4　煤层气储层几何模型

5.1.2.1 裂隙分类

煤中裂隙根据成因可以分为 2 类，结合形态可细分为 7 组，进一步根据形态与组合关系可分为 17 种类型(表 5-1)。

表 5-1　煤中裂隙的分类

	类	组	型	
煤中裂隙	割理(内生裂隙)	面割理	网状	规则网格状
				不规则网状
			孤立状	直线型
		端割理		S 型
			叠加型	
	外生裂隙	张性外生裂隙	羽状	
			网状	
			树枝状	
			锯齿状(追踪式)	
			纵张裂隙	
		剪性外生裂隙	叠瓦状	
			阶梯状	
			X 型	
			桥构造	

表 5-1(续)

<table>
<tr><th></th><th>类</th><th>组</th><th>型</th></tr>
<tr><td rowspan="4">煤中裂隙</td><td rowspan="4">外生裂隙</td><td>张剪性外生裂隙</td><td></td></tr>
<tr><td>压剪性外生裂隙</td><td>辫状裂隙</td></tr>
<tr><td rowspan="2">劈理</td><td>褶劈理</td></tr>
<tr><td>流劈理</td></tr>
</table>

(1) 割理

割理(内生裂隙)是指煤热演化过程中形成的天然裂隙,一般呈相互垂直的两组出现,且与煤层层面垂直或呈高角度相交。割理中连续性较好、延伸较远的称面割理;仅局限于相邻两条面割理之间的、断续分布的称端割理。两组割理将煤体切割成一系列六面体或立方体基质块。割理可发育于比较均质的亮煤中,但在镜煤中最为发育,裂隙面平坦光滑,有时伴有眼球状张裂。割理充填一般为自生矿物,如方解石、褐铁矿、黏土等,极少充填碎煤粒(表 5-2)。内生裂隙的上下界面与镜煤同其他类型煤接触界面一致,中等变质煤的内生裂隙间距小,低变质煤的裂隙间距大,高变质煤的裂隙通常闭合而模糊不清。煤级相同时,载体厚度与内生裂隙间距呈负相关关系。内生裂隙的张开度(即裂隙缝宽 w 与裂隙间距 l 之比 w/l)受煤级和煤变质作用类型的控制。通常中等变质煤裂隙张开度较大。在几种煤变质作用类型中,以岩浆变质作用形成的中煤级煤的裂隙张开度最大。

表 5-2 割理和外生裂隙区别

	割　理	外 生 裂 隙
力学性质	张性为主	张性、剪性及张剪性等
煤岩类型	割理在纵向上或横向上均不穿过不同的煤岩类型或界线,一般发育在镜煤和亮煤条带中,遇暗煤条带或丝质体终止	外生裂隙不受煤岩类型限制
角度	割理面垂直或近似垂直于层理面	外生裂隙面可以与层理面以任意角度相交
擦痕	割理面上无擦痕,一般比较平整	裂隙面上有擦痕、阶步、反阶步
填充物	割理中充填方解石、褐铁矿及黏土,极少有碎煤粒	外生裂隙中除了方解石、褐铁矿、黏土外,还有碎煤粒

① 割理大小

割理大小是指割理长度、高度与割理缝宽度。从宏观到显微,全煤层煤割理的长度和高度至少相差几个量级。一般来说,面割理长度大且变化较大,但总是大于同组 2 条相邻端割理的间距。割理高度自微米级到米级均有分布。割理缝宽度是影响煤层渗透性的重要因素。

② 割理间距与强度(频率)

割理间距是指 2 个同组割理面之间的垂直距离。煤割理间距变化较大,特里曼(Tremain)等在采煤工作面上测量了高度相近的割理间距的变化范围为数微米到大于 1 m(贾建称等,2015),但在同一煤层内,同期割理间距是基本一致的。

③ 割理产状与割理域

观测和试验结果表明，水平或近水平煤层内割理面倾角呈近 90°，倾斜煤层的割理面与煤层面呈正交关系，即 2 组互为正交的割理面同时垂直于煤层面，且其原始走向在相当大的范围内保持不变。

④ 割理充填物的矿物学特征和割理连通性

割理充填物类型、分布方式、充填程度决定了割理缝形状、大小及连通性。只有部分充填或未被充填的割理才是储集、渗透和输导流体的有效空间。因此，割理充填状态及连通性是影响煤层渗透率和气井产量的关键因素之一。

(2) 外生裂隙

外生裂隙是构造应力作用的产物，根据其形成力学性质可分为剪性外生裂隙、张性外生裂隙和劈理。此外还有一些过渡类型，如张剪和压剪性质的外生裂隙。外生裂隙可以以任意角度与煤层层面相交，可以根据外生裂隙与层面的关系将其分成三类。

① 水平裂隙：与层面平行的裂隙，包括原生沉积的层面裂隙（或称成岩裂隙）及构造作用产生的层间裂隙。

② 垂直裂隙：与层面垂直的裂隙。

③ 斜交裂隙：与层面有一定角度的裂隙。

(3) 继承性裂隙

继承性裂隙实际上是对先期形成割理的再改造，可分为内生继承和外生继承两种。内生继承是指晚期形成的割理与早期割理的方向一致，沿早期的面割理或端割理发育，但仍局限在光亮煤分层内，属割理范畴。外生继承是指割理形成后，如果构造应力场的方向不变，割理受逐渐增强的构造应力场的作用，沿原来的产状扩展、延伸并穿过丝质体或暗煤分层，过渡为外生裂隙。

(4) 微裂隙

微裂隙是指在普通显微镜下可见的裂隙，微裂隙宽度通常为 0.2 μm 至几微米，高度为几十至几百微米。发育微裂隙的显微组分主要为均质镜质体。微裂隙发育于长焰煤到无烟煤所有煤级的煤中，通常在焦瘦煤中最为发育。在所有煤变质作用类型中，以岩浆变质作用形成的煤中微裂隙最为发育，通常大部分微裂隙未被充填，仅有极少部分可能被渗出的沥青充填。

5.2　孔隙度和渗透率

5.2.1　孔隙度

5.2.1.1　基质孔隙度定义

煤的基质孔隙可用三个参数定量描述。

① 总孔容：单位质量煤中孔隙的总体积（cm^3/g）。

② 比表面积：单位质量煤中孔隙的表面积（cm^2/g）。

③ 孔隙度：单位体积煤中孔隙所占的体积（%）。孔隙度 φ 可用下式表示：

$$\varphi = \frac{V_p}{V_b} \times 100\% \tag{5-1}$$

式中　φ——孔隙度；

V_p——孔隙体积，cm^3；

V_b——煤体体积，cm^3。

常规油气储层分类采用的有效孔隙度(φ_e)，指岩石中互相连通的、在一般情况下可允许流体在其中流动的孔隙总体积与该岩样总体积之比。对煤层而言，按常规油气储层的分类，结果多属致密不可渗透储层或低渗透储层，煤层气的运移又多是通过裂隙实现的，基质孔隙中煤层气的运动主体为扩散。因此，煤层气的研究中一般较少采用有效孔隙度这一名词，而采用裂隙孔隙度，用于评价煤层气的运移情况。绝对孔隙度则用于评价储层的储集性能。煤的总孔容一般为 0.02～0.2 cm^3/g，比表面积在 9～35 cm^2/g 之间，孔隙度在 1%～6%之间。

5.2.1.2 基质孔隙影响因素

(1) 煤化程度影响

煤的基质孔隙特征与煤化程度有密切关系。煤化作用(煤化作用类型详见第 3.3 节)持续聚碳，结构逐渐致密且趋于定向排列(李勇，2022)。随煤化程度升高，基质孔隙的孔容和孔面积出现有规律的变化。孔隙的演化趋势与煤化作用跃变基本对应：0.5%＞$R_{o,max}$，即第一次煤化作用之前，该阶段随煤化作用的升高，总孔容在下降，孔比表面积升高。0.5%＜$R_{o,max}$＜1.3%，即第二次煤化作用跃变之前、第一次煤化作用之后，该阶段内随煤化程度升高，总孔容急剧下降、孔比表面积则急剧增加。该阶段大孔孔容和比表面积急剧下降，说明在以压实为主的成岩作用和以热力作用为主的煤变质作用下胞腔孔遭受破坏、压实。而中孔、微孔的孔容和比表面积则急剧增加，可能是煤化作用造成大量气孔生成的结果。位于$R_{o,max}$＝1.3%处的第二次煤化作用跃变是一个孔隙变化的转折点，该点前后孔隙的变化趋势显著不同。

1.3%＜$R_{o,max}$＜2.5%，对应于第二与第三次煤化作用跃变之间。该区间总孔容和总比表面积随反射率增高而增大，在 $R_{o,max}$＝2.5%时达到极大值。大孔的孔容和比表面积则呈现缓慢下降趋势，这可能是由于煤中仍然存在植物组织残留孔。该阶段中孔、微孔的孔容与比表面积达到了极大值，只是中孔极大值滞后些，在 $R_{o,max}$＝2.5%处。这说明在第二与第三次煤化作用跃变之间，有大量的烃类生成，而烃类的聚集会形成较大的中孔，使得气孔大量增加。

$R_{o,max}$＞2.5%，即第三次煤化作用跃变之后，各类孔隙的孔容和比表面积多呈现下降趋势(然而此阶段微孔的孔容和比表面积可能因大分子排列而增大)。这是由于此阶段煤的生烃能力显著下降，新的气孔的生成缓慢，而高温高压作用下进一步煤化作用引起的大规模缩聚作用导致各类孔隙减少。

(2) 显微组分影响

不同的显微组分含不同类型和尺度的孔隙，如镜质组中的基质镜质体，多含一些微孔，残留植物组织孔而言多属中、大孔，如丝质体胞腔。此外，不同显微组分在热演化过程中的大分子结构变化与孔隙发育密切相关，富氢显微组分的热演化生烃作用产生的孔隙对煤的石墨化具有重要作用。煤的显微组分主要包括镜质组、惰质组和壳质组，它们在煤的大分子结构中芳环的缩合程度不同，或具有不同的芳烃和侧链取代基含量，这些差异会对煤中芳香结构的演化和纳米结构的形成产生影响，进而影响煤的孔隙结构。

(3) 矿物含量影响

矿物质会对煤的孔隙产生两方面的影响：① 它充填了一部分大、中孔隙，使孔隙总孔容下降。② 矿物本身可能存在一些孔隙，如晶间孔，对煤的孔隙度有微弱贡献。随矿物含量增大，煤的孔隙度逐渐降低，特别是过渡孔和微孔孔隙的减少更为迅速。

(4) 煤体结构影响

煤体结构根据煤体破坏程度可划分为原生结构煤、碎裂煤、碎粒煤和糜棱煤。在构造应力或其他力(如重力)的作用下，煤体将发生变形，煤体原生结构将遭到破坏，同时改变了煤的孔隙特征。总体上破坏程度越深，煤的孔隙度和比表面积增加越大。糜棱煤与原生结构煤不同孔径孔的孔容也存在差异。

(5) 断裂影响

断裂可使煤的孔隙度增加。距断裂越近，大中孔隙体积和总孔容越大，而小孔和微孔体积变化不大。另外，张性断层使煤的大、中孔隙增多，压性断层使煤的中孔增多。

5.2.2 渗透率

5.2.2.1 绝对渗透率

渗透性是指在一定压力差下，允许流体通过连通孔隙的性质，也就是说，渗透性是指岩石传导流体的能力，渗透性优劣用渗透率表示。试验表明，单相流通过多孔介质，沿孔隙通道呈层流时，符合达西线性渗流定律。

$$Q_v = k\frac{A\Delta p}{\mu L} \tag{5-2}$$

式中 Q_v——任一流体通过多孔介质时的体积流量；

Δp——样品两端压力差；

A——样品横断面积；

L——样品长度；

μ——流体黏度；

k——渗透率。

上式可改写为：

$$k = \frac{Q_v \mu L}{A\Delta p} \tag{5-3}$$

黏度为 1×10^{-3} Pa·s 的均质流体在压差为 1.013×10^5 Pa 条件下，通过横断面积为 1 cm^2、长度为 1 cm 的多孔介质，流体流量为 1 cm^3/s 时，多孔介质的渗透率就是 0.987×10^{-12} m^2。

单相流体充满整个孔隙，流体不与煤发生任何物理反应时，测出的渗透率称为绝对渗透率。对气体而言，在利用达西公式计算渗透率时，必须引入平均体积流，按气体状态方程有：

$$p_0 Q_{v0} = p_1 Q_{v1} = p_2 Q_{v2} = R \tag{5-4}$$

式中 p_1，p_2——样品前后两端的气体压力；

Q_{v1}，Q_{v2}——在 p_1 及 p_2 压力下的气体体积流量；

p_0——$1.0132\,5\times10^5$ Pa；

Q_{v0}——在 p_0 下气体体积流量；

R——平均体积流量。

则有：

$$k=\frac{2p_0Q_{v0}\mu L}{A(p_1^2-p_2^2)} \tag{5-5}$$

对煤储层而言，其渗透率主要取决于煤中的裂隙，在不考虑基质孔隙有渗透能力的前提下，有学者用统计学和蒙特卡洛模拟法提出了预测裂缝孔隙度和渗透率的公式(Ni et al.,2017)：

$$\varphi_f=\sum_{i=1}^{n}L_iW_iA_s \tag{5-6}$$

$$k_f=54.52\times10^4\sum_{i=1}^{n}\frac{L_iW_i}{A_s} \tag{5-7}$$

式中　φ_f——裂缝孔隙度；

L_i,W_i——第 i 条裂隙的长度和宽度；

n——某样品或岩石中裂隙总数；

A_s——样品或岩石的面积；

54.52×10^4——换算系数。

另外，S-F 计算方法是计算煤岩渗透率的主要方法之一，Sibbit 和 Faivre 两位学者根据岩石物理试验，通过有限元方法模拟天然裂缝的双侧向响应特征，对渗透率和裂缝孔隙度的关系进行半定量解释，其公式为：

$$K=\mathrm{RF}\times8.33\times10^6\times\varphi_f \tag{5-8}$$

式中　RF——比例因子，可根据统计数据求得，也可用试验测得；

φ_f——裂缝孔隙度。

5.2.2.2　有效渗透率和相对渗透率

当储层中有多相流体共存时，其中每一相流体的渗透率都称为有效渗透率。

$$k_{eg}+k_{ew}=k_e \tag{5-9}$$

式中　k_{eg}——气的有效渗透率；

k_{ew}——水的有效渗透率。

相对渗透率是当储层中有多相流体共存时，每一相流体的有效渗透率与其绝对渗透率的比值。

$$k_{rg}+k_{rw}=k_r \tag{5-10}$$

式中　k_{rg}——气的相对渗透率；

k_{rw}——水的相对渗透率。

可见有效渗透率和相对渗透率不仅与岩石的结构有关，而且与每一相流体的饱和度、岩石的润湿性和流体性质有关。

5.2.3　渗透率参数获取

5.2.3.1　实验室测试

煤相对渗透率的测定主要涉及两种方法：非稳态法和稳态法。非稳态法首先用盐水使煤心饱和，然后注入气体排出盐水，记录随时间排出的水、气及压力等数据，通过这些数据计算出相对渗透率。稳态法则是将水、气同时匀速地注到煤心里，记录随时间水、气排出的情况，然后计算出相对渗透率，这种方法对低渗透煤层特别有效。这两种方法都是基于实验室测量法，通过特定的仪器和设备进行操作的。

在实验室中，用于测定煤相对渗透率的仪器主要是煤岩气水相对渗透率测定仪，这种仪器适用于标准煤岩样中两相流体相对渗透率的测定，属于非稳态法测试。试验过程中，不是同时向岩心中注入两种流体，而是将岩心事先用一种流体饱和，然后用另一种流体进行驱替。在气驱水过程中，气水饱和度在多孔介质中的分布是距离和时间的函数。试验时在岩样出口端实时记录每种流体的产量和岩样两端的压力差随时间的变化，计算得到气水相对渗透率，并绘制气水相对渗透率与含气饱和度的关系曲线。

非稳态法更适于孔隙度低的煤心。测定渗透率时所用气体应当是氮气或氦气，而不能是甲烷，因煤体易吸附甲烷，吸附后易造成煤体膨胀，影响渗透率的准确测定。

5.2.3.2　测井解释

(1) 裂缝孔隙度计算

利用双侧向测井资料和煤的体积模型可计算裂缝孔隙度。煤层体积模型被认为由碳、灰分、水三部分组成。对于电阻率测井，可把所测的电阻率看成由碳、灰分、基质孔隙和裂缝孔隙四部分电阻率并联的结果：

$$\frac{1}{R}=\frac{V_c}{R_c}+\frac{V_a}{R_a}+\frac{\varphi_b}{R_b}+\frac{\varphi_f}{R_f} \tag{5-11}$$

式中　R——煤层电阻率测量值；

R_c——碳的电阻率；

R_a——灰分的电阻率；

R_b——基质孔隙的电阻率；

R_f——裂缝孔隙的电阻率；

V_c——碳的相对体积；

V_a——灰分的相对体积；

φ_b——基质孔隙度；

φ_f——裂缝孔隙度。

若采用双侧向测井，则有：

$$\frac{1}{R_t}=\frac{V_c}{R_c}+\frac{V_a}{R_a}+\frac{\varphi_b}{R_b}+\frac{\varphi_f}{R_f} \tag{5-12}$$

$$\frac{1}{R_a}=\frac{V_c}{R_c}+\frac{V_a}{R_a}+\frac{\varphi_b}{R_b}+\frac{\varphi_f}{R_f} \tag{5-13}$$

式中　R_t——深侧向电阻率值；

R_a——浅侧向电阻率值。

由于煤在原生状态下，一般含气饱和度较低，而且大部分处于吸附状态，因此认为孔隙较大程度被水充填，并假设其含水饱和度约为 100%，又由于深侧向探测的主要是地层的电阻率，所以认为其裂缝电阻率等效于地层水电阻率。而浅侧向探测的主要是侵入带的电阻率，可认为裂缝电阻率等效于泥浆滤液的电阻率。基质孔隙不含可动水，不受泥浆侵入影响。则上述两式可变换为：

$$\frac{1}{R_t}=\frac{V_c}{R_c}+\frac{V_a}{R_a}+\frac{\varphi_b}{R_b}+\frac{\varphi_f^m}{R_w} \tag{5-14}$$

$$\frac{1}{R_a}=\frac{V_c}{R_c}+\frac{V_a}{R_a}+\frac{\varphi_b}{R_b}+\frac{\varphi_f^m}{R_{mf}} \tag{5-15}$$

式中 φ_f——裂缝孔隙度；

R_w——地层水的电阻率值；

R_{mf}——泥浆滤液的电阻率值；

m——裂缝孔隙度的胶结指数。

将上述两式相减得：

$$\frac{1}{R_t}-\frac{1}{R_a}=\frac{\varphi_f^m}{R_w}-\frac{\varphi_f^m}{R_{mf}} \tag{5-16}$$

整理得：

$$\varphi_f=\left(\frac{\dfrac{1}{R_t}-\dfrac{1}{R_a}}{\dfrac{1}{R_w}-\dfrac{1}{R_{mf}}}\right)^{\frac{1}{m}}=\left(\frac{C_t-C_a}{C_w-C_{mf}}\right)^{\frac{1}{m}} \tag{5-17}$$

式中 C_t，C_a——深、浅侧向电导率；

C_w，C_{mf}——地层水和泥浆滤液的电导率。

当地层水电阻率与泥浆滤液电阻率相比较大时，上式可改写为：

$$\varphi_f=\left[R_{mf}\left(\frac{1}{R_a}-\frac{1}{R_t}\right)\right]^{\frac{1}{m}} \tag{5-18}$$

当地层水电阻率与泥浆滤液电阻率相比较小时，可改写为：

$$\varphi_f=\left[R_w\left(\frac{1}{R_t}-\frac{1}{R_a}\right)\right]^{\frac{1}{m}} \tag{5-19}$$

利用上述公式就可计算出裂缝孔隙度。

(2) 渗透率的计算

Sibbit 和 Faivre 提出了一种利用双侧向测井计算渗透率的方法，即 S-F 计算方法：

$$k_f=\frac{8.33\times10^6 h_f C_f}{h_m} \tag{5-20}$$

式中 k_f——储层裂缝渗透率；

C_f——比例因子，由各个地区统计数据求取，或由地区经验取值，也可试验测定。

$$h_f=\frac{\rho_{LLD}-\rho_{LLS}}{\rho_{mf}} \tag{5-21}$$

$$h_m=\frac{h_f}{\varphi_f} \tag{5-22}$$

$$\varphi_f=\left(\frac{\rho_{LLS}-\rho_{LLD}}{\rho_{mf}-\rho_w}\right)^{\frac{1}{m}} \tag{5-23}$$

式中 h_f——垂直裂缝宽度；

ρ_{LLS}、ρ_{LLD}——浅侧向和双侧向电导率。

$$k_f=8.33\times10^6 C_f\varphi_f \tag{5-24}$$

由式(5-24)即可计算出裂缝渗透率。

5.2.3.3 试井

众多的储层参数可通过试井获取，如储层压力、压力梯度、渗透率、流动系数、表皮系数、储层温度、破裂压力、破裂压力梯度、闭合压力、闭合压力梯度等。油气领域试井方法较多，但对煤层气而言，目前被人们公认的是注入-压降试井。这是由于采用注入-压降试井，可保证在煤储层内形成单相水流，从而获取单相水流的渗透率。

注水-压降试井是压力不稳定试井的一种，是通过向测试段（煤储层）以恒定排量注入一段时间水后关井，分别记录注入期和关井期的井底压力数据，据此进行储层参数计算。从理论上分析，注入期和关井期的井底压力数据均可用于求取储层参数，但注入期时间较短、注入流量常有波动等因素干扰，使得分析结果失真，故多采用关井期的压力衰减数据进行参数计算。

储层中煤层气赋存的特殊性，决定了试井方法的局限性。试井时要求单相水流条件的存在，即不发生煤层气解吸，而注水-压降试井是实现这一现象的有效方法，尤其适用于饱和水储层。所以目前煤层气勘探活动中将此方法作为首选方法。注水-压降试井以快速、探测半径大和可用于压裂后的分析为优点；但费用高，对低渗储层操作难度大。

5.3　多尺度孔径测试方法

煤储层独有的复杂孔裂隙结构控制着煤层气吸附-解吸和扩散-渗流过程，准确认识多尺度孔隙特征对储层精细化表征、微观渗流机理研究和气体高效开发都具有重要意义，表征方法主要包括流体注入法、图形观测法和波谱学方法。

5.3.1　流体注入法

流体注入试验主要包括高压压汞试验测试、低温 N_2 吸附试验、CO_2 吸附试验，是当前孔隙结构表征的常用方法。该类方法可以给出孔体积随孔径变化的曲线，从而定量描述孔体积与孔径的对应关系；但是这些方法是通过获取流体经过岩样后的表观性质变化，间接获取储集空间信息的，无法对孔隙结构进行直观识别。

5.3.1.1　高压压汞试验

压汞法又称汞孔隙率法，是测定部分较大孔径分布的方法。基本原理是，汞对一般固体不润湿，使汞进入孔需要施加外压，外压越大，汞能进入的孔半径越小。测量不同外压下进入孔中汞的量即可知相应大小孔的体积。压汞法主要可以用来表征 10 nm 以上的孔径。

注入压力与孔半径满足沃什伯恩（Washburn）方程：

$$D = 2r = -\frac{4\sigma\cos\theta'}{p} \tag{5-25}$$

式中　D——孔隙直径，cm；

r——孔隙半径，cm；

σ——汞的表面张力，10^{-3} N/m；

θ'——汞与页岩表面的浸润角，(°)；

p——注入压力，MPa。

5.3.1.2　低温 N_2 吸附法

低温 N_2 吸附法是一种常用的表面积测定方法，它通过将样品暴露在低温下，利用氮气在样品表面的吸附量来计算样品的表面积。其原理是利用氮气在低温下氮气分子会被吸附在样品表面的孔隙中,形成一层厚度很薄的液态氮膜;通过测量氮气在样品表面的吸附量,可以计算出样品的表面积。

根据 BET 理论,可以在相对压力(p/p_0)为 0.05~0.35 的条件下通过多层吸附原理分析获得孔隙的比表面积。BET 理论公式为:

$$\frac{p}{p_0 - p} = \frac{1}{V_m c} + \frac{c-1}{V_m c} \cdot \frac{p}{p_0} \tag{5-26}$$

式中 V_m——单位质量吸附剂上的单分子层吸附质质量,g;

p_0——氮气的饱和蒸气压,MPa;

c——常数,与温度、吸附质的液化热和吸附热有关。

BET 理论公式成立的范围通常为 $p/p_0 = 0.05 \sim 0.35$,以 $p/[V(p_0 - p)]$ 对相对压力 p/p_0 作图,如果是直线说明 BET 理论公式成立。由直线的截距和斜率可求得 V_m,从而求得比表面积:

$$A_1 = \frac{V_m N a_m}{m_1} \times 10^{-18} \tag{5-27}$$

式中 A_1——比表面积,m^2/g;

N——阿伏伽德罗常数,1/mol;

a_m——氮气分子占有面积,nm^2;

m_1——氮气的相对分子量,g/mol。

5.3.1.3 CO_2 吸附法

CO_2 吸附法和 N_2 吸附法原理相同,区别在于 CO_2 吸附法的试验条件和解释孔径分布的理论模型与后者不同。CO_2 吸附试验孔径测试范围一般小于 2 nm,用于分析微孔特征。微孔比表面积采用 CO_2 气体在 0 ℃ 条件下的等温吸附法测定。可采用基于杜比宁(Dubinin)体积填充理论的 DR、DA 方程计算微孔体积和表面积。

杜比宁体积填充理论的定义:在单一吸附质体系吸附势作用下,吸附剂被吸附质充填所占有的体积分数 θ 是吸附体积 V 与极限吸附体积 V_0 的比值。

$$\theta = \frac{V}{V_0} = \exp\left[-k\left(\frac{A}{\beta}\right)^n\right] \tag{5-28}$$

$$A = -\Delta G = RT\ln\frac{p_0}{p} \tag{5-29}$$

式中 V_0——微孔总孔容;

V——相对压力下已充填的孔容;

A——固体表面的吸附势;

β——特性吸附自由能;

k,R——特征常数和气体常数;

n——整数;

T——吸附平衡时温度。

上述方程称为 DA 微孔吸附方程,而 DR 方程是 DA 方程中 $n=2$ 的特例,即

$$\theta = \frac{V}{V_0} = \exp\left[-k\left(\frac{A}{\beta}\right)^2\right] \tag{5-30}$$

此种情况假设微孔呈高斯分布特征，因此比较适合孔隙尺寸分布较窄的均匀的微孔系统中的情况。

5.3.2　图像观测法

图像观测法主要以扫描电镜（SEM）、透射电镜（TEM）、原子力显微镜（AFM）及 X 射线计算机断层成像等方法为代表，结合统计学理论，可以确定煤岩储层孔隙的形状、面孔率、孔径分布及孔隙连通性等参数，从而建立对储层结构的直观认识。

5.3.2.1　场发射扫描电子显微镜

场发射扫描电子显微镜（FEG-SEM），是一种通过电子束扫描样品获得样品表面形态的电子显微镜，可用于测量孔裂隙长度、宽度、周长、面积等，属半定量化测试，测试尺度为微米、纳米级。其原理是由电子枪发射出来的电子束在加速电压的作用下，经过 2～3 个电磁透镜所组成的电子光学系统，汇聚成一个细的电子束聚焦在样品表面，然后通过末级透镜上的扫描线圈，使电子束在样品表面进行扫描。高能电子束与样品物质的交互作用产生了各种信息，如二次电子、背反射电子、吸收电子、X 射线、俄歇电子、阴极发光和透射电子等。这些信号被相应的接收器接收，经放大后发送到显像管的栅极上，从而调制显像管的亮度。通过扫描线圈的电流与显像管相应的亮度一一对应，也就是说，电子束打到样品上一点时，在显像管荧光屏上就会出现一个亮点。扫描电镜就是这样采用逐点成像的方法，把样品表面不同的特征，按顺序、成比例地转换为视频信号，完成一帧图像，从而使研究人员能在荧光屏上观察到样品表面的各种特征图像（图 5-5）。

（a）均质镜质体裂隙

（b）晶间孔发育，挤压带出现裂隙

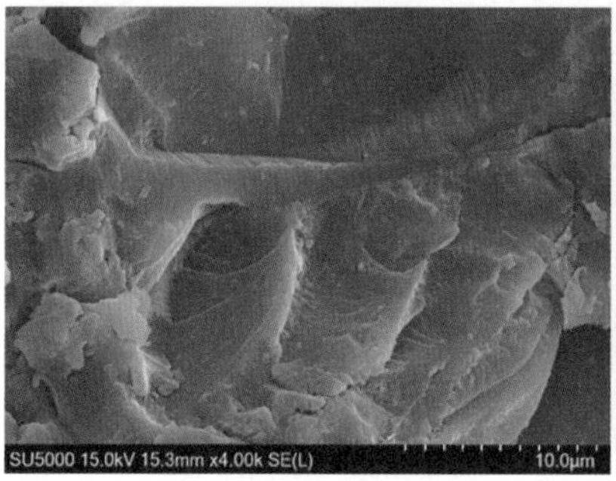

（c）结构镜质体内贝壳断口

（d）结构镜质体内含黄铁矿

图 5-5　煤的扫描电镜图像

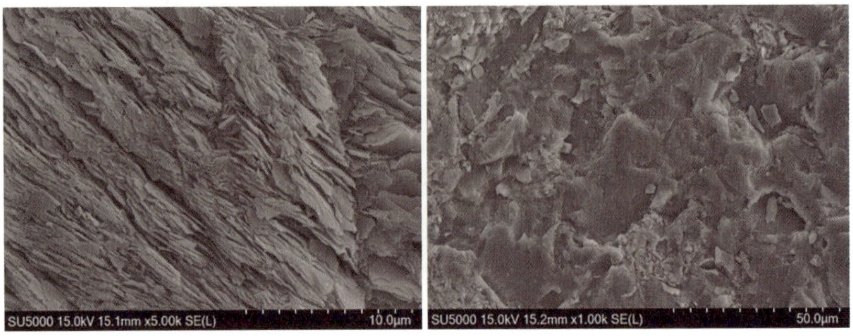

(e) 煤中发育伊利石　　(f) 铸模孔

图 5-5(续)

5.3.2.2　计算机断层 CT 扫描系统

计算机断层 CT 扫描系统主要采用 CT 扫描仪对多孔介质孔隙结构进行扫描、重建和分析，从而建立孔隙网络模型和连通性模型，为数字煤心的建立提供基础数据(图 5-6)。X 射线源和探测器分别置于转台两侧，锥形 X 射线穿透放置在转台上的样本后被探测器接收，样本可进行横向、纵向平移和垂直升降运动，以改变扫描分辨率。放置岩心样本的转台本身是可以旋转的。在进行 CT 扫描时，转台带动样本转动，每转动一个微小的角度后，由 X 射线照射样本获得投影图，将旋转 360°后所获得的一系列的投影图进行图像重构后得到岩心样本的三维图像。

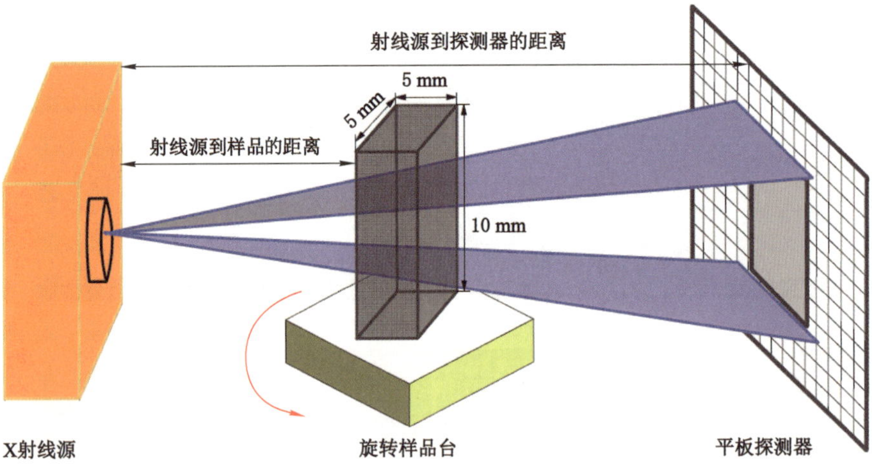

图 5-6　CT 扫描示意图

5.3.3　波谱学方法

5.3.3.1　核磁共振法

在岩石孔隙中，流体的 T_2 弛豫时间可用下式表示：

$$\left(\frac{1}{T_2}\right)_{\text{total}} = \left(\frac{1}{T_2}\right)_{\text{S}} + \left(\frac{1}{T_2}\right)_{\text{D}} + \left(\frac{1}{T_2}\right)_{\text{B}} \tag{5-31}$$

式中 $\left(\frac{1}{T_2}\right)_{\text{S}}$——来自岩石颗粒表面的弛豫贡献；

$\left(\frac{1}{T_2}\right)_{\text{B}}$——来自流体本身的弛豫贡献；

$\left(\frac{1}{T_2}\right)_{\text{D}}$——来自分子扩散的弛豫贡献。

在油气储层核磁共振研究和应用中，体弛豫和扩散弛豫项通常可以忽略，流体的 T_2 弛豫时间主要取决于表面弛豫。岩石表面弛豫的一个重要特征是与岩石比表面有关，岩石比表面(指岩石中孔隙表面积与孔隙体积之比)越大，弛豫越强，T_2 弛豫时间越小；反之亦然。因此，岩石表面弛豫可表示为：

$$\left(\frac{1}{T_2}\right)_{\text{S}} = \rho_2 \left(\frac{S}{V}\right)_{\text{pore}} \tag{5-32}$$

式中 ρ_2——弛豫率，μm/ms；

$\frac{S}{V}$——孔隙比表面，它与孔隙半径的关系为 $S/V = F_{\text{S}}/r$；

F_{S}——孔隙形状因子(无量纲)，它的大小随孔隙模型的不同而不同；

r——孔隙半径，μm。

据此，式(5-32)可表示成：

$$(T_2)_{\text{S}} = \frac{1}{\rho_2 F_{\text{S}}} r \tag{5-33}$$

令 $\frac{1}{\rho_2 F_{\text{S}}} = C$，则公式可表示成 $T_2 = C \times r$。对一个岩心而言，弛豫率 ρ_2、孔隙形状因子 F_{S} 均可近似看作常数，因此系数 C 也应是一个定值，求得 C 值后即可将核磁共振 T_2 谱换算为孔隙半径分布图。

5.3.3.2 小角 X 射线散射(SAXS)法/小角中子散射(SANS)法

SAXS 是研究倒易空间原点附近的相干散射现象的一种方法，其强度分布只与散射体的粒子大小及分布有关，而与散射体的应力状态和结构因素无关。纳米尺度的微粒子和微孔洞是产生小角散射的典型情况，煤是典型的多孔介质。一个电子在不同方向的散射强度由汤姆森(Thomson)公式决定：

$$\frac{1}{\rho_2 F_{\text{S}}} = VI_{\text{e}}(\theta) = I_0 \times \frac{e^4}{m^2 c^4} \times \frac{1}{a^2} \times \frac{1 + \cos^2 2\theta}{2} \tag{5-34}$$

式中 I_0——入射 X 射线强度；

a——试样到接收器的距离；

e——电子电荷；

m——电子质量；

c——光速；

2θ——散射角。

令：

$$i_e = \frac{e^4}{m^2c^4} = \frac{(4.8\times10^{-10}\,\text{esu})^4}{(9.11\times10^{-28}\,\text{g})^2\times\left(3.0\times\frac{10^{10}\,\text{cm}}{\text{s}}\right)^4} = 7.9\times10^{-26}\,\text{cm}^2 \tag{5-35}$$

对于多粒子体系，如果粒子之间的相互距离远远大于粒子本身的尺寸，散射强度则可近似为单个粒子散射强度的简单加和。因此，对于 M 个不相干的粒子体系，其散射强度可认为近似满足吉尼尔定律：

$$I(q) = I_e M n^2 \exp\left(-\frac{q^2R_g^2}{3}\right) \tag{5-36}$$

式中 I_e——一个电子的散射强度；

M——粒子个数；

n——一个粒子中的电子数目；

R_g——粒子的回转半径；

q——散射矢量大小；

$I(q)$——散射强度。

当粒子形状为圆形时，粒子半径 R 和旋转半径 R_g 的关系为：

$$R_g = \sqrt{\frac{3}{5}}R \tag{5-37}$$

由 $q=4\pi\sin\theta/\lambda$ 可得出散射强度随散射角度的增加而减小，通过 SAXS 法的试验观测可得到 q 和 $I(q)$的关系，对其进行数据处理，进而获得散射体相关结构信息，如散射体的回转半径、粒径、形状、分形维数、界面层厚度等。

5.4 渗透率动态变化

煤储层渗透率是影响煤层气井产能的关键参数。在煤层气井开发过程中，随着水、气介质的排出，煤储层赋存环境条件发生改变，煤储层压力逐渐下降，导致煤储层有效应力增加，煤储层微孔隙和裂隙被压缩甚至闭合，煤体发生显著的弹塑性变形，从而使煤储层渗透率明显下降，直接影响煤层气开采效果(傅雪海等，2022)。

在煤层气开发过程中，煤储层物性受多方面因素的影响，是动态变化的，概括起来主要受有效应力效应、基质收缩效应和滑脱效应 3 种因素制约。有效应力效应是指开发降压导致煤体本身承受的有效应力增加，煤体被压实，从而使物性降低的效应。基质收缩效应是指当储层压力低于临界解吸压力后，吸附的煤层气发生解吸导致煤基质收缩，煤储层物性得到改善的效应。滑脱效应是指在渗透率较低，气体分子自由流动的平面展布与通道展布一致时，气体分子会与通道壁发生碰撞，从而促进达西流动的效应。

煤体基质之间错综复杂的裂隙系统控制着煤体渗透率的大小。而裂隙的几何特征会随着煤体应力状态的改变而发生变化，所以在建立渗透率模型时需要对煤的裂隙网格进行简化。比较常用的简化手段是将煤简化成竖直有序排列的火柴杆集合或者呈矩阵状堆积的立方体集合，分别称为火柴杆模型和立方体模型。

火柴杆模型是初期应用较多的模型，基质与基质之间被假设为完全独立且相互平行的，流体从基质之间的空间流出，如图 5-7(a)所示。但事实上，基质与基质之间存在着类似于“岩桥”的“煤桥”结构(图 5-8)，这种结构在基质解吸收缩时起到抑制孔隙膨胀的作用，因而裂隙的几何尺寸可能增大，也可能减小。相应的，这会使得渗透率增大或减小。桥状结构的假设比火柴杆模型中的平行结构假设要更为科学，更贴近实际。火柴杆模型之后，应用较广的是立方体模型，立方体模型可看作将火柴杆切割成了等长的小块，形如一块块立方体，如图 5-7(b)所示。

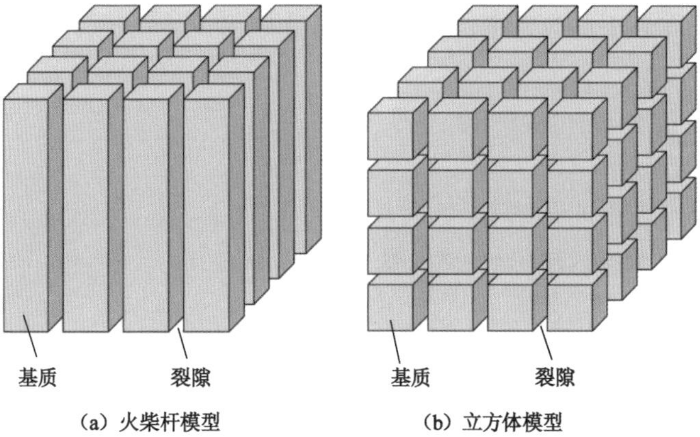

图 5-7　常用渗透率简化模型

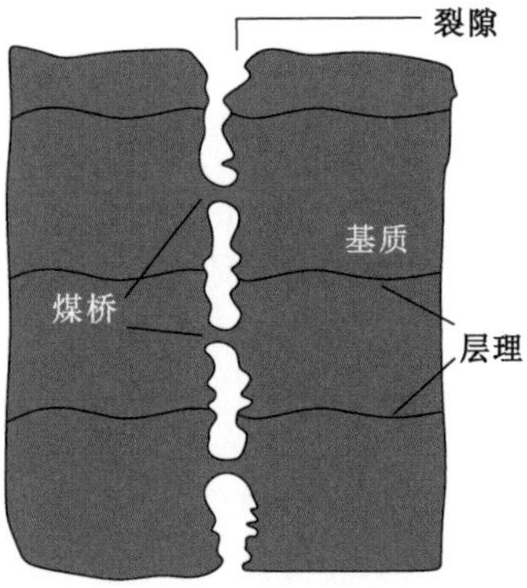

图 5-8　“煤桥”结构示意图

5.4.1　基于孔隙度与渗透率关系的渗透率模型

赖斯(Reiss)曾对火柴杆模型和立方体模型的渗透率与孔隙度的关系进行过推导，并认为火柴杆模型中渗透率和孔隙率有如下关系：

$$k = \frac{1}{48}\bar{a}^2\varphi^3 \tag{5-38}$$

而对于立方体模型，有：

$$k = \frac{1}{96}\bar{a}^2\varphi^3 \tag{5-39}$$

式中　k——渗透率；

$\bar{a}$——裂隙开度；

φ——孔隙度。

相对于初始状态，渗透率的变化情况为：

$$\frac{k}{k_0}=\left(\frac{\bar{a}}{\bar{a}_0}\right)^2\left(\frac{\varphi}{\varphi_0}\right)^3 \tag{5-40}$$

式中 k——渗透率；

k_0——初始状态下的渗透率；

$\bar{a}$——裂隙开度；

$\bar{a}_0$——初始状态下的裂隙开度；

φ——孔隙度；

φ_0——初始状态下的孔隙率。

而裂隙开度相对基质尺度很小，所以存在如下关系：

$$\bar{a}\approx\bar{a}_0 \tag{5-41}$$

则有：

$$\frac{k}{k_0}=\left(\frac{\varphi}{\varphi_0}\right)^3 \tag{5-42}$$

上式即常用的三次方渗透率模型，火柴杆和立方体模型均适用于此立方关系。以此立方关系推导的最具代表性的渗透率模型是 PM 模型，它是 Palmer 和 Mansoori 提出的，适用于单轴条件下煤体渗透率的变化，并对吸附变形类似于热膨胀进行考虑。

煤的体积和孔隙率可以写为：

$$V_t=V_f+V_m \tag{5-43}$$

$$\varphi_f=\frac{V_f}{V_t} \tag{5-44}$$

式中 V_f——煤裂隙体积；

V_m——基质体积；

V_t——总体积；

φ_f——孔隙率。

则煤裂隙的应变为：

$$\mathrm{d}\varepsilon_f=\frac{\mathrm{d}V_f}{V_f}=\frac{\mathrm{d}V_t}{V_f}-\frac{\mathrm{d}V_m}{V_f}=\frac{\dfrac{\mathrm{d}V_t}{V_t}}{\dfrac{V_f}{V_t}}-\frac{\dfrac{\mathrm{d}V_m}{V_m}}{\dfrac{V_f}{V_m}}=\frac{\mathrm{d}\varepsilon_t}{\varphi_f}-\left(\frac{1-\varphi_f}{\varphi_f}\right)\mathrm{d}\varepsilon_m \tag{5-45}$$

式中 ε_f——煤裂隙应变；

ε_m——基质应变；

ε_t——总体积应变。

假设应变为无限小，则有：

$$-\mathrm{d}\varphi_f=\left[\frac{1}{M}-(1-\varphi_f)f\gamma\right](\mathrm{d}\delta-\mathrm{d}p)+\left[\frac{K}{M}-(1-\varphi_f)\right]\gamma\mathrm{d}p-\left[\frac{K}{M}-(1-\varphi_f)\right]\alpha_T\mathrm{d}T \tag{5-46}$$

式中 M——约束轴向模量；

K——体积模量；

f——摩擦系数，在 0～1 之间取值；

α_T——热膨胀系数；

γ——煤基质压缩因子。

由于 $\varphi_f \ll 1$，且 $d\delta = 0$，上述公式可以简化为：

$$-d\varphi_f = -\frac{1}{M}dp + \left(\frac{K}{M} - 1 + f\right)\gamma dp - \left(\frac{K}{M} - 1\right)\alpha_T dT \tag{5-47}$$

式中　$\alpha_T dT$——吸附变形项，其符合朗缪尔变形曲线。

吸附过程中，煤体裂隙孔隙率变化为：

$$\frac{\varphi_f}{\varphi_{f0}} = 1 + \frac{C_f}{\varphi_{f0}}(p - p_0) + \frac{\varepsilon}{\varphi_{f0}}\left(\frac{K}{M} - 1\right)\left(\frac{p}{P_L + p} - \frac{p_0}{P_L + p_0}\right) \tag{5-48}$$

式中　C_f——特征系数，$C_f = \frac{g}{M} - \left(\frac{K}{M} - 1 + f\right)$，仅考虑水平方向裂隙时，$g = 1$；仅考虑垂向裂隙时，$g = 0$。

ε——应变。

φ_{f0}——初始孔隙率。

P_L——朗缪尔压力，MPa。

p——储层压力，MPa。

p_0——初始储层压力，MPa。

K 和 M 可以用杨氏模量 E 和泊松比 μ 进行表示：

$$\frac{M}{E} = \frac{1 - \mu}{(1 + \mu)(1 - 2\mu)} \tag{5-49}$$

$$\frac{M}{E} = \frac{1}{3}\left(\frac{1 + \mu}{1 - \mu}\right) \tag{5-50}$$

式中　M——约束轴向模量；

K——体积模量；

E——杨氏模量；

μ——泊松比。

根据孔隙率与渗透率的关系，可以得到：

$$\frac{k}{k_0} = \left(\frac{\varphi}{\varphi_0}\right)^3 = \left[1 + \frac{C_f}{\varphi_0}(p - p_0) + \frac{\varepsilon}{\varphi_0}\left(\frac{K}{M} - 1\right)\left(\frac{p}{P_L + p} - \frac{p_0}{P_L + p_0}\right)\right]^3 \tag{5-51}$$

或

$$\frac{k}{k_0} = \left(\frac{\varphi}{\varphi_0}\right)^3 = \left[1 + \frac{C_f}{\varphi_0}(p - p_0) + \frac{1}{\varphi_0}\left(\frac{K}{M} - 1\right)\Delta\varepsilon_s\right]^3 \tag{5-52}$$

5.4.2 基于应力状态与渗透率关系的渗透率模型

根据前文可知，应力与渗透率呈指数函数关系，基于此关系应用较广的模型有 SD 模型和 CB 模型。SD 模型是在火柴杆模型的架构上推导出的，适用于单轴应变条件的渗透率模型(Shi et al.，2004)。与 PM 模型不同的是，SD 模型采用水平应力与渗透率的关系来表征渗透率的变化，即

$$\sigma-\sigma_0=-\frac{\mu}{1-\mu}(p-p_0)+\frac{E}{3(1-\mu)}\varepsilon\left(\frac{p}{P_L+p}-\frac{p_0}{P_L+p_0}\right) \tag{5-53}$$

式中 σ——应力,Pa;

σ_0——初始应力,Pa;

μ——泊松比;

E——杨氏模量,Pa;

p——储层压力,Pa;

p_0——初始储层压力,Pa;

P_L——朗缪尔压力,Pa。

CB 模型是单轴条件下的渗透率模型(Cui et al.,2005),它将基质吸附变形看作与吸附气体的体积呈线性关系的变量,且煤基质要比煤体本身更硬,即

$$k=k_0\exp\left\{\frac{3}{K_p}\left[-\frac{(1+\mu)}{-(1-\mu)}(p-p_0)-\frac{2E}{9(1-\mu)}(\varepsilon_v-\varepsilon_{v0})\right]\right\} \tag{5-54}$$

式中 k——渗透率;

k_0——初始状态下的渗透率;

μ——泊松比;

E——杨氏模量,Pa;

K_p——孔隙体积模量,Pa;

ε_v——体积应变;

ε_{v0}——初始体积应变;

p——储层压力,Pa;

p_0——初始储层压力,Pa。

或写成:

$$\frac{k}{k_0}=\exp\left\{\frac{3}{K_p}\left[-\frac{(1+\mu)}{3(1-\mu)}(p-p_0)-\frac{2E}{9(1-\mu)}\Delta\varepsilon_s\right]\right\} \tag{5-55}$$

5.5 思 考 题

(1) 煤层孔裂隙发育特征的影响因素是什么?

(2) 为什么要研究煤层孔裂隙特征?

(3) 煤层孔裂隙表征方法有哪些?

(4) 煤级对煤层孔裂隙结构的影响是什么?

(5) 煤储层渗透率的影响因素和研究意义有哪些?

5.6 参考文献

陈萍,唐修义,2001. 低温氮吸附法与煤中微孔隙特征的研究[J]. 煤炭学报,26(5):552-556.

傅雪海,齐琦,程鸣,等,2022. 煤储层渗透率测试、模拟与预测研究进展[J]. 煤炭学报,47(6):2369-2385.

贾建称,张泓,贾茜,等,2015.煤储层割理系统研究:现状与展望[J].天然气地球科学,26(9):1621-1628.

李勇,2022.煤结构演化及燃料、原料和材料属性开发[J].煤炭学报,47(11):3936-3951.

毋耀凯,2019.基于低温液氮吸附软硬煤孔隙结构分形特征研究[J].煤,28(2):36-37.

张慧,2001.煤孔隙的成因类型及其研究[J].煤炭学报,26(1):40-44.

BRUNAUER S,EMMETT P H,TELLER E,1938. Adsorption of gases in multimolecular layers[J]. Journal of the American Chemical Society,60:309-319.

CUI X,BUSTIN R M,2005. Volumetric strain associated with methane desorption and its impact on coalbed gas production from deep coal seams[J]. AAPG bulletin,89(9):1181-1202.

DUBININ M M,ASTAKHOV V A,1971. Description of adsorption equilibria of vapors on zeolites over wide ranges oftemperature and pressure[M]//Molecular sieve zeolites-II. Washington,D. C. :American Chemical Society:69-85.

NI X M,CHEN W X,LI Z Y,et al,2017. Reconstruction of different scales of pore-fractures network of coal reservoir and its permeability prediction with Monte Carlo method[J]. International journal of mining science and technology,27(4):693-699.

PALMER I,MANSOORI J,1996. How permeability depends on stress and pore pressure in coalbeds:a new model[C]//SPE Annual Technical Conference and Exhibition. October 6-9,1996. Denver,Colorado. SPE:36737.

SHI J Q,DURUCAN S,2004. Drawdown induced changes in permeability of coalbeds:a new interpretation of the reservoir response to primary recovery[J]. Transport in porous media,56(1):1-16.

SIBBIT A M,FAIVRE O,1995. The dual laterolog response in fractured rocks [C]//SPWLA 26th Annual Logging Symposium. Dallas,Texas:17-20.

第6章　煤岩力学性质及地应力

煤储层属于低孔低渗非常规储层，一般采用水力压裂对煤储层进行改造。煤储层压裂时，物理力学性质、原岩应力状态以及储层压力等因素共同控制着裂缝的形态、方位、高度、宽度等。系统认识煤岩力学性质，了解煤岩变形的规律以及在地应力等多重因素约束下的水力压裂裂缝扩展机制，对煤层气高效开发具有重要意义。

6.1　力学性质

岩石的力学性质是指岩石在各种静力、动力作用下所表现出的性质，主要指岩石的变形与强度特性。

6.1.1　弹性参数

任何弹性物体在外力作用下都要发生一定的形变，当外力作用停止时，形变也会随之消失。描述岩石弹性形变的主要参数有杨氏模量、剪切模量及泊松比等，统称为岩石的弹性参数。

6.1.1.1　杨氏模量(E)

杨氏模量是张应力与张应变的比值。设长度为L、截面积为A的岩石，在纵向上受到张力F(或压力)作用时伸长(或压缩)值为ΔL，则纵向张应力F/A与张应变$\Delta L/L$之比值，即杨氏模量(E)为：

$$E=\frac{\frac{F}{A}}{\frac{\Delta L}{L}}\quad 或\quad E=\frac{\sigma}{\varepsilon_e} \tag{6-1}$$

式中　σ——正应力，MPa；

ε_e——正应变，无量纲。

杨氏模量E与岩石尺寸无关，它是岩石张变弹性强弱的标志。

6.1.1.2　剪切模量(G)

剪切模量是指作用在剪切面上的剪应力τ与相应的剪应变γ的比，即

$$G=\frac{\tau}{\gamma} \tag{6-2}$$

如果作用在剪切面A上的剪切力为F_τ，相距高度为H的剪切面在剪切力F_τ作用下产生的变形为u，剪切变形u随剪切力F_τ的大小而变化。如果F_τ越大，u也越大；如果剪切面A越大，在剪切力F_τ不变的情况下，变形u越小。当引进比例系数G时，则有：

$$u = \frac{1}{G}\frac{F_{\tau}}{\Delta A}\Delta H \tag{6-3}$$

式(6-3)中的 u/H 为剪切变形率，它与变形后的形变角 α 存在下述关系：

$$\frac{u}{H} = \tan\alpha \approx \alpha \quad 或 \quad \gamma = \frac{1}{G}\Delta\tau \tag{6-4}$$

由此可知，当 $G\to 0$ 时，$u\to\infty$，则岩石的抗剪能力为无穷大或称之为刚体。剪切模量越大，说明岩石越难以发生剪切变形和破坏。当剪切模量为常数时，岩石的剪应力与剪应变为线性关系，符合胡克定律。

6.1.1.3　泊松比(μ)

泊松比是横向相对伸长量与纵向相对压缩量之比值。设长度为 L、直径为 d 的圆柱形岩石，当其受到压缩时，其长度缩短 ΔL，直径增加 Δd，则 μ 等于：

$$\mu = \frac{\frac{\Delta d}{d}}{\frac{\Delta L}{L}} \tag{6-5}$$

一般情况下，岩石的横向应变和轴向应变的关系以及轴向应变和轴向应力的关系多为正相关曲线形式，即岩石泊松比随轴向应力的增大而增大。

6.1.1.4　体积模量(K)

体积模量是指单位体积的材料在受到均匀静态压力作用时，体积发生相对变化的能力。物体在 P_0 的压力下体积为 V_0，若压力增加 ΔP，则体积减小为 $V_0-\Delta V$，体积模量为：

$$K = -\frac{\Delta P}{\Delta V/V_0} \tag{6-6}$$

式(6-6)中，K 的倒数，即 $1/K$，称为压缩系数。

6.1.2　弹性参数表征

岩石力学参数主要是通过岩心三轴弹性参数和强度的测试取得的，具体内容在第 6.2 节中进行介绍。还有学者利用力学特性与声学特性的关系，从岩石的声学特性角度来计算力学参数(楼一珊，1998)。

岩石在一定的初载荷作用下，可以视为弹性体。当声波强度在 1～5 W/cm^2(在几个至十几个大气压下)范围内时，岩体的形变和应力呈线性关系，可以用胡克定律和波动方程来描述。此时两种波的波速方程为：

$$V_p = \{E(1-\mu)/[\rho(1+\mu)(1-2\mu)]\}^{\frac{1}{2}} \tag{6-7}$$

$$V_s = (G/\rho)^{\frac{1}{2}} = \{E/[2\rho(1+\mu)]\}^{\frac{1}{2}} \tag{6-8}$$

式中　V_p——纵波速度，m/μs；

V_s——横波速度，m/μs；

E——弹性模量(杨氏模量)，MPa；

G——剪切模量，MPa；

μ——泊松比，无量纲；

ρ——岩石质量密度，kg/m^3。

将式(6-7)和式(6-8)两式相除消去 E,整理可得 μ:

$$\mu=\frac{\left(\frac{V_p}{V_s}\right)^2-2}{2\left[\left(\frac{V_p}{V_s}\right)^2-1\right]} \tag{6-9}$$

将式(6-9)代入式(6-8)可整理得出 E:

$$E=\frac{\rho V_s^2(3V_p^2-4V_s^2)}{V_p^2-V_s^2} \tag{6-10}$$

再由式(6-8)可整理得 G:

$$G=\rho V_s^2 \tag{6-11}$$

由岩石弹性力学之间关系可得出 K:

$$K=\rho V_p^2-\frac{4}{3}V_s^2 \tag{6-12}$$

式中 K——体积模量。

若用声波时差表示,则有:

$$V_p=\frac{1}{\Delta t_p},\quad V_s=\frac{1}{\Delta t_s} \tag{6-13}$$

式中 Δt_p——纵波时差,μs/m;

Δt_s——横波时差,μs/m。

6.1.3 各种弹性参数的关系

如果岩石是各向同性的,则岩石的弹性常数只有两个是独立的,各种弹性常数之间可以用关系式表示,如表 6-1 所示(李佳蕙,2009)。

表 6-1 各种弹性参数之间的关系

参数	E/μ	K/G	λ/G	K/μ	K/λ	K/E	λ/μ
弹性模量 $E=$	E	$\frac{9KG}{3K+G}$	$\frac{3\lambda+2G}{\lambda+G}G$	$3K(1-2\mu)$	$\frac{9K(K-\lambda)}{3K-\lambda}$	E	$\frac{\lambda(1+\mu)(1-2\mu)}{\mu}$
泊松比 $\mu=$	μ	$\frac{3\lambda-2G}{2(3K+G)}$	$\frac{\lambda}{2(\lambda+G)}$	μ	$\frac{\lambda}{3K-\lambda}$	$\frac{3K-E}{6K}$	μ
剪切模量 $G=$	$\frac{E}{2(1+\mu)}$	G	G	$\frac{3K(1-2\mu)}{2(1+\mu)}$	$\frac{2(K-\lambda)}{3}$	$\frac{3KE}{9K-E}$	$\frac{\lambda(1-2\mu)}{2\mu}$
体积模量 $K=$	$\frac{E}{3(1-2\mu)}$	K	$\lambda+\frac{2}{3}G$	K	K	K	$\frac{\lambda(1+\mu)}{3\mu}$
拉伸常数 $\lambda=$	$\frac{E\mu}{(1+\mu)(1-2\mu)}$	$K-\frac{2}{3}G$	λ	$\frac{3K\mu}{1+\mu}$	λ	$\frac{3K(3K-E)}{9K-E}$	λ

6.1.4 强度参数

煤岩的力学研究不仅包括弹性力学,还有岩石的强度研究。岩石强度是各种岩石分类中的重要指标；它作为强度准则，可判别压裂时是否容易；在评价煤层气井水力压裂条件时，岩石强度可作为极限平衡条件，可以模拟压裂时裂缝需要多大压力才能压裂煤层，还可以判断裂缝的走向等。

6.1.4.1　岩石抗压强度

岩石单轴抗压强度是指岩石试件在轴向压力作用下被破坏时，单位横截面上的最大压应力，即

$$\sigma_c = \frac{P_c}{A} \tag{6-14}$$

式中　σ_c——岩石单轴抗压强度，MPa；
P_c——轴向压力，N；
A——横截面积，m^2。

6.1.4.2　岩石抗拉强度

岩石的抗拉强度是指岩石试件在轴向拉力作用下被破坏时，单位横截面上的最大拉应力，即

$$\sigma_t = \frac{P_t}{A} \tag{6-15}$$

岩石抗拉强度与单轴抗压强度之间存在如下关系：

$$\sigma_t = \frac{\sigma_c}{K} \tag{6-16}$$

式中　σ_t——岩石抗拉强度，MPa；
K——计算系数，无量纲，其数值一般在 8～12 之间。

6.1.4.3　岩石内聚力

科斯特(Coast)提出了岩石的内聚力和单轴抗压强度及动态体积模量之间的经验公式：

$$C = a \times \sigma_c K \tag{6-17}$$

式中　C——岩石内聚力，MPa；
α——系数；
K——体积模量，GPa。

6.1.4.4　内摩擦角

对于岩石的另一个强度参数“内摩擦角 Φ”，岩石的类型、颗粒大小、颗粒形状等均对其有很大影响，因此岩石的内摩擦角与内聚力之间一般存在着一定的对应关系，其关系的建立是通过数据的回归分析实现的。有研究人员对多组岩心进行实测回归分析，得出了煤岩地层的内摩擦角与内聚力的关系式：

$$\Phi = a - bC \tag{6-18}$$

式中　Φ——岩石的内摩擦角，(°)；
a，b——系数；
C——岩石内聚力，MPa。

6.1.4.5　断裂韧性

有关研究表明，断裂韧性与硬度指数、单轴抗拉强度、单轴抗压强度、弹性模量、泊松

比等参数密切相关。统计结果显示，除泊松比外，岩石的断裂韧性与上述力学参数之间有着较好的相关性。岩石断裂韧性 K_{IC} 与围压 P_c、岩石抗拉强度 σ_t 之间存在如下函数关系：

$$K_{IC} = aP_c + b\sigma_t^3 + c\sigma_t^2 + d\sigma_t + e \tag{6-19}$$

式中　P_c——围压，MPa；

a,b,c,d,e——系数；

σ_t——岩石抗拉强度，MPa。

由式(6-19)可知，若知道地层深处岩石的所受围压与抗拉强度，就可推测出岩石的断裂韧性，而围压可根据地应力测试和测井资料确定。因此，压裂设计所需要的断裂韧性参数可通过测井资料预测获得。

6.1.5　强度参数表征

在煤层气开发中，强度特性主要由抗压强度和抗拉强度反映。煤岩在受力之后所表现的变形特性和强度特性有一定的方向性，所以在不同方向上煤岩的力学性质有很大差别，表现为各个力学参数具有明显的方向性。煤岩的弹性模量 E 随层理与受载荷方向夹角的变大而增大，通常煤岩垂直于层理方向上的弹性模量 E_D 是平行方向上 E_v 的 1.5～3 倍。当试件在相同压力下，施压沿层厚方向的泊松比比施压沿层理方向的泊松比大 2～6 倍，通过对煤岩抗压强度的测试发现，垂直于煤层理的抗压强度明显大于平行于层理的抗压强度(表 6-2)。煤岩的这些力学性质特点必然对煤层裂缝发育方向的选择产生重要影响。

表 6-2　不同煤质煤岩不同方向的抗压强度

煤岩种类	抗压强度/MPa		比值
	垂直于层理	平行于层理	
无烟煤	19.6	13.2	1.49
烟煤	10.8	7.4	1.45
褐煤	13.5	8.0	1.69

6.1.5.1　*岩石强度的测定方法*

岩石强度的测定方法主要有单轴压缩、单轴拉伸(直接或间接)、剪切(剪断、压剪和扭剪)等试验。其中，单轴压缩是最简单、最基本、使用最多的一类试验方法。

6.1.5.2　强度准则

岩石强度准则，是判断岩石的应力应变是否安全的准则。岩石的强度准则，反映岩石固有的属性，因此一定要来源于试验，通过对试验资料的归纳分析而得到强度准则。比较适应岩石性质的强度准则有：库仑准则(Coulomb Criterion)、莫尔准则(Mohr Criterion)和格里菲斯准则(Griffith Criterion)。

6.2　煤岩破坏准则

6.2.1　基本概念

当岩石承受的载荷达到或超过某一限度时，岩石会发生某种形式的破坏。岩石破坏是工程岩石力学中常见的现象，也是井壁失稳和出砂等问题出现的重要原因。因此，分析岩石破坏条件是十分必要的。

煤岩的力学特性与不同应力路径条件有关，从能量角度出发，煤岩的变形破坏是能量耗散与能量释放的综合作用。岩石发生破坏时的应力常常称为岩石的强度。下面通过三轴应力试验和单轴应力试验来说明岩石破坏的复杂性并介绍一些基本的概念。

图 6-1 中给出了一个典型的试验样品，圆柱形试件的高度与直径的比值为 2∶1，一对轴向压力作用于试件的上下底面，大小不同的压力通过周围液体施加于圆柱体的周围。通常假定试件内部受均匀压力作用。当围压为零时，称为单轴应力试验（或非限制性抗压强度试验）；当围压不为零时，称为三轴应力试验。

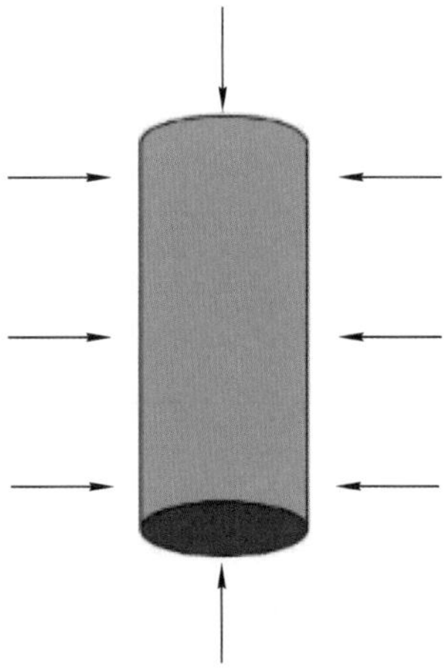

图 6-1　单轴或三轴应力试验中的典型试样

将轴向应力与岩样轴向应变函数作图，得到典型的单轴应力试验结果（图 6-2），图中涉及一些重要的定义。

弹性区：卸载后，试件可恢复到最初状态。

屈服点：超过该点试件将产生永久性变形，卸载后，试件不能恢复到最初状态的点。

单轴抗压强度：极限应力值。

塑性区：试件产生永久变形但仍具有承受载荷能力的区域。

脆性区：由于变形的加剧，试件承受应力的能力迅速下降的区域。

进行三轴应力试验，同时增加轴向和径向载荷，直到达到规定的流体静压力水平。然后，保持径向围压不变，再逐渐增加轴向载荷，直到破坏。通常以恒定的轴向变形率进行轴向加载。

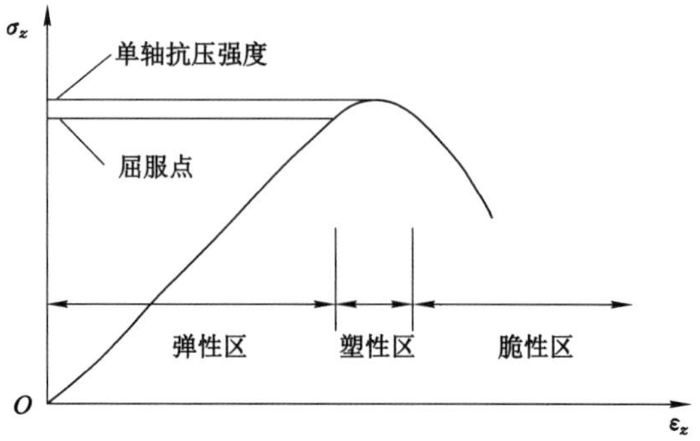

图 6-2　单轴应力试验结果

在三轴应力试验中，可绘制不同围压下的轴向应力-应变曲线，如图 6-2 所示。但在高应力时试件的特性将完全不同，图 6-3 中给出了不同围压下的三轴应力试验结果，由图 6-3 可以看出，高围压下试件屈服后的刚变明显降低，但它承受载荷的能力并没有丧失。

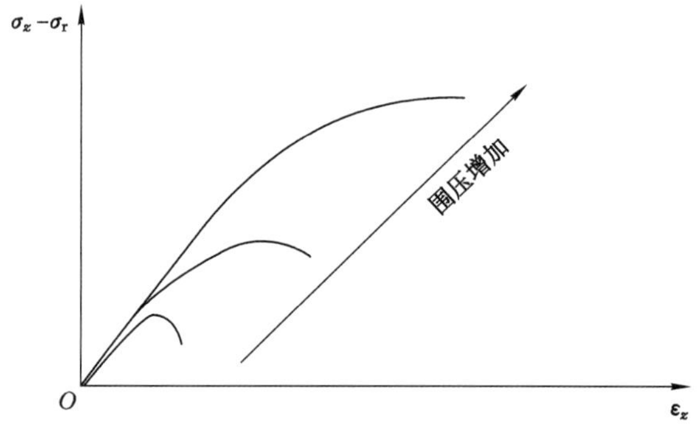

图 6-3　不同围压下的三轴应力试验结果

迄今为止还没有破坏的确切定义，主要原因是很难精确指出破坏点。而在图 6-2 所示的单轴应力试验结果中，可以得出一个符合最大破坏应力值的确切定义。如图 6-3 所示，当围压增大时，破坏发生在应力-应变曲线斜率发生改变的点。但由于破坏发生后，材料仍能承受增加的载荷，所以这种定义似乎也不十分恰当。

单轴和三轴应力试验中最常见的破坏形式是剪切破坏。剪切破坏是由较大的剪切应力造成的。另一种破坏形式是拉伸破坏，是由较大的拉伸应力造成的。在高孔隙压力下，孔隙坍塌也是一种常见的破坏形式，它一般由较大的静水压力造成。

6.2.2　破坏面

当应力超过一定的范围时岩石会发生破坏，当应力低于这个范围时岩石保持稳定。可见这个范围取决于总的应力状态，而不仅仅受控于一个方向的应力。以各向同性材料为试样，它受到三个主应力 σ_1'、σ_2'、σ_3' 的作用，由此可以绘出由 σ_1'、σ_2'、σ_3' 构成的主应力空间的点来描述应力状态。假设试件在不断增加的主应力作用下而产生某种形式的破坏，在主应力状态图上标出破坏点。假设重复该试验过程可使试件发生各种可能的破坏，将得到无数个如上的破坏点，将其全部在图中画出，假定这些点将组成连续的曲面，即破坏面。图 6-4 中给出了该曲面的大致图形。破坏面用方程可表示为：

$$f(\sigma'_1, \sigma'_2, \sigma'_3) = 0$$

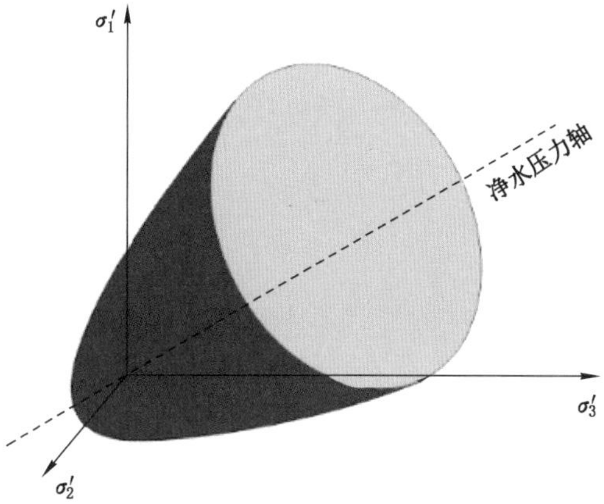

图 6-4　主应力空间上简要的破坏面

在这个简图中，假定破坏面内的岩石是无损伤的，外部岩石可能破坏。这意味着岩石破坏面的应力状态是不难达到的，正如上面提到的那样，在合理的条件下，岩石发生破坏后仍可以承受增加的载荷。

在三维空间中很难绘出破坏面。因此，常常用横截面来代替破坏面。最常见的横截面是 π 平面。这些平面垂直于流体静力学轴线，即 $\sigma'_1 = \sigma'_2 = \sigma'_3$。

破坏面的存在并不明显，它的存在暗示着破坏与应力梯度和断面内部应力的加载过程有关。同样我们可以看出破坏点处的破坏作用不是突然发生的，而是一个逐渐变化的过程并在破坏面处改变变化速率。

6.2.3　拉伸破坏

当样品表面的有效拉应力超过临界值时，发生拉伸破坏，这个临界值称为抗拉强度，用符号 T_0 表示，和应力的单位相同。抗拉强度是岩石的一种特性。大多数沉积岩抗拉强度很低，常常只有几兆帕或更小，在实际应用中抗拉强度近似为零。

样品拉伸破坏一般会沿着一个或几个破坏面，如图 6-5 所示。因此拉伸破坏是一个局部和非均质的过程。破裂面产生于已存在的裂缝中，大概垂直于拉伸应力的方向。岩石的再次破坏最可能发生在最大裂缝的周边，因此大裂缝要比其他裂缝增长得快，很快会使试样裂开。

可确定拉伸破坏发生时的应力条件以及主应力空间条件下的破坏面的破坏准则是：

$$\sigma' = -T_0 \tag{6-20}$$

对于各向同性岩石，拉伸破坏发生的条件常常会先满足最小主应力，所以拉伸破坏准则变成：

$$\sigma'_3 = -T_0 \tag{6-21}$$

6.2.4　剪切破坏

当试件沿某平面所受到的剪力过大时，试件就会发生剪切破坏。最终，断裂带会沿着破坏面发展，试件会沿着摩擦面发生相对移动，如图 6-6 所示。

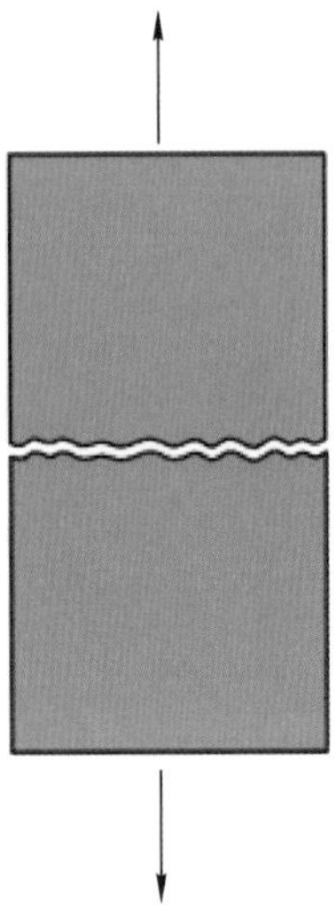

图 6-5　拉伸破坏

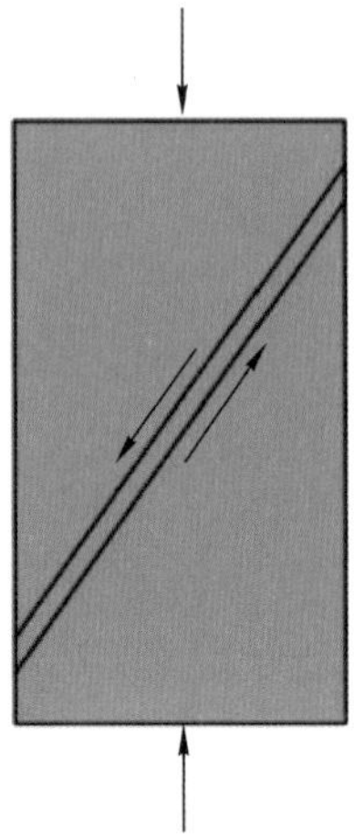

图 6-6　剪切破坏

众所周知，摩擦力阻碍相接触物体的相对移动并取决于两部分物体间的压力。因此，假定剪切破坏发生时的极限剪切应力为 τ_{max}，破坏空间的正应力为 σ'，它们的关系是：

$$|\tau_{max}| = f(\sigma') \tag{6-22}$$

这个假定称为莫尔假定。

式(6-22)描述了划分“安全区”和“破坏区”的一条线，我们把式(6-22)看作 τ-σ'空间中对破坏面的描述。这条线有时称为破坏线或破坏包络线。图 6-7 中给出三个主应力和将这三个主应力连接起来的莫尔圆。图 6-7 说明了应力状态的一种安全情况，即破坏线与 τ 和 σ' 相关联的莫尔图不相交。

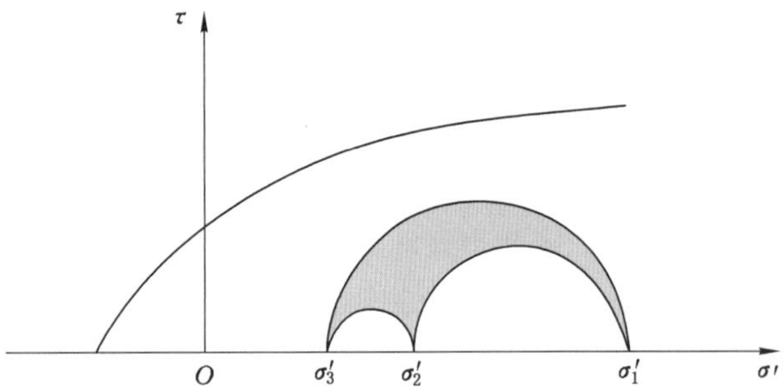

图 6-7　剪应力-正应力关系图中由式(6-22)定义的破坏线和由 σ'_1、σ'_2、σ'_3 定义的莫尔圆

假定 σ'_1 增加，连接 σ'_1 和 σ'_3 的圆会变大，最终与破坏线产生交点。此时试样的某些平面满足破坏准则，会发生破坏。中间主应力值在这些过程中没有任何影响。由于 σ'_2 在 σ'_1 和 σ'_3 之间，它不影响莫尔圆的外部，也不影响破坏。因此，由莫尔假定的纯剪切破坏只取决于最大和最小主应力，与中间主应力没有关系。

选择函数 f 的各种具体形式可以得到各种剪切破坏准则。令抗剪强度为一常数。此时的破坏准则叫作特雷斯卡(Tresca)准则。这个准则简单描述了在剪切应力达到峰值时材料会发生屈服：

$$\tau_{max} = \frac{\sigma_1' - \sigma_3'}{2} = S_0 \tag{6-23}$$

式中　S_0——材料的内聚力，Pa。

在莫尔 τ-σ'图中，特雷斯卡准则为一条水平直线。

6.2.4.1　库仑准则

库仑于 1773 年提出库仑准则，是最早的强度准则。库仑准则的试验基础是岩石材料的摩擦试验、压剪试验或二轴试验。

库仑准则的破坏机理为：材料是属于有正应力情况下的剪切破坏形态，简称压剪破坏。剪切破坏力的一部分用来克服与正应力无关的内聚力，使材料颗粒间脱离关系，另一部分用来克服与正应力成正比的摩擦力，使面间发生错动而最终破坏。

库仑准则方程为：

$$|\tau| = C + f\sigma = C + \sigma \tag{6-24}$$

式中　τ——某一截面上的剪应力，Pa；

C——内聚力，即无正应力时材料的抗剪强度，Pa；

f——内摩擦系数，$f=\tan \Phi$，其中，$\tan \Phi$ 为内摩擦角，(°)。

库仑准则只宜用于受压区，受拉区则不适用。

6.2.4.2　莫尔准则

莫尔准则的试验基础是压剪破坏试验或二轴破坏试验。莫尔准则的破坏机理：材料破坏形态和破坏面上剪应力都取决于该面上的法向应力，是法向应力的函数。在受压区，材料表现为压剪破坏，破坏剪应力与该面的法向应力呈正比例关系；在受拉区，材料表现为拉破坏或拉剪破坏，拉应力的绝对值越大，剪切破坏应力越小，两者呈反比例关系。

莫尔准则的方程为：

$$|\tau| = f(\sigma) \tag{6-25}$$

6.2.4.3　格里菲斯准则

格里菲斯准则(1921 年)对材料破坏机理的认识不同于库仑准则和莫尔准则。库仑、莫尔准则认为主要是压剪破坏，莫尔准则虽然包含拉伸破坏，但只发生在有拉应力的情况下。而格里菲斯准则认为，不论物体的受力状态如何(压、拉均可)，材料最终破坏的本质都是由拉应力引起的。格里菲斯准则主要基于的是裂纹的失稳扩展机理。若不计中间主应力 σ_2 的影响，则格里菲斯准则可由如下方程表示：

$$\sigma_t = \frac{(\sigma_1 - \sigma_3)^2}{8(\sigma_1 + \sigma_3)}, \quad \sigma_1 + 3\sigma_3 > 0 \tag{6-26}$$

$$-\sigma_3 = \sigma_t, \quad \sigma_1 + 3\sigma_3 < 0 \tag{6-27}$$

式中　σ_1——第一主应力，Pa；

σ_3——第二主应力，Pa；

σ_t——材料的抗拉强度，Pa。

格里菲斯准则适用于任意复杂的应力状态。

以上岩石的强度准则，一般在受压区采用斜直线型的库仑或莫尔准则即可，对受拉区则采用格里菲斯准则。

6.2.5 压实破坏

孔隙坍塌是在高孔隙度材料中可经常观察到的一种破坏形式，这主要是因为材料的颗粒骨架组成了一种相对开放的构造。材料被压缩，颗粒会松散或破碎，接着被推进或拖拽到孔隙空间从而形成材料的致密填充，该过程称作压实。这种变形过程如图 6-8 所示。

砂岩中孔隙的尺寸与颗粒的尺寸是同一数量级，如图 6-8 所示，孔隙坍塌与颗粒的运移则更好地压实孔隙空间。煤孔隙坍塌机理的重要性巨大。孔隙坍塌还可能发生在纯静水载荷条件下。微观上，破坏发生在有剪切力作用的颗粒接触带之间，从这一点上看，孔隙坍塌可以看作材料中剪切破坏的分布。

另一种破坏机理是静水载荷下的颗粒破碎。如果应力足够大，接触带上的颗粒会部分破碎。另外，该破坏机理表明岩石骨架会发生永久破坏和屈服，同时岩石刚度会降低。这些破坏在非水动力应力条件下也可能发生，在高围压三轴应力试验中也可以观察到。这个过程称为剪切压实增强作用。主应力空间中，这种破坏通过高围压下破坏面闭合的“端帽”来表述，见图 6-9。可用椭圆形式来描述这种端帽：

$$\frac{1}{(1-\gamma)^2}\left(\frac{\bar{\sigma}'}{p^*}-\gamma\right)^2+\frac{1}{\delta^2}\left(\frac{q}{p^*}\right)^2=1 \tag{6-28}$$

式中 $\bar{\sigma}'$——平均有效应力，Pa；

δ——常数；

q——偏差应力不变量，Pa；

p^*——岩石的临界有效应力，Pa；

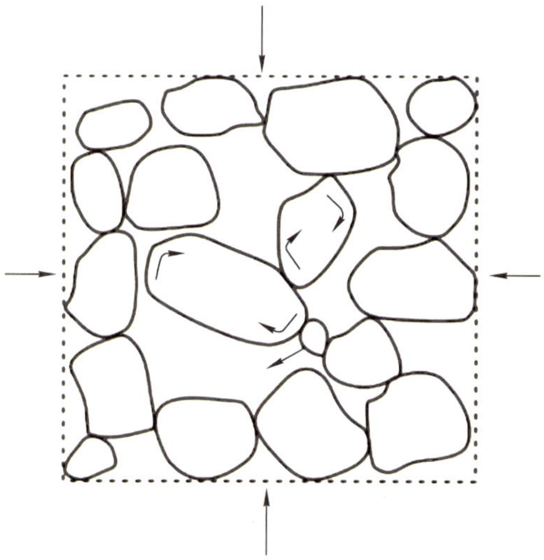

图 6-8 颗粒运移引起的紧凑填充

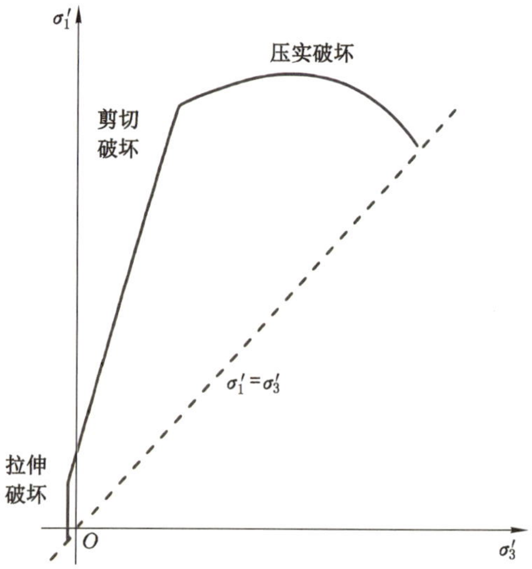

图 6-9 主应力空间中的各种破坏

当力为 p^* 时，$\gamma\approx0.5$（$\gamma\approx0.5\sim0.7$ 是常量）。

式(6-28)说明了压实的破坏准则,预测了静水压力($q=0$)条件下 $\bar{\sigma}'=p^*$ 时的破坏情况。

压实使岩石形成更致密的结构,可以承受更大载荷。岩石结构变得更加致密时,承受载荷的能力也会增加。式(6-28)从本质上描述了压实屈服面。它与拉伸破坏和非承压的剪切破坏不同,破坏后载荷承受能力会完全丢失。压实是更加均质的破坏形式,但压实在致密岩石中也可能发生。

鲍特卡(Bouteca)等(2000)认为式(6-28)的简化形式($\gamma=0,\delta=1$)可以近似表示很多类岩石的动力学行为:

$$\bar{\sigma}'^2+q^2=p^{*2} \tag{6-29}$$

随着孔隙度的增加,临界有效应力 p^* 会降低。通过理论分析,Zhang 等(1990)推导出:

$$p^*\propto\varphi^{-\frac{3}{2}} \tag{6-30}$$

假设岩石的单轴抗压强度 σ_c 某种程度上取决于孔隙度,我们可以进一步预计 p^* 和 σ_c 之间的关系。Bouteca 等(2000)估计孔隙度在 15%～25%范围内的一组砂岩的 p^* 比 σ_c 大 6～7 倍。

当岩样三个方向的有效应力相等时($\sigma_1'=\sigma_2'=\sigma_3'$),对应的 τ-σ' 平面上的破坏点其实都集中在 $\sigma'=p^*$ 这个特殊位置。这就导致坍塌破坏(如材料压溃)发生时,无法像剪切破坏那样在 τ-σ' 图上画出明确的莫尔圆边界线——因为所有破坏点都重叠成同一个点,而不形成连续的曲线。

6.2.6　煤岩变形破坏能量分析

试验过程中以水浴循环方法保持温度恒定,则含甲烷煤在常规加载及加卸载条件下不同卸载位置的变形破坏过程中没有热交换,根据热力学第一定律,外力做功所产生的总能量 U 为:

$$U=U_e+U_d \tag{6-31}$$

式中　U_e——含甲烷煤体单元弹性应变能,kJ/m³;

　　U_d——含甲烷煤体单元耗散能,kJ/m³。

主应力空间中含甲烷煤体单元 U、U_e 表达式为:

$$U_e=\int_0^{\varepsilon_1}\sigma_1\mathrm{d}\varepsilon_1+\int_0^{\varepsilon_2}\sigma_1\mathrm{d}\varepsilon_1+\frac{1}{2}\sigma_2\varepsilon_{2e}+\frac{1}{2}\sigma_3\varepsilon_{3e}\ \frac{1}{2}\sigma_2\varepsilon_{2e}+\frac{1}{2}\sigma_3\varepsilon_{3e} \tag{6-32}$$

$$U_e=\int_0^{\varepsilon_1}\sigma_1\mathrm{d}\varepsilon_1+\int_0^{\varepsilon_2}\sigma_2\mathrm{d}\varepsilon_2+\int_0^{\varepsilon_3}\sigma_3\mathrm{d}\varepsilon_3 \tag{6-33}$$

$$U_e=\frac{1}{2}\sigma_1\varepsilon_{1e}+\frac{1}{2}\sigma_2\varepsilon_{2e}+\frac{1}{2}\sigma_3\varepsilon_{3e} \tag{6-34}$$

$$\varepsilon_{ie}=\frac{1}{E_i}[\sigma_i-\mu_i(\sigma_j+\sigma_k)] \tag{6-35}$$

$$U=\int_0^{\varepsilon_1}\sigma_1\mathrm{d}\varepsilon_1+\int_0^{\varepsilon_2}\sigma_2\mathrm{d}\varepsilon_2+\int_0^{\varepsilon_3}\sigma_3\mathrm{d}\varepsilon_3 \tag{6-36}$$

$$U_e=\frac{1}{2}\sigma_1\varepsilon_{1e}+\frac{1}{2}\sigma_2\varepsilon_{2e}+\frac{1}{2}\sigma_3\varepsilon_{3e} \tag{6-37}$$

$$\varepsilon_{ie}=\frac{1}{E_i}[\sigma_i-\mu_i(\sigma_j+\sigma_k)] \tag{6-38}$$

式中 σ_1——轴压，MPa；

σ_2，σ_3——围压，MPa；

ε_1——轴向应变，无量纲；

ε_2，ε_3——径向应变，无量纲；

ε_{1e}，ε_{2e}、ε_{3e}——轴向弹性应变和径向弹性应变，无量纲。

常规三轴加载和三轴加卸载试验中 $\sigma_2=\sigma_3$，且产生的径向应变 $\varepsilon_2=\varepsilon_3$，则式(6-36)可表达为：

$$U=\int_0^{\varepsilon_1}\sigma_1\,d\varepsilon_1+2\int_0^{\varepsilon_3}\sigma_3\,d\varepsilon_3 \tag{6-39}$$

式(6-37)中径向弹性应变 ε_{3e} 可简化为轴向弹性应变和泊松比的关系，即

$$\varepsilon_{3e}=-\mu_0\varepsilon_{1e}=-\frac{\mu_0\sigma_1}{E_0} \tag{6-40}$$

式中 E_0——常规三轴加载或加卸载条件下含甲烷煤的弹性模量，Pa；

μ_0——常规三轴加载或加卸载条件下含甲烷煤的泊松比，无量纲。

则 U_e 可表达为：

$$U_e=\frac{1}{2E_0}(\sigma_1^2-4\mu_0\sigma_1\sigma_3) \tag{6-41}$$

6.3 地　应　力

6.3.1 自重应力和构造应力

在天然状态下，岩体内部存在的应力称初始地应力、原地应力；人类进行工程建设将引起一定范围内岩体初始应力的改变，工程建设扰动后的岩体应力称为重分布应力或二次应力。依据促成岩体中初始地应力的主要因素，可以将岩体中初始地应力场划分为两大组成部分，即自重应力场和构造应力场，二者叠加起来便构成岩体中初始地应力场的主体。

6.3.1.1 自重应力

地壳上部各种岩体由于受地心引力的作用而引起的应力称为自重应力。岩体不仅因自重作用会产生垂直应力，而且由于岩体的泊松效应和流变效应会产生水平应力。研究岩体的自重应力时，一般把岩体视为均匀、连续且各向同性的弹性体，因而可以引用连续介质力学原理来探讨岩体的自重应力问题。将岩体视为空间半无限体，即上部以地表为界，下部及水平方向均无界限，那么岩体中某点的自重应力可按以下方法求得。

设距地表深度为 H 处取一单元体，岩体自重在地下深处产生的垂直应力为单元体上覆岩体的重力，即

$$\sigma_z=\rho g H \tag{6-42}$$

式中 ρ——上覆岩层平均密度，kg/m^3；

g——重力加速度，m/s^2；

H——地层深度，m。

苏联学者金尼克根据对地应力的研究认为，侧向应力(水平应力)是泊松效应的结果，由

弹性力学理论有：

$$\sigma_x = \sigma_y = \frac{\mu}{1-\mu}\sigma_z \tag{6-43}$$

式中　σ_x——水平方向主应力，MPa；

σ_y——垂直方向主应力，MPa；

μ——煤岩泊松比，无量纲。

令 $\lambda=\frac{\mu}{1-\mu}$，则有：

$$\sigma_x = \sigma_y = \lambda\sigma_z \tag{6-44}$$

式中　λ——侧压力系数，其定义为某点的水平应力与该点垂直应力的比值。

6.3.1.2　构造应力

地壳形成之后，在漫长的地质年代中，在历次构造运动改造下，有的地方隆起，有的地方下沉。这说明在地壳中长期存在着一种促使构造运动发生和发展的内在力量，这就是构造应力。构造应力在空间有规律的分布状态称为构造应力场。

一般情况下，垂向应力主要与埋深有关，随深度增加呈线性增长。水平主应力与垂向主应力存在一定的关系，由于构造应力场的存在，在构造稳定地区，水平应力一般小于垂向应力，地应力表现为大地静力场型。在构造活动较强烈的地区和盆地的周边地区，水平应力一般大于垂向应力，地应力表现为大地动力场型。

地应力的分布规律还会受到地形、构造、地表剥蚀与风化、岩体结构特征、岩体力学性质、温度、地下水等因素的影响，特别是地形和断层的扰动影响最大。地形对原始地应力的影响是十分复杂的。在具有负地形的峡谷或山区，地形的影响在侵蚀基准面以上及以下一定范围内表现得特别明显。一般来说，谷底是应力集中的部位，越靠近谷底应力集中越明显。最大主应力在谷底或河床中心近于水平，而在两岸岸坡则向谷底或河床倾斜，并大致与坡面相平行。近地表或接近谷坡的岩体，其地应力状态和深部及周围岩体显著不同，并且没有明显的规律性。随着深度不断增加或远离谷坡，地应力分布状态逐渐趋于规律化，并且显示出和区域应力场具有一致性。在断层和结构面附近，地应力分布状态将会受到明显的扰动。断层端部、拐角处及交会处将出现应力集中的现象。端部的应力集中程度与断层长度有关，长度越大，应力集中得越强烈；拐角处的应力集中程度与拐角大小及其与地应力的相互关系有关。当最大主应力的方向和拐角的对称轴一致时，其外侧应力大于内侧应力。断层带中的岩体一般都较软弱和破碎，不能承受高的应力和不利于能量积累，所以成为应力降低带，其最大主应力和最小主应力与周围岩体相比均显著减小。同时，断层的性质不同，对周围岩体应力状态的影响也不同。压性断层中的应力状态与周围岩体比较接近，仅是主应力的大小比周围岩体有所下降，而张性断层中的地应力大小和方向与周围岩体相比均发生显著变化。

6.3.2　地应力测量方法

地应力测量就是确定岩体中的三维应力状态。国内外采用的所有地应力测量方法，基本上均为地面施工钻孔、地下开挖或露头上刻槽引起岩体中应力的扰动，然后用各种探头测量由于应力扰动而产生的各种物理量的变化。总体上分为直接测量法和间接测量法两大类。

直接测量法是用测量仪器直接记录补偿应力、恢复应力、平衡应力或其他应力值，并由这些应力值与地应力的相互关系，通过计算获得地应力值，其优点是无须事先知道岩体的物理力学性质及应力应变关系，不涉及物理量之间的换算即可确定岩体地应力，如扁千斤顶法、水压致裂法以及声发射法等。

间接测量法不是直接测量应力值，而是借助某些传感元件或介质，测量和记录某些与地应力有关的间接物理量的变化，如变形、应变、弹性波波动参数、岩体密度、渗透性、吸水性、电阻电容、放射性参数等，然后根据已知或假设的公式来计算地应力值，如应力解除法、局部应力解除法、应变解除法、应用地球物理方法等。工程上特别常用的方法有：水压致裂法、应力解除法、应力恢复法和声发射法。

6.3.3 地应力与水力压裂裂缝关系

地层中的地质单元通常处于三向应力状态，即上覆岩层自重引起的垂向主应力和水平方向两个主应力，一般由构造应力与垂向应力分量叠加产生，两个水平主应力一般不相等。根据断裂力学理论，材料破裂时裂缝面总是垂直于最小主应力，因而，水力压裂裂缝形态受三向主应力的大小控制。在煤层水力压裂过程中出现何种类型的裂缝，通常取决于地应力中垂向主应力 σ_z 与最小水平主应力 σ_h 的相对大小，σ_H 为最大水平主应力。主要有两种方向的主裂缝形态，如图 6-10 所示。

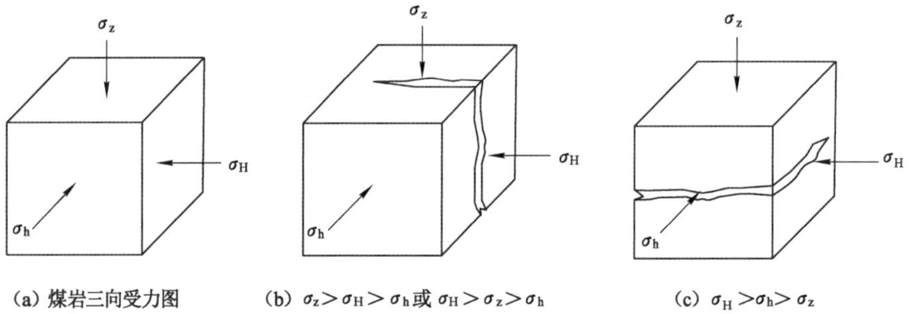

图 6-10　煤岩三向受力及裂缝形态

当 $\sigma_z>\sigma_H>\sigma_h$ 或 $\sigma_H>\sigma_z>\sigma_h$ 时，水力压裂产生的垂直于 σ_h 的张性裂缝面为垂直缝；

当 $\sigma_H>\sigma_h>\sigma_z$ 时，水力压裂产生的垂直于 σ_z 的张性裂缝面为水平缝。

由此可见，地层产生垂直缝与水平缝的识别方法可简单归结为判定垂向主应力与最小水平主应力的大小。此外，还有其他复杂的裂缝形态，如“工”字缝、“T”形缝等，这样的裂缝形态也是在地应力作用下，由煤层与顶底板胶结面的性质等因素造成的。

6.4 煤体结构

煤体结构指煤层在地质历史演化过程中经受各种地质作用后，煤体内部受破坏变形程度的特征。通常在后期构造演化过程中宏观构造和微观结构不变的煤称为原生结构煤。在后期地质演化作用下，受应力作用影响，煤体本身原生的宏观构造发生改变并形成各种不同的次生结构，煤体本身发生各种物理-化学变化的煤称为构造煤。

6.4.1　煤体结构的分类

(1) 按照国家标准《煤体结构分类》(GB/T 30050—2013)，依据煤的宏观煤岩类型可分辨程度、层理完整度、破碎程度、裂隙及揉皱发育程度、手试强度等宏观特征可分为原生结构、碎裂结构、碎粒结构和糜棱结构(表 6-3)

表 6-3　煤体结构分类

类别	代码	分类因素				
		宏观煤岩类型可分辨程度	层理完整度	破碎程度	裂隙及揉皱发育程度	手试强度
原生结构	MJ-Ⅰ	宏观煤岩类型界限清晰，宏观煤岩成分可辨	原生结构完整，层理连续	煤体完整	裂隙未错开层理，无揉皱及构造滑面	坚硬，较坚硬
碎裂结构	MJ-Ⅱ	宏观煤岩类型界限清晰，宏观煤岩成分可辨，局部轻微错动	原生结构遭受轻微破坏，层理易辨	煤体较为完整或煤体破碎，碎块粒径一般大于 5 mm	外生裂隙发育，裂隙将层理轻微错开，揉皱不发育，偶见构造划痕	较坚硬
碎粒结构	MJ-Ⅲ	宏观煤岩类型界限整体不可分辨，局部小块煤新鲜断面的宏观煤岩成分可辨	原生结构遭受严重破坏，层理难辨，局部小块内部偶见层理结构	煤体破碎，粒径多为 1～5 mm	煤体多被裂隙切割成块状，常见揉皱，滑面发育	较疏松
糜棱结构	MJ-Ⅳ	宏观煤岩类型不可分辨，煤岩成分不可分辨	原生结构遭受严重破坏，层理消失	煤体多呈鳞片状，揉皱状	裂隙无法观测，揉皱及滑面极其发育	疏松

4 种煤体结构在宏观层面上的表现如图 6-11 所示。

(a)　　(b)

图 6-11　不同煤体宏观结构

(c)

(d)

图 6-11(续)

(2) 根据常见煤的形态、显微组分大小所表现的特征，其宏观结构也可以分为下列几种。

① 条带状结构：煤岩类型多呈各种形状的条带，在煤层中相互交替而形成条带状结构，按条带的宽度可分为细条带状(1～3 mm)、中条带状(3～5 mm)和宽条带状(大于 5 mm)等。

② 线理状结构：煤中的丝炭和黏土矿物常以厚度小于 1 mm 的线理分布在煤层各部分中，呈线理状结构，半暗煤中常见。

③ 透镜状结构：煤中的镜煤、丝炭、黄铁矿等常以透镜状散布在亮煤和暗煤中，呈现透镜状结构，常见于半暗煤和暗淡煤中。

④ 均一状结构：煤中组成成分较单纯、均匀。镜煤是典型的均一状结构，某些腐泥煤中也具有均一状结构。

⑤ 粒状结构：由于煤中散布着大量类脂组或矿物质而呈粒状。某些暗淡煤中具有粒状结构。

⑥ 木质结构：木质结构是植物茎部原有的木质结构在煤中的反映，一般在泥炭化作用阶段由于凝胶化作用中断而保存下来。多见于褐煤及低煤化程度的烟煤中。

⑦ 纤维状结构：纤维状结构是植物茎部组织经过丝炭化作用的产物。呈互相平行的细长纤维状，疏松多孔，常见于丝炭中。

⑧ 叶片状结构：叶片状结构是煤中大量的角质层或木栓层沿层面分布而成的，具有细的层理，被分成薄片或纸状、叶片状。

6.4.2 煤体结构识别方法

识别储层煤体结构直接的方法是生产矿井煤体结构实际编录、钻孔煤心描述和煤矿井下煤壁直接判识，但井巷编录无法获取未采区的资料，钻井取心则常因构造煤松软、采取率低以及井下条件限制，难以描述煤体结构(张超等，2017)。由于不同煤体结构的物理性质不同，利用叠前地震反演信息得到的多种弹性参数可以进行煤体结构的有效划分(彭苏萍等，2018)，但同步反演对地震资料的 AVO 处理环节要求高，同时还存在反射振幅恢复与保持、入射角度换算等技术问题。地球物理测井技术是判识煤体结构重要的技术手段，煤体物理和化学性质差异使得煤体结构与测井响应具有良好的对应关系。不同煤体结构具有不同测井响应特征，结合钻井取心数据进行对比分析，从而实现煤体结构预测。

测井曲线中井径曲线对构造煤最为敏感，应用最广（张超等，2017）。采用单一的井径曲线，以 0.5 m 为尺度分析了井径与煤体结构的对应关系，结果显示，原生煤和碎裂煤对应的井径变化程度较小，而碎粒煤和糜棱煤的井径扩张，从而表明井径曲线幅值在原生煤与碎裂煤处表现为低幅值，而在碎粒煤处表现为高幅值（乔伟等，2010）。

利用测井曲线定量判识煤体结构的方法主要有构造指数法、交会图法、线性回归法和非线性函数贝叶斯判别法，这四种方法均能有效定量识别煤体结构，但都具有一定的局限性，或对测井资料的要求较高，或区域性质明显、参数不易确定等。对比发现构造煤体结构指数法、补偿中子-井径和补偿中子-声波时差交会图结合法两种方法采用了对煤体结构变化更为敏感且稳定的密度、声波时差、井径和补偿中子等测井曲线，更具有普适性。

6.5　煤储层改造方法与排采技术

煤储层作为非连通性裂隙岩体，内部分布着大量不同尺度的裂隙及孔洞，属于各向异性、不连续和非弹性的损伤材料，具有复杂的力学特性（张志强等，2009）。需要压裂改造使煤储层产生变形和破坏进而形成人工裂缝，这些人工裂缝在延伸过程中沟通天然裂隙形成复杂裂缝网络，从而提高煤储层渗透能力。

6.5.1　煤储层压裂技术

水力压裂技术作为我国煤层气增产改造的重要手段，现已在以高阶煤为主的煤层气增产中取得一定进展，但总体上并未获得预期效果（张遂安等，2021）。一方面，我国煤层气资源赋存的差异性和复杂性致使单一技术难以对不同煤层进行统一且有效的改造，“水土不服”现象较为严重；另一方面，水基压裂液引起的煤储层伤害、环境污染和水资源消耗等问题严重。因而，必须根据煤层地质特点、工艺技术现状和增产改造需求等对现有工艺技术进行升级，同时推进无水/少水压裂液体系研发和应用，创新发展“因地制宜”的低本高效、绿色低碳的特色技术。

6.5.1.1　压裂工艺

压裂工艺中有以下几类技术：

（1）碎软低渗煤层顶（底）板间接压裂技术。碎软低渗煤层弹性模量低、泊松比高、煤体结构破碎，压裂时存在裂缝延伸短、煤粉产生多、单井产量低且衰减速度快等问题。为此，提出了碎软低渗煤层顶（底）板间接压裂技术（张群等，2018）。通过在距煤层一定范围的硬脆性顶（底）板岩层中进行定向射孔和压裂，来提高煤层裂缝长度和改造范围、减少煤粉的产出。目前已形成了以“水平井钻井＋套管分段压裂”为核心的碎软低渗煤层顶板水平井穿层压裂技术，在鄂尔多斯盆地韩城区块、淮北矿区芦岭井田、沁水盆地赵庄区块等开展了大量的现场试验，增产显著。

（2）水力喷射分段压裂技术。水力喷射分段压裂是集喷沙射孔、水力压裂、水力封隔于一体的高效增产措施，无须机械封隔即可实现一趟管柱多段压裂，具有降低起裂压力、提高作业效率、减少施工风险、降低作业成本等优势（李根生，2011）。目前，该技术在沁水盆地赵庄、郑庄、马必东等区块进行了广泛应用。

(3) 水力喷射径向井与压裂一体化技术。为了提高煤层有效改造体积和裂缝复杂度，在水力喷射径向井的基础上，提出了水力喷射径向井与压裂一体化、径向井复合脉动水力压裂的新思路(田守嶒等，2018)。目前，已在沁水盆地开展了现场试验，验证了该技术的可行性。但是，由于水力喷射径向井钻井难度较大，复合压裂一体化技术尚处于探索、试验阶段。

(4) 水平井泵送桥塞分段压裂技术。该技术具有排量大、液量大、射孔-压裂段数不受限制、施工快捷等优势，可形成复杂体积裂缝(张永成等，2017)。该技术按照桥塞类型分为可钻桥塞和可溶桥塞 2 种。随着水平井井眼轨迹长度和复杂程度的增加，可钻桥塞的钻塞难度逐渐增大，技术局限性越发明显；可溶桥塞在压裂结束后可自行溶解，是未来重要的技术发展趋势(刘统亮等，2020)。目前，水平井泵送桥塞分段压裂技术已在沁水盆地、鄂尔多斯盆地取得了良好的增产效果(姚伟等，2020)。

(5) 水平井封隔器-滑套分段压裂技术。该技术通过一次坐封所有封隔器和逐级打开滑套的方式进行分段压裂，套管和裸眼完井时均可采用，具有定点压裂、施工便捷的优势，但有封隔器失效的风险。寺河井田采用该技术后产气量长期稳定在 20 000 m^3/d，增产效果显著(周加佳，2019)。

(6) 高能气体压裂技术。高能气体压裂是以液、固态火药或火箭推进剂快速燃烧产生的高温高压气体为介质的气动力压裂技术，具有形成径向自支撑裂缝、施工方便快速、作业成本低等特点。先后在郑庄区块、恩洪盆地等现场得到应用，但尚未达到预期效果。近年来，高能气体压裂技术主要用于煤矿瓦斯强化抽采，可提高瓦斯透气系数和抽采率(邹云辉等，2018)。

6.5.1.2 压裂液体系

活性水压裂液，由表面活性剂、防膨剂、降阻剂等溶于水中配制而成，其黏度低、对储层伤害低且易返排，可以在排水采气时随地层水一同采出。我国的大多数煤层气井压裂施工时多采用活性水压裂液。活性水压裂液配液具有诸多优点，其工艺简单，易配制，价格经济实惠，受地温影响小，施工排量大。但活性水压裂液在施工中存在一些缺陷，其摩阻高，限制了施工规模；易受煤粉阻塞裂缝影响，增加沙堵风险和施工难度。张高群等针对常规活性水压裂液的缺陷，研制了由减阻剂、防膨剂、煤粉分散剂和助排剂等组成的新型活性水压裂液，现场煤层气井应用验证了其具有良好的效果。

交联冻胶压裂液黏度大、携沙能力强、施工沙比高、滤失量小、润湿与吸附性好、造缝距离远，但配置复杂、破胶和返排困难，可能出现破胶不彻底和残渣吸附伤害煤储层等问题。由于我国煤储层渗透率普遍较低，煤储层敏感性强，煤储层伤害不可逆，因此交联冻胶压裂液现场使用得相对较少。

清洁压裂液，其主要成分为长链的表面活性剂、胶束促进剂和盐，其抗剪切能力及携沙能力强，排量选择空间大，返排破胶迅速彻底，破胶后几乎无固相残存物，摩阻较小，对施工压力要求的适应性强，对煤层中黏土有较好的防膨效果，能降低对煤储层的伤害，适合低渗煤储层的改造。另外，清洁压裂液可通过流体黏度和流体排量来传送支撑剂，支撑剂传送距离越远，有效支撑面积越大。

泡沫压裂液，一般以水基、胶体或者油等流体为分散介质，以气体为分散相，通过添加起泡剂、稳定剂等配制而成。泡沫压裂液携沙能力强、滤失量小、返排能力强、对煤储层伤害小，压裂液中的气体成分一般为 CO_2 或 N_2。泡沫压裂液返排控制难度较大，返排过程中容易造成煤粉的二次运移，甚至造成裂缝堵塞，同时存在施工成本较高，压裂液的稳定性和起泡性难以保证，且准备时间长的缺点。20 世纪 60—70 年代，泡沫压裂液主要以水、起泡剂和 N_2为主，起泡时间短，稳定性差，携砂能力相对弱，用于低压储层。到了 20 世纪 80 年代，泡沫压裂液以盐水、起泡剂、稳泡剂、N_2/CO_2为主，改善了远游的起泡剂，起泡后稳定性好，携砂能力强。20 世纪末，泡沫压裂液以盐水、起泡剂、交联剂、稳泡剂和 N_2/CO_2为主，使泡沫的携砂能力增强，稳定性更好。

压裂液进入煤储层后对煤储层的伤害主要分为以下几种类型：

a. 吸附伤害，包括吸附膜伤害和吸附絮凝伤害。吸附膜伤害指煤的亲和物被吸附在近裂隙表面形成密封膜，增加了气体运移阻力；吸附絮凝伤害指压裂液添加剂与煤粉形成凝絮状，造成裂隙堵塞。泡沫压裂液中由于胶体的存在，也会造成吸附伤害。

b. 堵塞伤害，主要有煤粉堵塞伤害、胶液残渣堵塞伤害和杂物堵塞伤害等。在压裂过程中，构造煤发育区，压裂液携带煤粉容易造成裂缝堵塞。胶体存在于压裂液中，若破胶不彻底，形成的残渣容易堵塞煤中的裂隙通道，使导流能力下降。杂物堵塞主要指压裂液中携带的固相颗粒或支撑剂造成裂隙堵塞。

c. 水化膨胀伤害，包括黏土矿物膨胀伤害和煤泥伤害。黏土矿物遇水膨胀，易造成煤储层中裂隙变窄甚至堵塞。而压裂液与煤层发生水化作用会出现煤泥现象，致使煤储层受到伤害。

d. 化学伤害，外来的压裂液与煤层发生反应会出现盐敏、碱敏、酸敏等现象，对煤储层造成伤害。相比于砂岩储层，压裂液对煤储层的伤害性更大。

6.5.2　煤储层排采技术

排水采气是煤层气井生产的独特环节，是影响煤层气单井产量的重要因素。我国煤层气排采技术经历了从“连续、缓慢、稳定、长期”的传统排采工艺到围绕“煤储层临界解吸压力”制定的分阶段精细化控压排采工艺的过程。目前，我国煤层气井开始应用智能化排采装备，大部分区块已逐步实现了精细化控压排采。

(1) 煤层气回注水排采工艺技术：该工艺可以稀释煤粉，预防排采过程中煤粉卡泵，保证排采井连续、稳定生产。将沉淀、过滤后的产出液通过油套环空回注到井底进行重新利用，可有效冲蚀煤粉并保证煤粉稀释均匀。此外，该工艺还可以调节产水量，降低对电机的伤害（谢昕翰等，2017）。

(2)“变速排采-低恒套压”排采技术：该技术可以有效提高煤层气井排采过程中的排水效率。在启抽压力到储层压力阶段，采用较快的压降制度尽可能提高产水效率；在储层压力至解吸压力阶段，采用较慢的压降制度，最大限度减少煤层渗透率伤害、扩大煤层压降漏斗波及面积；在解吸压力至产气压力阶段，采用更慢的压降制度，实施“低套”产气管控，减少两相流影响（王冀川，2021）。

(3) 分阶段量化排采控制技术：该技术主要针对储层敏感性较强的煤层（温声明等，2019）。基于面积降压理念，将煤层气排采划分为不同阶段，以有效解决多峰型排采模式所引发的问题。如“五段三压法”排采控制技术，“五段”指排水段、憋压段、控压段、高产稳产段及衰竭段；“三压”指井底流压、解吸压力和地层压力。该技术在沁水盆地樊庄、郑庄区块以及延川南煤层气田得到了良好的应用。

(4) 定量化疏导式排采控制技术：以疏导为核心、以疏通渗流通道为原则，根据气相渗流强度与水相渗流强度，形成了见气前与见气后不同的控制技术(朱庆忠等，2020)。对于强气相渗流，见气前变速排采，见气后降参控套压排采；反之，见气前高速排采，见气后提参控液面排采(朱庆忠等，2022)。

(5) 低套压/无套压排采技术：低套压排采技术主要应用于提产阶段，该阶段保持较低的套压可以减少流体运移通道内的含气饱和度(胡秋嘉等，2019)。无套压排采技术主要针对压力系统较高的超深层煤层气井，在煤层气排采过程中，通过流压控制液面，以无套压生产，可以避免井下液面激荡，防止储层伤害(房大志等，2022)。

(6) 智能化排采控制技术：现阶段主要包括“双环三控”排采法、“套压开环”排采法、“双环单路 PID”排采法、“定量化排采多目标优化设计”技术等。该技术已在樊庄、郑庄区块得到应用(秦义等，2011)。

综上所述，不同压裂技术、压裂液类型及各施工参数都具有各自的优缺点和相应的适用范围，随着科学技术及研究的不断推进，储层改造中的压裂技术、压裂液类型和相应的施工设备及理念会不断更新。但是，这些方法手段均建立在不同可改造储层类型的特征适用性配伍正确、适当的基础上，因此针对一定的煤储层，只有明晰其储层地质特征，明确其关键影响因素，提出有适用性的改造方法手段，优化施工参数，才可能实现煤储层的有效改造，获得高导流裂缝通道，达到增产的目的。

6.6 思考题

(1) 简述岩石的力学性质。

(2) 岩石破坏有哪些形式？请对各种破坏的原因做出解释。

(3) 简述岩石在单轴压力试验下的变形特征。

(4) 简述煤体结构分类及分类因素。

(5) 简述地应力的分类及测量方法。

6.7 参考文献

房大志，程泽虎，李佳欣，2022. 渝东南地区超深层煤层气高效压裂技术及精细排采制度研究与实践：以 NY1 井为例[J]. 煤田地质与勘探，50(5)：50-56.

弗杰尔，霍尔特，霍斯拉德，等，2012. 石油工程岩石力学[M]. 2 版. 北京：石油工业出版社.

胡秋嘉，毛崇昊，石斌，等，2019. 沁水盆地南部高煤阶煤层气井“变速排采-低恒套压”管控方法[J]. 煤炭学报，44(6)：1795-1803.

李根生，2011. 水力喷射压裂理论与应用[M]. 北京：科学出版社.

李光炜，1983. 岩块力学性质[M]. 北京：煤炭工业出版社.

李佳蕙，2009. 岩石力学性质与电性相关性数学模型研究[D]. 大庆：大庆石油学院.

刘统亮，施建国，冯定，等，2020. 水平井可溶桥塞分段压裂技术与发展趋势[J]. 石油机械，48(10)：103-110.

楼一珊，1998. 利用声波测井计算岩石的力学参数[J]. 探矿工程(岩土钻掘工程)，25(3)：47-48.

彭苏萍，魏文希，杜文凤，等，2018. 基于 AVO 反演与叠前同步反演预测构造煤分布[J]. 中国矿业大学学报，47(5)：929-934.

乔伟，倪小明，张小东，2010. 煤体结构组合与井径变化关系研究[J]. 河南理工大学学报(自然科学版)，29(2)：162-166.

秦义，李仰民，白建梅，等，2011. 沁水盆地南部高煤阶煤层气井排采工艺研究与实践[J]. 天然气工业，31(11)：22-25.

全国煤炭标准化技术委员会，2014. 煤体结构分类：GB/T 30050—2013[S]. 北京：中国标准出版社.

田守嶒，黄中伟，李根生，等，2018. 径向井复合脉动水力压裂煤层气储层解堵和增产室内实验[J]. 天然气工业，38(9)：88-94.

王冀川，2021. 沁南-夏店区块高阶煤层气排采方法及智能排采技术[D]. 徐州：中国矿业大学.

温声明，周科，鹿倩，2019. 中国煤层气发展战略探讨：以中石油煤层气有限责任公司为例[J]. 天然气工业，39(5)：129-136.

谢昕翰，赵兴龙，陶文雯，2017. 延川南煤层气田万宝山构造带煤层气排采工艺及效果分析[J]. 石化技术，24(11)：103-105.

姚伟，薛占新，金国辉，等，2020. 泵送桥塞分段压裂工艺在煤层气"二开半程固井"水平井中的应用[J]. 中国煤层气，17(6)：3-8.

张超，黄华州，徐德林，等，2017. 基于测井曲线的煤体结构判识[J]. 煤炭科学技术，45(9)：47-51.

张群，葛春贵，李伟，等，2018. 碎软低渗煤层顶板水平井分段压裂煤层气高效抽采模式[J]. 煤炭学报，43(1)：150-159.

张遂安，刘欣佳，温庆志，等，2021. 煤层气增产改造技术发展现状与趋势[J]. 石油学报，42(1)：105-118.

张永成，郝海金，李兵，等，2017. 煤层气水平井泵送桥塞射孔压裂技术应用研究[J]. 煤炭技术，36(10)：193-195.

张永兴，许明，2015. 岩石力学[M]. 3 版. 北京：中国建筑工业出版社.

张志强，李宁，陈方方，等，2009. 非贯通裂隙岩体破坏模式研究现状与思考[J]. 岩土力学，30(增刊 2)：142-148.

周加佳，2019. 水平井分段压裂技术在煤层气开发中的应用实践[J]. 中国煤炭地质，31(8)：27-30.

朱庆忠，杨延辉，左银卿，等，2020. 对于高煤阶煤层气资源科学开发的思考[J]. 天然气工业，40(1)：55-60.

朱庆忠，2022. 沁水盆地高煤阶煤层气高效开发关键技术与实践[J]. 天然气工业，42(6)：87-96.

邹云辉，张小军，钟勇林，等，2018. 煤矿井下钻孔高能气体压裂增透技术试验[J]. 矿业工程研究，33(2)：35-39.

第7章　煤层气藏描述和建模

煤层气藏是在压力封闭作用下，吸附煤层气达到相当数量的煤岩体或煤层，是煤层气聚集和煤层气勘探开发的基本地质单元，是含煤地层沉积以后一直处于相对封闭且有利于气体聚集的结果，其形成需要具备煤层气聚集和圈闭两个必要条件。近10年来，三维地质建模与高精度数值模拟一体化技术在国内发展迅速，随机建模、确定性建模、确定性和随机相结合的建模、多点地质统计学建模、相控建模等三维地质建模方法在我国的应用已经比较广泛，众多学者应用多种方法进行了储层三维精细地质建模研究，精准表达描述了储层参数的三维空间展布；将地质建模与数值模拟工作交互进行，精细刻画了剩余气藏的分布特征。

7.1　煤层气藏分类

煤层气成藏是煤层气在含煤盆地中生成、赋存、运移和保存的动态地质演化过程，每个阶段均受多种地质因素控制。煤层气生成是煤层气成藏的基础，其形成过程十分复杂，受沉积环境、生气母质组成特征、构造-热演化过程、微生物活动和水动力条件等多种因素影响。煤层气储集和运移能力是煤层气成藏的关键，受煤储层物性、煤岩组成和类型、储层压力、煤变质程度、煤体结构和水动力条件等因素影响。煤层气成藏最终取决于煤层气的保存条件，其控制因素主要包括煤层厚度和埋深、煤岩顶底板岩性、构造运动、地下水动力条件等。煤层气成藏研究能为煤层气资源合理评估和煤层气开发提供科学依据，在煤层气基础领域研究中得到快速发展。

7.1.1　煤层气成藏地质条件

基于煤层气成藏过程的流体特征分析，煤层气藏的形成取决于煤层气生成、储集、运移和保存能力，其主要受控于煤层自身特征、煤层顶底板特征、煤田构造样式和地下水动力场，煤层自身特征包括煤岩组分和类型、煤变质程度、煤储层物性、煤层埋深和厚度、煤体结构。煤层自身特征、煤层顶底板特征和煤田构造样式是煤层气成藏过程中沉积埋藏和构造演化综合作用的结果。

7.1.1.1　沉积条件

(1) 煤岩组成

沉积环境通过控制煤岩组成影响煤层气的生成和储集。显微煤岩组分是煤层气形成的主要物质来源。不同显微煤岩组分生烃潜力存在明显差异，其中高H/C比的类脂组生油能力最强，镜质组和惰质组以生气为主，而惰质组的芳香化程度高，分子结构稳定，含氧官能团和含氢官能团少，不利于甲烷的生成，所以镜质组含量较高的煤层生气能力往往较强。镜质组和惰质组的形成受控于沉积环境。沉积过程覆水条件好，处于还原环境，有利于镜质组生成;而覆水条件差,处于氧化环境,有利于惰质组生成。不同显微煤岩组分对煤层气的吸附能力存在显著差异,镜质组对甲烷的吸附能力最强,惰质组次之,类脂组最弱,所以镜质组含量高有利于煤层气的储集。矿物质和水的存在不利于甲烷的吸附,这是因为矿物质占据煤的孔隙空间及煤对水的吸附作用都会减少甲烷的吸附位置,从而影响煤层气的含气量。

(2) 煤层厚度及空间展布

煤层厚度不仅影响煤层气生气量,而且对煤层气逸散和保存有重要作用。煤层本身可作为低渗透性的致密岩层,厚煤层可以增加煤层气向顶底板扩散的阻力,从而提高煤层的含气量。当构造影响较小时,同煤阶煤层,煤层越厚,含气量越高。煤层厚度受控于沉积过程的构造沉降速度、水位和植物残体供给速度,通常当泥炭堆积速率与可容空间变化率保持平衡时有利于泥炭堆积,从而形成较厚的煤层。不同沉积环境煤层厚度差异显著,三角洲、滨海平原等环境往往形成厚度大、分布广、稳定性强的煤层;滨海冲积平原环境形成的煤层厚度变化大、稳定性差;山间盆地和潟湖环境也可形成厚煤层,但分布较小;障壁后潮坪和海口湾环境形成的煤层厚度小,多呈窄带状分布;浅海环境形成的煤层厚度小,分布范围广。

(3) 煤层顶底板特征

沉积环境通过控制煤层顶底板特征影响煤层气的运移和保存。顶底板的封盖能力主要取决于顶底板的岩性、厚度和韧性。相比于结构松散、孔隙大、渗透性好的砂岩,泥岩结构相对致密、孔隙小、渗透性较差,对煤层气的保存较好。煤层顶底板岩性的封闭能力由强到弱依次为油页岩、泥岩、灰岩、泥岩-粉砂岩互层、细砂岩和砂岩。此外,煤层顶底板厚度越大,对煤层气垂向逸散的抑制作用越强,越有利于煤层气的富集。顶底板韧性越强,受构造影响产生的裂隙越少,越有利于煤层气的保存。

7.1.1.2 构造运动

构造运动控制着煤层埋藏史和生烃史,对煤层气藏形成的控制表现在构造沉降和构造抬升作用对煤层气的生成、赋存及保存的影响。聚煤期后,构造沉降不断使煤层的上覆岩层厚度增大,增加煤储层的温度和压力,从而有利于煤层气的生成和吸附;煤层气生成后期,构造抬升作用则使煤岩上覆地层遭到剥蚀,煤层温度和压力降低,促使煤层裂隙发育,从而导致煤层气解吸和逸散。构造抬升距离再次沉降的时间间隔对后期煤层的含气饱和度有重要影响,长期遭受剥蚀的隆起区,由于煤层气不断逸散,煤层气含量不断减小,煤层再次沉降后,将降低煤层含气饱和度。我国多数含煤盆地经历多期次的构造运动,现今煤层气藏是多次构造沉降和构造抬升共同作用的结果(图7-1)。

(1) 岩浆活动

岩浆活动对煤层气藏形成的控制体现在影响局部煤层的生气、运移和保存条件,与岩浆侵入方式和岩浆侵入体与煤层的距离有关。岩浆侵入会促使邻近侵入岩体的煤层温度迅速升高发生接触变质作用,从而导致局部热成因煤层气大量生成,煤层距岩浆侵入体越近,生气量越大,煤层含气量越大。大量热解生成的甲烷及岩浆侵入引起煤灰分的增加使得煤层气吸附过饱和,解吸出的游离气从煤基质表面向外产生突破压力,从而形成裂隙,提高煤层的渗透能力。岩浆侵入后,一方面冷却过程会使煤层产生大量次生裂隙,增加煤层气运移通道数量,另一方面冷却形成的岩床或者岩墙的封闭能力强,有利于其控制范围内煤层气的保存。

(2) 构造类型

断裂构造通过控制煤储层及围岩的封闭性影响煤层气的保存条件,主要与断层性质、断

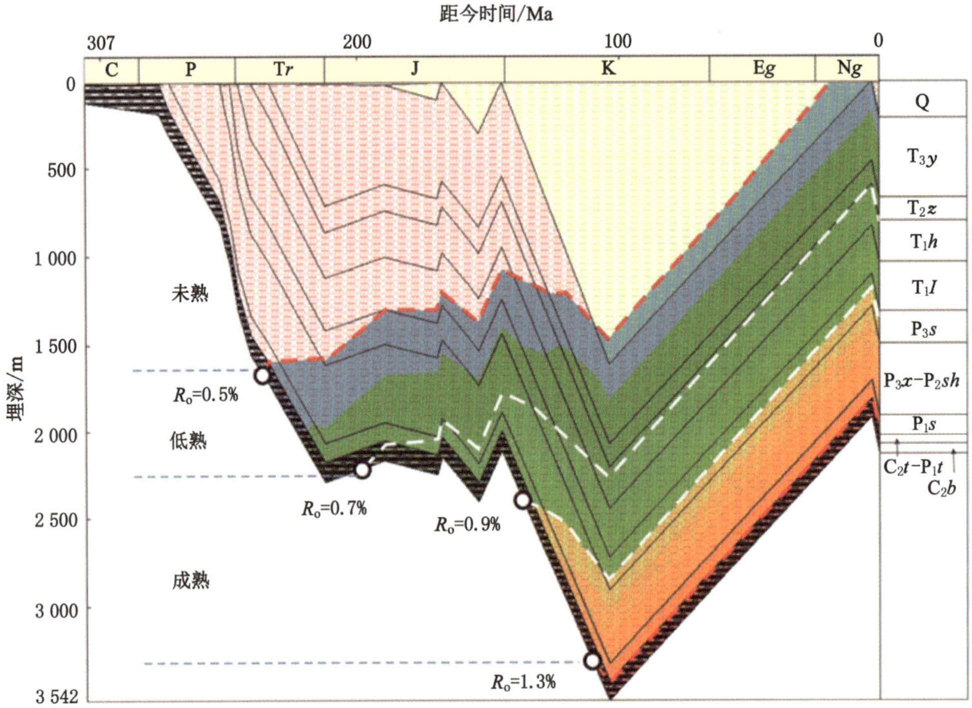

图 7-1 临兴地区本溪组煤的成熟度演化史(陶传奇等,2022)

层规模、断层带胶结状况和断层两侧岩性对接关系等有关。通常情况下,拉张性的正断层封闭性较差,不利于煤层气的保存;压扭性的逆断层封闭性好,不利于气体逸散,起到良好的保存作用。以延川南地区为例,地震测线 NW470 经过了区块内的 5 条断层,在区块中部为普遍含气量高值区,可达 12 m^3/t,而正断层附近(F12—F14)则是含气量的低值区,仅为 8 m^3/t。在正断层规模更大的 F10 和 F09 附近,含气量仅为 2 m^3/t 左右,其中 F10 断层面的开放性强,气体散失明显(图 7-2)。褶皱对煤层气保存的影响与褶皱类型、地下水势和煤储层压力相关。通常情况,拉张性的背斜轴部,煤层和顶底板岩层的封闭性较差,气体容易逸散,不利于煤层气富集;压性的向斜核部的煤岩封闭性强,具备储层压力大和地层水封堵特点,通常有大量的煤层气富集。陷落柱的产生严重影响煤层产状的完整性,不仅会造成煤岩封闭条件变差,煤层气扩散流失,而且可导致地层压力降低,煤层气解吸,含气量减小。不同类型陷落柱对煤层气保存条件影响不同,通天柱影响最大,其次是半截柱,下伏柱影响较小。

(3) 水文地质条件

水文地质条件对煤层气藏形成的控制体现在影响煤层气的生成、运移和保存。生物成因煤层气所需的微生物菌落主要来自地层水,地层水的矿化度通过影响产甲烷菌的活性控制生物成因煤层气产量。地下水动力场对煤层气的富集起到双重作用。一方面,水的流动可以带走煤层中的煤层气,使煤层气流失,不利于煤层气富集;另一方面,水动力场也可起到封堵或封闭作用,防止煤层气逸散,有利于煤层气的富集。水力封闭控气作用和水力封堵控气作用是 2 种典型的水动力保存作用模式,其实质是压力封闭作用。

研究表明,水力封闭控气常发生在深部煤层,地下水通过压力传递作用使煤层气吸附在

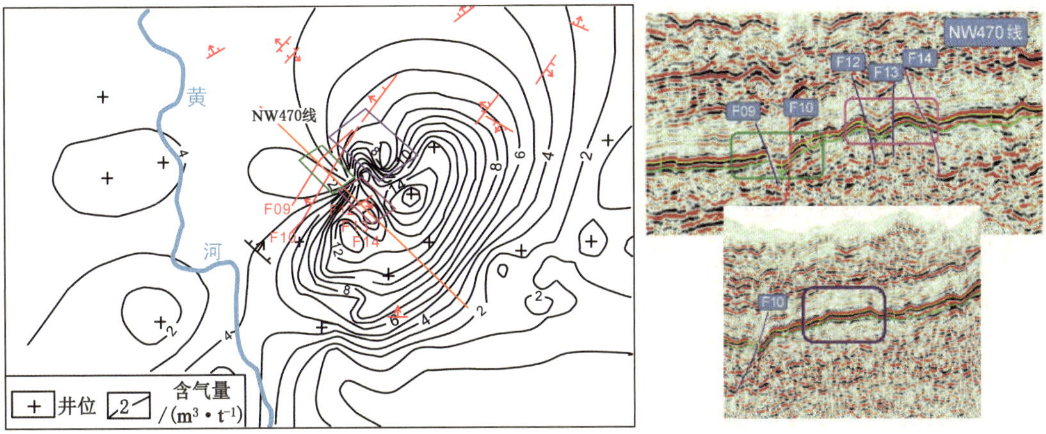

图 7-2　延川南地区 2 号煤层含气量与断层发育情况对比图(李勇等,2017)

煤中,煤层气相对富集而不发生运移。多煤层层间水动力强弱对多煤层叠置成藏有重要影响,层间滞留水动力条件增加煤层间气体渗流阻力,有利于多煤层叠置独立气藏的形成。此外,构造简单、宽缓的向斜或单斜附近,以不导水断裂为主的煤田也常发生水力封闭控气作用。水力封堵控气常发生于不对称向斜、单斜或地层抬升过程中,由于压差作用使煤层气由深部向浅部渗流或压力降低引起煤层气解吸并向露头或浅部逸散,地表水以静水压力、重力驱动方式由浅部向深部流动,煤层中向上扩散的煤层气将被封堵富集成藏,形成煤层气富集有利区。

图 7-3 所示为郑庄区块一处水文地质剖面,地下水沿煤层下倾方向流动,即 T15 井→S7 井→H4 井→S13 井,在压力差作用下煤层气由深部 S7 井向浅部 T15 井扩散,恰好与地下水运移方向相反,从而形成水动力封堵(Zhang et al.,2017)。

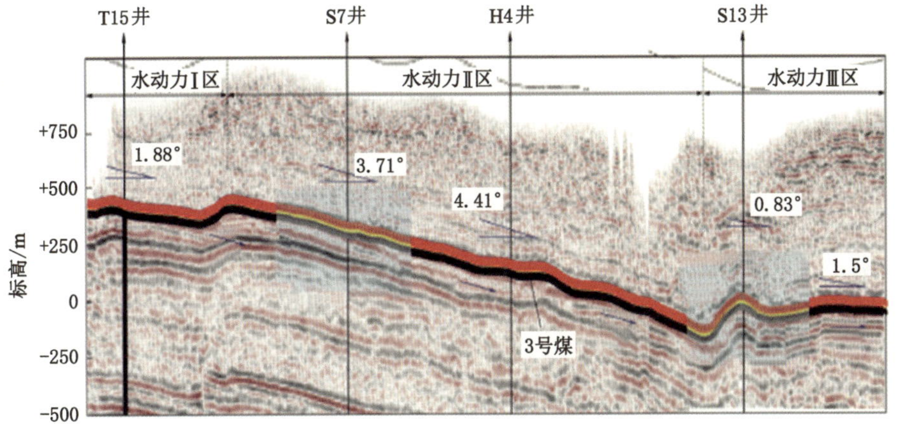

图 7-3　郑庄区块水动力条件对煤层气富集的影响(Zhang et al.,2017)

7.1.2　煤层气藏类型划分

煤层气藏富集类型的分类方案,既要考虑科学性,又要兼顾实用性。理想的分类方案应该涵盖所有的煤层气藏富集类型，又不能太复杂，便于实际应用。常规油气藏圈闭按成因可划分为构造、地层、岩性、水动力和复合圈闭，借鉴该思路，依据构造形态和成因把煤层气藏富集类型划分为 4 大主导类型。

7.1.2.1 构造主导型

鄂尔多斯盆地东缘在大型单斜构造的基础上，发育轻微的北东向或北北东向断层，断层发育相对少且规模小。其中在中部的晋西挠折带上发育保德-兴县背斜区、临县-柳林背斜区、永和-石楼背斜区以及蒲县-吉县背斜区，控制着中北部的煤层气地质条件。在南部的渭北挠折带主要作用于韩城地区，总体构造形态为倾向北西的具波状起伏的缓倾斜大型单斜构造，并交替发育背斜、向斜构造。

（1）背斜的影响

在构造作用下，地层产生褶皱弯曲，发育向四周倾伏的背斜，即可形成背斜圈闭，背斜油气藏由油气在背斜圈闭中富集而形成。在煤层气勘探开发中，也发现了背斜区煤层气井易于高产的规律。鄂尔多斯盆地保德区块整体为一西倾的单斜构造，但北部为西倾的鼻状构造，主力煤层埋深为 400～1 200 m，煤层厚度介于 1.19～20.21 m 之间，渗透率介于 0.4～12.0 mD 之间，含气量介于 4～9 m^3/t 之间。目前产气量大于 2 000 m^3/d 的煤层气井主要集中在北部的杨家湾地区，其中位于鼻状构造轴部的 BD-1 井，日产气量可达 6 000 m^3，远高于位于鼻状构造翼部的 BD-4 井，后者日产气量仅为 1 000 m^3。煤层气不同相对构造部位气水变化规律如表 7-1 所示。

表 7-1 煤层气不同相对构造部位气水变化规律

构造部位	构造形态	气水产出规律	对邻井贡献	典型生产曲线
正向高部位	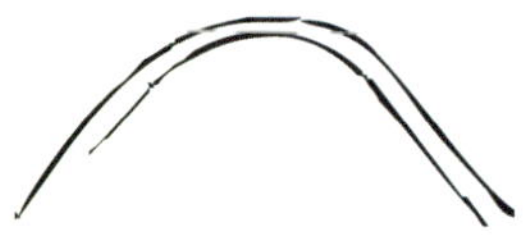	该部位井见套压快，流压快速下降，较早见气，快速增产，日产气量和累计产气量高，产水量低	邻近低部位气体向上运移，从该井快速产出	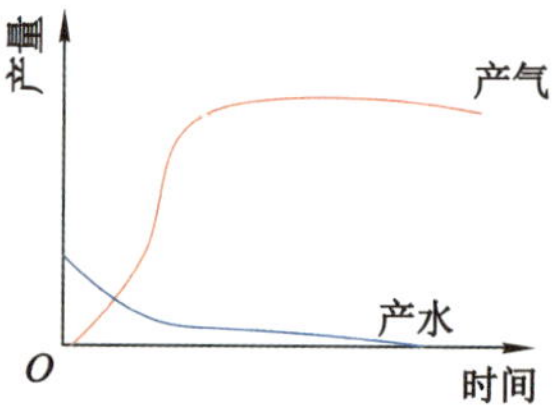
正向低部位		解吸初期产水量高，经过稳定排水后，后期产气量高	为周边井排水做贡献，开发后期也高产	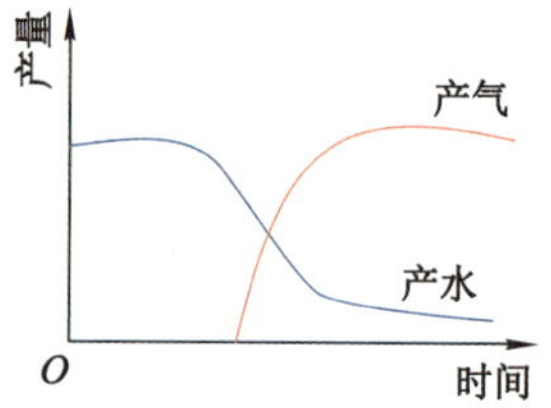
平缓斜坡区		整体产出效果介于正向高部位和负向低部位之间，前期经过排水降压后能达到一定产量	为正向高部位井排水降压做出贡献	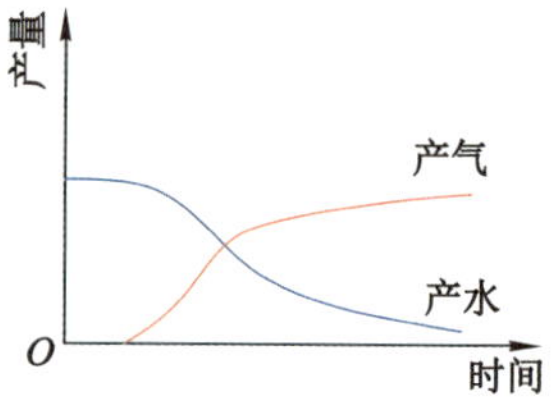

表 7-1(续)

构造部位	构造形态	气水产出规律	对邻井贡献	典型生产曲线
负向低部位		产气少,经过长期排水后见气,在整个排采过程中维持高产水量;呈现出高产水、低产气的特征	为周边井排水做一定贡献,负向构造轴部井经长期排水后见气	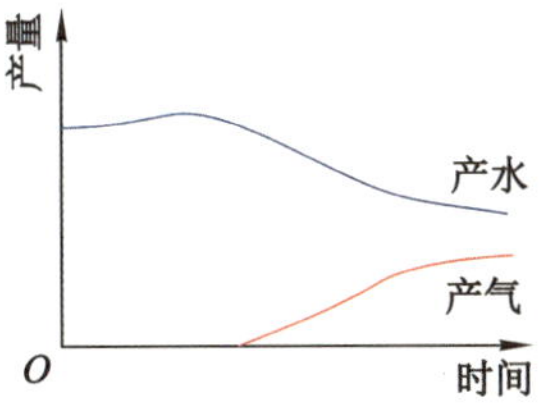

(2) 断层的影响

正断层或拉张性走滑断层一般都是张性断层,易成为气体运移散失的通道。同时邻近断层面的区域一般储层压力较低,煤层气易发生解吸,导致含气量降低。正断层对含气量起到破坏作用的例子中比较典型的是延川南和韩城地区。

(3) 向斜的影响

向斜核部一般受挤压应力影响,地层压力较高,同时向斜通常处于地下水的滞流区,有利于形成水力封堵型煤层气藏。韩城北部 4+5 号煤层甲烷含量分布显示,向斜轴部最有利于煤层气富集,其次为缓倾斜带、背斜轴部和边浅部陡倾斜带。可见向斜构造部位煤层埋深相对较大,处于应力挤压状态,张性、张剪性断裂不发育,封闭条件好,有利于煤层气的储集和保存。值得注意的是,这与在背斜位置常见高产煤层气井并不矛盾,如果上覆地层具有良好的封盖性,背斜和向斜均可以储存大量气体,其中向斜在承压水的作用下利于煤层气的吸附储存,而背斜则有利于游离气的保存。这是背斜部位煤层气井容易快速形成高产的原因之一。

7.1.2.2　*地层-岩性主导型*

地层圈闭通常是由油气储层纵向上沉积连续性发生中断而形成的,一般与地层的不整合有关。岩性圈闭通常发生于沉积或成岩-后生作用过程中,因地层岩性或物性改变而形成。岩性圈闭一般具有下列典型特征:① 油气储集体尖灭或者穿插在生油岩层,地层的储盖组合条件好,油气源充足;② 圈闭的形成时间早,有利于形成油气聚集;③ 成因上受控于沉积体系和古地形,以群组形式出现。在煤层中,由于煤层在整体上是连贯的储集体,煤层气主要以吸附态的形式存在。但是在煤层气的勘探开发过程中,风氧化边界是重要的考虑因素,决定了煤层气资源的最低可采限度。鄂尔多斯盆地东缘整体为一西倾的单斜,在单斜中部,下部煤层气向上解吸扩散,受中上部岩性变化、水动力封堵等影响,会在中部形成气体富集区。气体在沿煤层运移过程中,当煤层上部发育泥岩、泥灰岩和致密灰岩时会形成封闭条件,即地层岩性和沉积层面的转变,为煤层气提供了良好的赋存条件。当其上部为砂岩或石灰岩时,部分气体可能会扩散到上部,进而形成一定的岩性储集体,这已在部分地区的煤层气勘探中得到验证。如韩城 WL2-015 井射开煤层顶板 3 m 厚的砂岩,日产气 2 400 m^3;山西沁水煤层气田也发现游离气藏,在砂岩、石灰岩中一共解释出气层 43 层、厚度 156 m,含气面积 320 km^2,预测储量 2.51×10^{10} m^3,晋试 79 井试气,日产气 4 000 m^3。相关案例可见韩城南部龙亭构造带的煤层气富集区。

7.1.2.3 水动力主导型

常规油气中的水动力圈闭是指单独由水动力封闭，或与非渗透性岩层联合封闭而形成的聚油气圈闭，常见于地层产状轻微变化的挠曲带或构造鼻、单斜储集层中的岩性不均一和厚度变化带，以及不整合地层附近。水力运移逸散、水力封闭与水力封堵作用均可见于煤层气藏中。根据地层水的流动状态，一般的地下水动力系统常被划分为补给区、强交替区、弱交替区、滞缓区、滞流区和泄水区 6 大类。总体上，滞缓区和滞流区被认为极其有利于煤层气保存。对于中、高煤阶的煤层而言，滞流区是煤层气富集成藏的有利区域，但是低煤阶则主要发育在滞缓区。径流区和泄水区会导致气体的运移散失，不利于气藏的形成。

(1) 中、高煤阶的水力封堵作用

鄂尔多斯盆地东缘中部三交、柳林地区地层构造简单，断层发育少，位于盆地边缘，埋深较浅(为 300～1 100 m)，渗透率为 0.01～4.8 mD，含气量为 5.8～16.2 m^3/t。以柳林地区为例，在构造上是一个 SW 向倾伏的单斜构造，煤层埋深逐渐增大；地下水顺地层倾向，自北东向南西流动，除东北部局部地区处于补给区、径流区，大部分区域属于弱径流-滞流区，含气量总体较高。区内产气效果较好的煤层气井多数位于埋深小于 700 m 的东部地区，东南部的某井组位于单斜构造上倾方向的高部位，排采仅 200 d 左右，单井最高产气量即可达 3 600 m^3/d，而西部埋深较大且处于构造低部位的煤层气井，产气效果较差。该区太原组和山西组煤层气藏可被划分为气压封闭式和水力封闭式，煤层气井产出水化学特征、煤层顶板的流体包裹体特征和不同层位的产水状况均表明太原组自煤层形成到现今，一直与地表水保持一定的连通关系，呈现水动力封闭和封堵的状态。

(2) 低煤阶弱径流区富集

准格尔区块在东缘的最北部，走向近南北，是一倾向为西的单斜，具波状起伏。含煤段地层厚度较小，煤层的埋藏深度浅，在三叠纪后基本上没有发生大幅度的构造沉降。虽然煤层经历的演化时间较长，但煤层一直赋存于较浅部位，变质程度低，主要为长焰煤。煤层埋深普遍超过 860 m 的区域处在甲烷风氧化带以下，加上水动力作用增强，水力封堵使气体聚集在煤层中，形成水压单斜型煤层气成藏模式(图 7-4)。

在该地区，水动力发挥了 2 个方面的作用：① 水动力封堵作用，阻止气体的向上运移，在单斜中部形成煤层气富集区带；② 提供了次生生物气形成的水文环境，这已由甲烷碳同位素测试结果证明。尽管准格尔地区降水量少，但是在地下维持生物活动对地表水补给的需求量不大，尤其是在该区煤层埋深已达 860 m 的区域。该地区的煤层气富集成藏规律与美国圣胡安盆地的煤层气富集成藏规律具有一定的可比性，该盆地也是在北部发生降水补给，携带产甲烷菌向盆地方向运移，产生次生生物气，并进一步由水动力封堵，形成煤层气富集区。

(3) 复合型煤层气藏

前面论述了构造、地层-岩性和水动力条件在煤层气富集成藏中的作用，但是大多数适宜开发的煤层气藏并非由单一因素控制。在常规油气藏中，当多种因素对储藏油气的圈闭共同作用时可导致复合圈闭，其中聚集了油气的称为复合油气藏。在煤层气的富集成藏中，也大多由多个因素控制。大宁—吉县的地层剖面图形象地揭示了煤层气富集受构造、水文和地层的综合控制作用(图 7-5)。地表水向深部含水层补给，由于上部山西组 5 号煤层顶底板岩性致密，孔隙度和渗透率低，地下水径流过程中 5 号煤层受到的影响较小。下部太原组 8 号煤层顶板石灰岩发育溶洞、溶孔，并且裂缝、裂隙较发育，容易受构造等影响而破碎，地

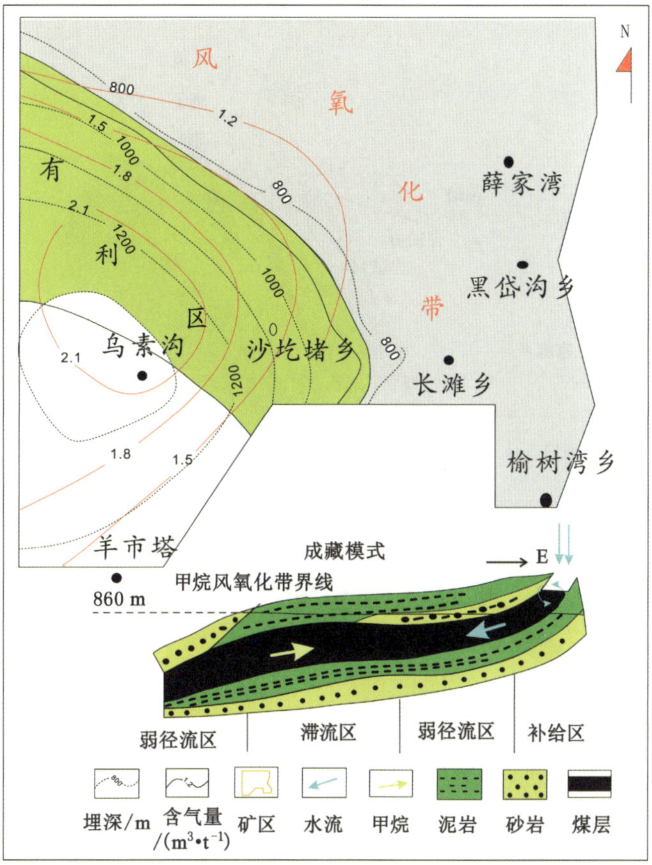

图 7-4 准噶尔地区煤层气成藏示意图(李勇等,2017)

下水容易注入或渗透。因此,8 号煤层含水性较强,水动力活跃程度强于 5 号煤层,产水量比 5 号煤层大。同时,山西组 5 号煤层水样矿化度明显高于太原组 8 号煤层,单排采 5 号煤层井的产水量较低,平均为 2.4 m^3/d,而 8 号煤层无论是单排还是合排,产液量均较大,最高可达 60 m^3/d,平均为 16.7 m^3/d,印证了 8 号煤层的水动力条件强于 5 号煤层。在构造角度上,吉 17 井附近断层发育,水动力活跃,煤层的含气量大幅降低,而位于单斜缓坡上的吉试 1 井和吉试 10 井则呈现了较高的含气量,利于煤层气开发。

7.2 气藏精细描述方法

7.2.1 关键参数

煤层气藏精细描述是指通过煤矿井下观察、露头和煤心描述、地震和测井、钻完井、试验测试分析、注入压降试井、小型压裂测试、试采和排采、流体监测、压力恢复测试、干扰测试等方式获取数据和资料,以查明煤层气藏精细地质特征和剩余储量分布特征,提供精细地质及剩余储量模型,解决煤层气已开发区优质资源分布预测和可动用储量评价难题等所进行的

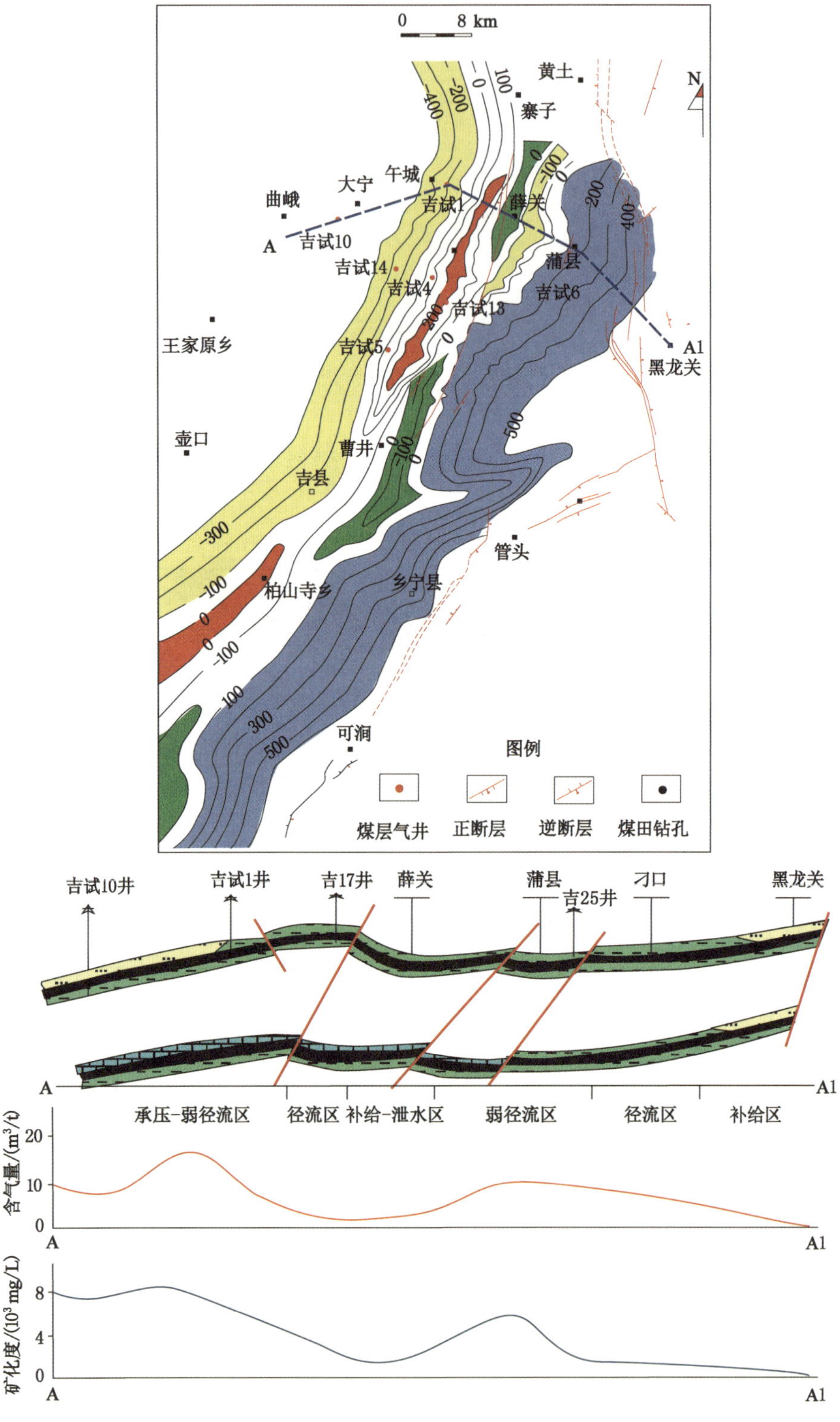

图 7-5 大宁—吉县地区构造-水动力对煤层气藏的控制作用示意图(李勇等,2017)

多学科综合研究，研究成果直接服务于煤层气藏高效开发。

煤层气藏精细描述对煤层气井和煤层气田实现稳产、提高整体采收率都有非常重要的意义。以此为基础，研究建立区块动态与静态融合的全生命周期煤储层精细描述技术规范和流程，包括“18 项参数”“7 个步骤”“3 表”“9 图”“3 模型”(徐凤银，2023)。“18 项参数”包括静态和动态各 9 项参数，静态描述参数包括构造、煤层厚度、煤岩类型和煤体结构、含气性、储层物性、煤层顶底板特征、水文特征、埋深与地应力、岩石力学等 9 个参数指标，动态描述参数包括等温吸附特征、临界解吸压力、储层压力、井底压力、压降扩展特征、单位压降产气量、产气量、产水量、剩余可采储量等 9 个参数指标(表 7-2)；“7 个步骤”包括静态特征描述、动态特征描述、开发单元划分、地质模型建立、开发单元评价、剩余储量评价、开发调整建议等；“3 表”包括储层特征统计表、排采成果统计表、剩余储量计算表；“9 图”包括煤层顶面构造等值线图、煤层埋深等值线图、煤层含气量等值线图、煤层厚度等值线图、煤层临储比等值线图、水文单元划分图、宏观煤岩类型划分图、压降分布图、动态渗透率变化图；“3 模型”包括构造-地层模型、储层属性模型、剩余储量分布模型(图 7-6)。

表 7-2　煤层气藏精细描述静态特征和动态特征描述参数指标体系(徐凤银，2023)

描述参数		描述关键内容
静态特征	构造	断层、褶皱、构造曲率
	煤层厚度	煤层净厚度、煤层总厚度、夹矸数量及厚度
	煤岩类型和煤体结构	光亮煤、半亮煤、半暗煤、暗淡煤，原生结构煤、碎裂煤、碎粒煤、糜棱煤
	含气性	含气量、含气饱和度
	储层物性	孔隙度、渗透率、孔裂隙发育程度
	煤层顶底板特征	煤层顶底板岩性及厚度
	水文特征	水文分区、水类型和矿化度
	埋深与地应力	埋深、地应力、顶底板隔层应力
	岩石力学	泊松比、弹性模量
动态特征	等温吸附特征	朗缪尔体积、朗缪尔压力
	临界解吸压力	临界解吸压力、临储比
	储层压力	原始储层压力、储层压力、压力保持程度
	井底压力	井底流压、动液面
	压降扩展特征	压降范围及变化
	单位压降产气量	某一时期产气量与压降之比
	产气量	日产气量、累计产气量
	产水量	日产水量、累计产水量
	剩余可采储量	剩余的技术可采储量

7.2.2　静态特征描述

基于煤层气藏静态描述参数指标体系(表 7-2)，针对研究区块开发层系，分别对构造、煤层厚度、煤岩类型和煤体结构、含气性、储层物性、煤层顶底板特征、水文特征、埋深与地应

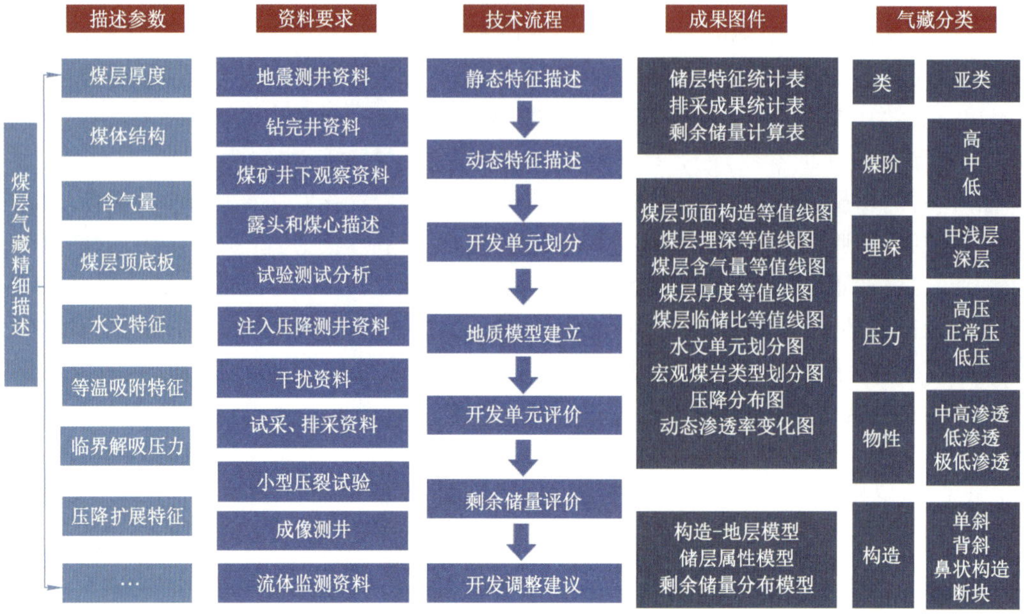

图 7-6　全生命周期煤层气藏精细描述技术路线(徐凤银,2023)

力、岩石力学 9 个参数进行了精细描述,并结合煤层气井产气情况,从而查明静态地质特征中影响产气量的主控因素。

7.2.3　动态特征描述

基于煤层气藏动态描述参数指标体系(表 7-2),针对主力开发煤层,分别对其等温吸附特征、临界解吸压力、储层压力、井底压力、压降扩展特征、单位压降产气量、产气量、产水量和剩余可采储量 9 个参数进行了精细描述,并与煤层气井产气情况相结合,分析动态特征中影响产气量的主控因素。

7.3　地质建模

储层地质建模属于地质、数学与计算机等多学科相结合的学科方向,是表征地质体规模、储层建筑结构与流体分布特征的综合体,是地质研究的最终成果和数值模拟的基础数据体。进行科学的气藏评价、气藏开发管理以及三维气藏模拟均要求取三维储层地质模型,即表征储层地质特征三维变化与分布的数字化模型。这一模型具有常规二维储层地质图件无可比拟的优点。在油气田勘探和开发的过程中,研究储层参数的变化规律,描述和表征气藏和储层宏观、微观特征以及渗流参数在三维空间的变化规律,揭示气藏和储层在三维空间的特征和展布规律,同时揭示和预测剩余资源分布,对于指导勘探开发具有重要的理论和实践意义。

7.3.1　地质建模流程

三维地质建模核心内容主要包含构造模型、相模型、属性模型。构造模型分为两个主体，分别是层面和断层。构造模型能够反映出地层的三维形态特征、构造特征等，能够较好地描述地层构造形态。相模型包含沉积相和岩相两个主体，根据目标的要求进行建模。而属性模型主要用来构建储层的物性模型，包括孔隙度、渗透率、含气量等，反映煤层物性特征在三维空间的分布情况。三维地质建模主要包括确定性和随机性两种建模方法。其中，确定性建模的结果具有单解性，其结果的准确性完全取决于数据点数量的多少。随机建模是在已确定空间位置的数据基础上，对某一属性在未知空间的分布特征进行合理模拟。地质建模的过程通常可以总结为以下 4 个步骤。

(1) 数据的准备与加载

井位数据：所有井位坐标、井斜数据、补心海拔、边界坐标数据。

测井数据：各个井常规的测井数据和测井解释数据。

地震数：主要是覆盖的二维地震剖面数据。

分层数据：前期精细地层对比划分的各个层段垂深数据。

(2) 构造建模(包含断层建模和层面建模)

三维构造模型是建模的第一步，也是后续模型构建的重要基础。后续的相建模和属性建模都需要以构造模型作为框架。构造建模需要输入地层层面数据以及断层的点线面数据。以测井解释的层面数据和地震解释的断层、层面数据作为输入数据，建立构造模型。构造模型通过单井的测井解释和地层的分层数据建立，根据研究需要设置相应的网格长宽并对构造模型进行网格化处理。构造建模主要的流程是输入层面数据、以层面为约束条件建立三维模型、对三维模型进行网格化处理、在三维构造模型中进行小层的划分。

(3) 相建模(即岩相建模或沉积相建模)

相建模也是属性模型建立的重要基础。构建岩相模型，能够更加清晰地反映出地层岩性的三维空间变化特征。而构建煤层的煤体结构分布模型，能够以其作为约束条件，分不同煤体结构对煤层物性进行建模，模型结果更加准确。相建模的主要流程是输入岩相(或煤体结构)数据、对数据进行粗化处理、进行变差函数分析、以构造模型为框架建立相模型。

(4) 属性模型

属性模型是对煤层物性特征三维空间分布的反映，能够更直观地表示煤层物性在三维空间中的分布特征和变化规律。属性模型主要的构建过程是输入解释的物性参数数据、对参数数据进行粗化处理、对数据进行变差函数分析、以构造模型框架和煤体结构为约束条件建立三维属性模型。

7.3.2 地质建模方法

本质上讲，储层地质建模是从三维的角度对储层进行定量的研究，其核心是对井间储层进行多学科综合一体化、三维定量化及可视化的预测。在给定资料前提下，井间储层预测有两种途径，相应也就有两种建模途径，即确定性建模和随机建模。确定性建模是对井间未知区给出确定性的预测结果，而随机建模则是对井间未知区应用随机模拟方法给出多个“可选”的、“等可能”的预测结果，后者是近年来国内外研究的热点领域，随机模拟是马特隆创建的地质统计学的一部分内容。早在 20 世纪 70 年代末期，地质统计学的杰出贡献者——耶内尔(Journel)就已在其所著的《矿业地质统计学》一书中系统地论述了条件模拟方法，并给出了条件模拟方法在矿业中的应用实例。自霍尔德森(Halderson)等在 1984 年第一次发表有关储层随机建模的论文以来，国外利用随机建模技术来研究非均质性的工作取得了很大进展，理论不断完善，应用范围不断扩大，效果也越来越明显。

建立储集层的三维定量地质模型，目前通用的是两步程序工作法。第一步是建立储集层骨架结构，具体给出储集层的沉积模型、大小规模与几何形态、砂体相互排列与连通性、不渗透夹(隔)层的分布等，即解决储集层的建筑结构问题；第二步是建立储集层物性参数的空间分布，即首先对储集层骨架网格化(可二维平面剖分或三维立体剖分)，其次应确定描述参数(如孔隙度、渗透率、孔喉半径等)，最后对各网格赋值，也就是从已知井点处参数出发，采用适当的内插外推参数预测方法，具体给出井间参数，建立起储集层的三维定量模型。建立储集层地质模型的关键技术是如何根据已知的控制点数据内插、外推已知点间及以外的储集层参数估计值。即需要寻找和选择最能符合储集层地质变量实际空间变化规律的数值计算模型，来实现对储集层特性空间变化的正确定量描述。具体的建模方法很多，大体可分为两大类：一类为确定性的建模方法；另一类为随机性的建模方法。

确定性建模方法认为所得出的内插、外推估计值是唯一解，具有确定性。如传统的加权平均法、差分法、样条函数法、趋势面法以及目前很流行的地质统计学方法。这种方法以已知控制点资料为基础，结合开发地震(如三维地震、高分辨率地震、井间地震等)解释成果和水平井沿储集层直接取得的数据或测井解释成果，以保证所得出的估计值有更高的可靠性。确定性建模方法是目前较为流行的方法之一，它的理论基础是“区域化变量理论”，即认为储集层参数(如孔隙度、渗透率、泥质含量、含油饱和度、砂岩厚度等)一般都具有区域化变量的性质，是一种无偏(估计值的均值与观测值的均值相同)、最优(估计方差最小)的估值方法。下文就地质建模的核心环节——储层建模的方法技术进行简述。

7.3.2.1 确定性建模方法

确定性建模是从具有确定性资料的控制点(如井点)出发，推测出点间(如井间)确定的、唯一的储层参数。确定性建模方法主要有储层地震学方法、储层沉积学方法及地质统计学克里金插值方法，三者可单独使用，亦可结合使用(王文龙等，2017)。

(1) 储层地震学方法

储层地震学主要是应用地震资料研究储层的几何形态、岩性及参数分布。研究厚度相对较小，一般在几米至几十米范围内，在地震剖面上主要表现为一个反射同相轴或几个反射同相轴组成的反射波组。应用地震资料进行确定性储层建模的思路主要是将地震属性参数，如地震波层速度、波阻抗、振幅等转换为储层岩性和物性参数，其前提是地震属性参数与地质参数之间具有确定的关系。

(2) 储层沉积学方法

储层沉积学方法主要用于建立储层相模型。建模的主要过程是科学的井间砂体对比。首先，应用层序地层学原理，识别并对比反映基准面高频变化的关键面(如洪泛面、海侵冲刷面等)或高频基准面转换旋回，为砂体对比提供等时地层框架。其次，在沉积模式指导下，综合应用岩心、测井甚至地震资料进行砂体对比分析与建模。

(3) 克里金插值方法

在确定性储层参数建模中，主要应用插值方法对空间上每个网格赋以储层参数值(孔隙度、渗透率或含油饱和度)。由于传统的数理统计学插值方法只考虑观测点与待估点之间的距离，而不考虑地质规律所造成的储层参数在空间上的相关性，因此插值精度很低。为了提高对储层参数的估值精度，广泛应用克里金插值方法来进行井间插值，其核心是根据待估点周围的若干已知信息，应用变差函数对待估点的未知值作出“最优”“无偏”的估计。

7.3.2.2　随机建模方法

由于地质的复杂性及资料的不完备性，储层预测与建模中总是存在着一些不确定性。为了评价储层预测中的不确定性，人们广泛应用了随机建模技术。所谓随机建模，是指以已知的信息为基础，以随机函数为理论，应用随机模拟方法，产生可选的、等可能的储层模型的方法。通过对多个等可能随机储层模型中的不确定性进行评价，以满足油田勘探开发决策在一定风险范围内正确性的需要，这是与确定性建模方法的重要差别。

（1）布尔模拟

布尔模拟是随机模拟方法中最简单的一种方法，属于非条件模拟。目前该方法主要用于建立离散型模型，如砂体格架平面、剖面或三维空间分布模型。因此，这种模拟方法可以用于模拟砂体在空间的形态、大小、位置和排列方式。布尔模拟方法能够忠实于某种离散参数的地质形态，如河道、沉积砂体等。该方法的主要优点是：很容易用于二维和三维建模；所用的参数较少；非常灵活。它的主要缺点在于：统计推导复杂且困难，模拟结果很难忠实于局部的数据，如钻井所遇到的岩相序列这些缺点限制了这一方法更广泛的应用。

（2）序贯高斯模拟

该方法用于模拟连续的地质现象如孔隙度、渗透率的分布。序贯高斯模拟的主要优点在于：数据的条件化是模拟的一个整体部分，无须作为一个单独的步骤进行处理；自动地处理各向异性问题；适合于任意类型的协方差函数；运行过程中仅需要一个有效的克里格算法。其主要缺点在于变量分布要求服从高斯分布。

（3）序贯指示模拟

该方法既可用于模拟连续的变量，也可用于模拟离散变量。序贯指示模拟的主要优点在于：变量的分布形态无须做任何假设；该方法可以较容易地综合多种来源、定性或定量、可靠性不同的信息。其主要缺点是算法和参数灵活性太大，人为因素很明显。

（4）截断高斯模拟

该方法首先采用指示模拟方法生成一个高斯随机场，其次对高斯值进行截断以得到类型变量的模拟结果。该方法主要用于沉积相的模拟，主要优点在于：易于实现、速度快；可在模拟中考虑地质因素；可以对模拟结果进行条件限制使之与条件数据相吻合。其缺点是只适于相带呈排序分布的沉积相模拟。

7.4　数值模拟

煤层气藏与常规气藏的最主要区别在于煤层气是以吸附状态吸附在煤基质微孔隙的表面，在生产过程中，当气藏压力下降到临界解吸压力时，煤层气从煤基质中解吸出来，通过煤基质扩散到煤裂缝，然后从煤裂缝流入生产井（徐凤银等，2022）。煤层气数值模拟模型需要模拟层气从煤基质解吸然后扩散到煤裂缝的流动，这是与常规模拟模型的主要区别。常规模拟模型只描述流体在储层中的渗流，而煤层气数值模拟模型需要描述煤层气从煤基质解吸，煤层气扩散到煤裂缝，煤层气在煤裂缝间渗流以及从裂缝流入到生产井。

煤层气数值模拟模型可以采用单孔介质模型、双孔介质模型以及多孔介质模型。对流体的描述可以采用黑油模型或组分模型。单孔介质模型一个网格中的孔隙部分代表煤裂缝，非孔隙部分代表煤基质，煤层气从煤基质实时解吸，与煤裂缝自由气达到瞬间平衡。双孔介质模型包括基质网格以及基质网格对应的裂缝网格。模型基质网格用于描述煤层基质，基质网格提供气源，在开采过程中随着压力下降，气体从基质网格解吸然后扩散流动到裂缝网格。模型裂缝网格用于描述煤层裂缝，流体在煤层裂缝中渗流，然后流入生产井。多孔介质模型可以将煤层基质划分为多个模型基质体系，然后模拟基质体系间的流动特征。在实际工作中最常用的是双孔介质模型。煤层气主要组分是甲烷，我国主要煤层气藏中甲烷含量占 98%以上，只含有很少量的氮气和二氧化碳。因此，煤层气数值模拟模型采用黑油模型。有些煤层气藏氮气和二氧化碳含量很高，可以高达 50%以上，而且分布不均匀，这时需要用煤层气组分模型。如果采用注气提高煤层气产量的开采方法，也需要应用组分模型。

为了准确预测煤层气藏产能，下文首先介绍了煤层气开发的生产特征和数值模拟的基本原理及主要流程，其次重点说明了影响预测精度的关键参数。

7.4.1 煤层气开发生产特征

煤层中甲烷以游离态、吸附态和溶解态赋存，三种状态处于动态平衡过程中。甲烷与煤中含氧官能团形成氢键，吸附在煤基质表面，可占 70%～95%。游离态甲烷约占 10%～20%，溶解态占比极少。各种赋存状态的比例受到煤的变质程度、埋藏深度等因素影响。浅部煤层气开发工艺主要基于美国煤层气的“排水-降压-解吸-扩散-渗流-产出”模式。在实际生产中，通过地层水的排除，地层孔隙压力降低，实现了吸附态甲烷转变为游离态甲烷。游离态甲烷分子在煤基质中的微孔和介孔中通过扩散的方式运移，在宏孔中通过渗流的方式运移，最终实现煤层气产出。这与砂岩、碳酸盐岩等储层中的常规天然气只通过岩石孔隙渗流的产出过程具有很大的差别。而深部煤层含气量受到压力正效应和温度负效应的共同作用，在临界深度以下，吸附气量明显减少，大量气体会受物性差异(如毛细管力差)和烃浓度差异等封闭在煤层中，形成高游离气含量。

煤层气存在过饱和干煤系统、饱和—近饱和湿煤系统和欠饱和湿煤系统。干煤系统基本不含液态水，游离气含量高，且在深煤层中呈压缩状态，具有投产即见气、日产水量极低的生产特征。湿煤系统中煤岩裂隙或者大孔隙中存在饱和地层水，需要排水降压解吸产气。煤层在煤化作用过程中生烃超压，纳米孔隙中存在饱和游离气且地层水难以侵入。湿煤系统含气饱和度低，只有经过长期降压之后才能产气，易损害煤层渗透性；同时排水过程本身消耗了地层能量，气体解吸产出的动力不足，压降漏斗难以有效扩展。干煤系统的排采不依赖排水降压，在压裂液返排阶段即可见气，无须初期排水降压；同时干煤系统中地层能量动用充分，在废弃压力之前所有的储层能量可用于气体流动产出；此外由于产水量降低，排水和环保成本相应大幅度降低，提高了开发效益。

干煤系统与湿煤系统最大差别在于干煤层见气早，上产速度快，气液比高，产出液矿化度高，抽油机举升系统存在泵效低和容易腐蚀偏磨等问题，影响排采连贯性。在干煤系统排采中，前期可以利用储层自身能量，自喷生产；中期产气量降低、气液比上升时可采用柱塞气举工艺，保证稳定连续生产，开发后期压力较低时，将增压气举和柱塞气举配合，达到资源最大动用率。湿煤系统由于产水量较高，考虑排采效率和经济成本等，建议仍然采用三抽辅助生产模式。煤层气产出机理如图 7-7 所示。

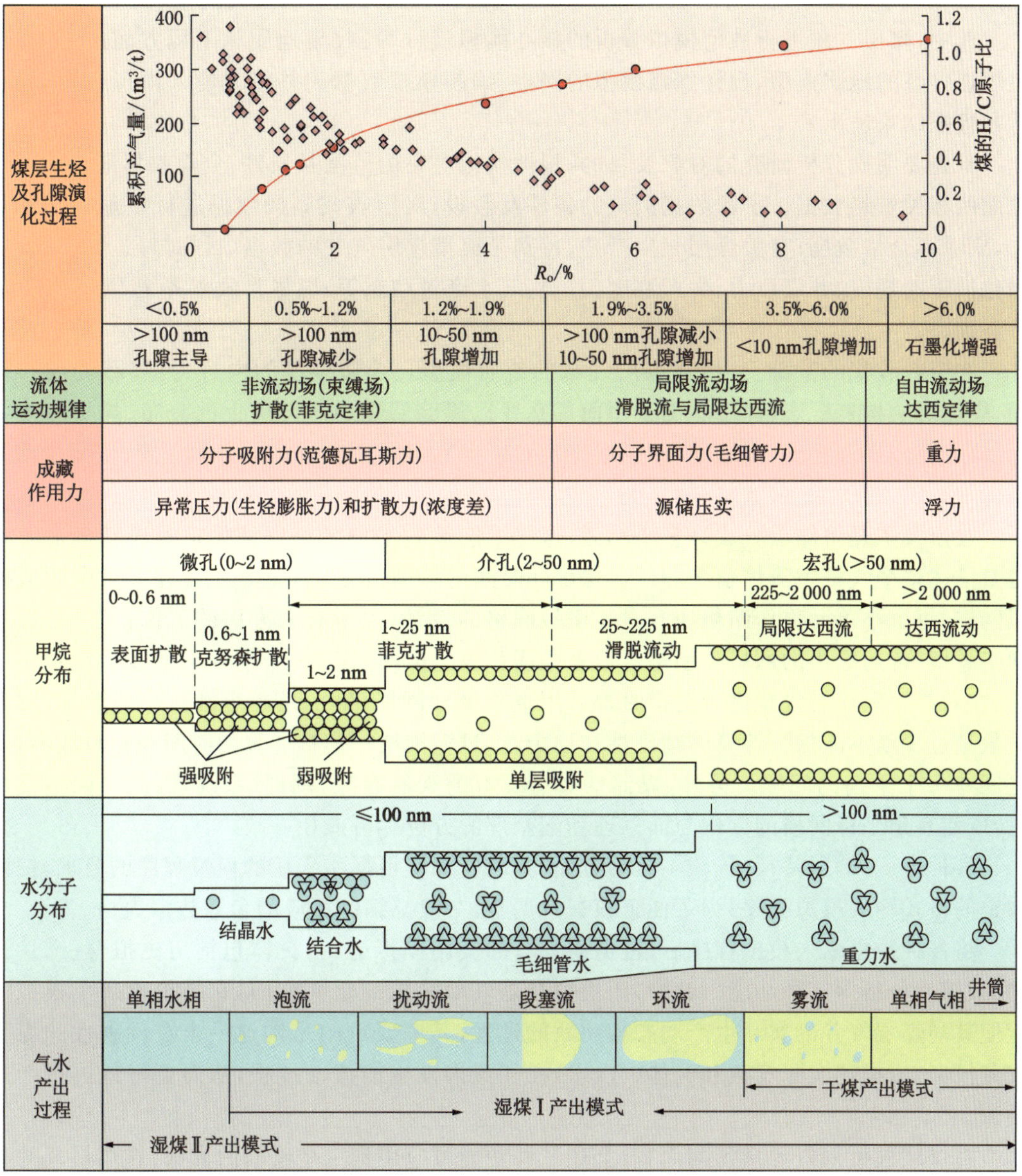

图7-7　煤层气产出机理

7.4.2　数值模拟流程

煤层气藏数值模拟工作的流程，可以概括为十个步骤：① 明确模拟研究对象，如是针对单井还是井网，井网的井数和分布特征；② 选择模拟软件；③ 收集相关地质和工程数据，包括煤层、煤质、煤体形态、含气性及储层物性等地质数据以及初始储层压力、初始气水饱和度、初期气水产量等生产数据；④ 构建储层地质模型；⑤ 设计储层模拟网格；⑥ 进行基础数据提取和录入；⑦ 边界条件设置；⑧ 模拟计算，根据模拟计算的目的可进行历史匹配、敏感性分析或产量预测等；⑨ 分析模拟成果，如进行经济评价等；⑩ 编写研究报告。

其中，煤层气藏进行数值模拟分析的核心模拟流程为：收集地质和工程方面的数据、构建煤层气藏的地质模型、设计气藏模拟的网格、编制模拟数据表并将其输入模拟器、模拟运行和模拟结果输出。

首先要明确分析研究的对象及目的，根据模拟对象的范围及条件，全面收集地质和工程方面的相关资料数据。了解数据测试的条件及假设，对所收集到的数据进行质量评估和筛选，剔除不合格数据；有关煤层气生产井，特别是典型煤层气井的数据（目标煤层、完井方式、强化措施的规模、井底压力、生产制度、井史、气水产量动态等）应尽量收集齐全，可向生产人员咨询。

在资料收集的基础上，构建煤层气藏的地质模型。地质模型的内容为：气藏的展布范围、煤储层的构造形态（煤层底面或顶面等高线）、煤储层在地层剖面上的分布、煤层厚度变化、煤变质作用和程度、煤层结构（构造煤发育情况）、煤层顶底板岩石力学性能、地下水动力条件等。

数值模拟是将储层分成许多小单元，这些不连续的小单元可以使模拟程序精确适时地定量描述整个气藏中流体前缘和压力梯度随时间的移动情况。不连续的小单元共同组成模拟网格，每个小单元称作网格块。对于模拟网格的设计，主要有两方面的工作：第一是选择网格类型，普遍应用的网格类型是直角坐标网和极坐标网，其中极坐标网只限于模拟单个生产，在对井组和煤层气藏进行模拟时都采用直角坐标网格；第二是确定网格块的数量，网格块数量过少就不能保证计算的精确性和稳定性，过多则增加模拟计算的时间和运行成本，这之间有一个平衡的问题。另外，煤储层具有发育的天然裂隙（割理）系统，因此在网格设计时，应使直角坐标网格的方位与面割理和端割理的方位尽可能相一致。

各种地质、储层特征、气藏工程等方面的数据，都应根据所采用的模拟程序的要求，按照一定的格式输入模拟程序；为了便于核查及调整，一般都编制相应的参数数据表格。

将各种数据输入模拟程序后，根据研究目的实施模拟运行，具体包括历史拟合、产量预测、敏感性分析等三种功能。其中，历史拟合是气藏模拟的重要方面，它是校正一个模拟模型使其与煤层气井的实际生产动态相一致的过程，其主要目的是构建一个有代表性的煤层气藏模型，以描述实际气藏和流体（气、水）在气藏内发生的流动过程，从而更好地进行产量预测。

对煤层气可采资源量预测而言，上述三种功能可应用到三个不同的方面：在煤层气井产量影响因素研究中要应用敏感性分析，在建立有代表性的煤层气藏模型时要应用历史拟合，在计算估计的最终可采量时要应用产量预测。

7.4.3 数值模拟参数

影响煤层气产能的最主要参数是煤层渗透率和煤层气含量。国内有很多储层的煤层气含量很高，但渗透性差，没有经济开采价值。煤层裂缝孔隙度影响产水和地层压力，未饱和煤层气只有在压力下降到一定程度才会产出，煤层孔隙度较高时需要匹配更长的排水时间。煤层气储层有效厚度和煤层气储层连通性也是重要参数，在进行煤层气开发布井和完井时，要考虑煤层气储层的有效厚度和连通性，在连通性差的煤层中显然不适合打水平井。若煤层压力低于临界解吸压力，煤层气从煤层基质孔隙解吸出来扩散到煤层裂缝，这时煤层裂缝内存在气水两相渗流，气水两相相对渗透率直接影响井的生产动态特征。

煤层气藏数值模拟软件中所需要输入的数据，大致可分为三大类，即煤层气藏描述数据、流体 PVT（压力、体积、温度）特征数据和循环数据。这三大类的具体数据项目及其来源见表 7-3（戚宇等，2015）。

表 7-3　煤层气藏数值模拟所需数据

煤层气藏描述数据			
数据名称	主要来源	数据名称	主要来源
割理系统的渗透率	试井、历史拟合	气藏几何形态	地质描述
割理渗透率的方向性		构造等高线	地质描述、制图
垂向渗透性		埋深	制图
割理系统的孔隙度	历史拟合、煤心测试	煤层的纯厚度	测井
初始煤层气含量	煤心解吸试验	层位	地质描述
储层温度	测井	煤层的视密度（容重）	煤样分析
朗缪尔体积	等温吸附试验	灰分	煤样分析
朗缪尔压力	等温吸附试验	单井排气面积	地质分析
临界解吸压力	试井	初始储层压力	试井
吸附时间	煤心解吸试验	初始含水饱和度	试井
扩散系数		气-水相对渗透率	历史拟合、实验室测试
割理间距	现场及煤心描述	气-水毛细管压力	实验室测试
孔隙体积压缩系数	煤样试验	含水层岩石性能	实验室测试
基质收缩系数	煤样试验		
流体 PVT 特征数据			
数据名称	主要来源	数据名称	主要来源
气体地层体积系数	气体分析	水地层体积系数	水体分析
气体黏度	气体分析	水的黏度	水体分析
气体相对密度	气体分析	水在标准状态下的密度	水体分析
气体组成	气体分析	气体在水中的溶解度	气体溶解度试验
循环数据			
数据名称	主要来源	数据名称	主要来源
最小时间步长		饱和度的最大变化	
最大时间步长		压力的最大变化	
时间步长倍增量		有限差分求解的允许误差	
水产量随时间的变化		允许的最大水产量	
气产量随时间的变化		允许的最大气产量	
井底（井口）压力随时间的变化		允许的最小井底压力	
井的产能指数		井筒半径	钻井实测
表皮因子	试井	压裂裂缝长度	压裂分析

在气藏描述数据中，煤层的孔隙度和渗透率、气-水相对渗透率等重要煤储层参数是很难准确测定的，只有利用生产井的数据进行历史拟合，才能较真实地反映煤储层的性能。初始煤层气含量、朗缪尔体积、煤层质量密度等数值的基准应保持一致，以保证煤层气资源储量计算的正确性，一般都定义为原地基（又称原煤基）。

在循环数据中，除井筒半径、裂缝长度、表皮因子应输入实际的数值外，其他可根据具体问题、研究的精度要求、时间等需要而输入不同的数值，有时需要多次输入。一个煤层气藏往往含有多个目标煤层（或煤层群），不同煤层具有不同的储层特征，有关数据都要按煤层（或煤层群）分别输入；另外，气藏描述数据要针对每一个有效网格块进行赋值，因此数据要以数组的形式输入。根据这种情况，为了有效地收集和组织数据，以及便于核查及调整，在煤层气藏模拟工作中，一般都编制相应的数据表格。

7.5 思 考 题

（1）什么是煤层气藏？影响煤层气成藏的因素有哪些？

（2）在构造形态主导型的煤层气藏类型中，背斜对于煤层气藏的具体影响有哪些？

（3）地质建模中确定性建模方法和随机建模方法之间的区别是什么？

（4）进行相建模（即岩相建模或沉积相建模）的意义及相建模的流程是什么？

（5）煤层气地质演化史数值模拟研究的意义是什么？

7.6 参考文献

李勇，孟尚志，吴鹏，等，2017. 煤层气成藏机理及气藏类型划分：以鄂尔多斯盆地东缘为例[J]. 天然气工业，37(8)：22-30.

戚宇，韦重韬，邹明俊，2015. 煤储层渗透率变化新模型及控制因素研究[J]. 煤炭工程，47(2)：99-101.

陶传奇，李勇，倪小明，等，2022. 临兴地区上石炭统本溪组煤成熟度演化过程研究[J]. 中国矿业大学学报，51(2)：344-353.

王文龙，尹艳树，2017. 储层建模研究进展及发展趋势[J]. 地质学刊，41(1)：97-102.

徐凤银，闫霞，林振盘，等，2022. 我国煤层气高效开发关键技术研究进展与发展方向[J]. 煤田地质与勘探，50(3)：1-14.

徐凤银，张伟，李子玲，等，2023. 鄂尔多斯盆地保德区块煤层气藏描述与提高采收率关键技术[J]. 天然气工业，43(1)：96-112.

ZHANG J Y，LIU D M，CAI Y D，et al，2017. Geological and hydrological controls on the accumulation of coalbed methane within the No. 3 coal seamof the southern Qinshui Basin[J]. International journal of coal geology，182：94-111.

第 8 章　煤层气试井与产能评价

对于常规天然气井，通常采用产能试井的方法来进行气井的产能分析和产量预测，具体是通过多次改变气井的工作制度，测量各个不同工作制度下的稳定产量及与之对应的井底压力，从而确定测试气井的产能方程和无阻流量。然而，煤层气开采过程可看作一个极其复杂的系统，其产气量、产水量等受多种因素的影响。如何采取有效的方法对煤层气井产能进行定量预测一直受到国内外学者的关注。

前人针对煤层气井产能分析的研究，主要从煤层气开发机理出发，建立煤层气产出过程的数学模型，进而开展煤层气藏产能数值模拟与产能预测研究（张群，2002；张先敏，2010；吴晓东等，2012），且数值模拟的基础数据来源于煤层气试井解释成果。此外，不少学者基于气藏工程理论与方法，先后采用物质平衡法（King，1993）、产量递减法（曹海涛，2013）和典型曲线法（Aminian et al.，2009；Clarkson et al.，1999）等开展了煤层气产能动态分析研究。

8.1　煤层气试井方法

8.1.1　煤层气试井的概念及目的

煤层气试井的概念可概括为：以渗流力学理论为基础，通过一定的测试工艺和测试手段对煤层气井进行测试，获得产量、压力、温度、时间之间的关系；再利用特定的软件对上述信息进行分析，确定反映试井和地层特性的各种煤储层参数、试井生产能力及连通性等。

煤层气试井测试是为获得储层的评价参数，对煤层进行定量和定性评价的工艺方法，为煤层气井的勘探开发和生产潜能评价提供科学的依据。试井是动态获取储层参数的主要方法，试井的目的是通过测定产出或注入速率发生变化时井眼中的压力变化情况，来分析储层的渗流性质和几何形态，并进行正确地分析和解释。试井包括两个方面：测定压力和储层流量数据。正确地分析测试数据必须与地质、测井、煤心和流体性质的分析相结合，只有这样，才能获取有关储层性质分布的正确资料。

煤层中自然裂缝系统的绝对渗透率是决定煤层气开采的关键特性之一。从现有的煤层气开发水平来看，试井技术是唯一能够精确测定自然裂缝系统的原始渗透率的方法。通过获取煤层的绝对渗透率和其他储层参数，可以预测煤层气储层在不同操作条件下的动态，其中，直接与经济效益相关的特性包括在单井或多井中可以达到的产出和注入速率，以及流体进入煤层的不同途径。

煤层气试井有很多重要的用途，其具体用途包括：① 求取地层参数；② 估算储量；③ 了解煤层气井储层污染情况及增产效果；④ 计算气井产能及无阻流量；⑤ 估算地层压力；⑥ 判断井边界；⑦ 了解断层封闭情况及地层连通情况。根据上述研究成果编制和调整煤层气开发方案。

8.1.2 煤层气试井类型及特点

煤层气田开发之前，需要对煤层气井的产能和最终采收率进行预测，这就需要在开发之前查明煤层气储层的特征。煤层气储层特征一般包括渗透率、温度、储层压力、压力梯度、破裂压力等参数。其中试井是在煤层气藏流体流动状态下获取的资料，其分析结果最能表达煤层气藏的动态特征。目前国内外获取煤储层参数的方法主要有测井和试井，煤层气试井来源于常规油气试井中的不稳定试井，主要包括 5 种测试方式：① DST 测试；② 注入-压降试井；③ 压力恢复试井；④ 干扰试井；⑤ 水箱试验。下面简述各种试井方式的主要特点。

8.1.2.1 DST 测试

煤层气试井测试是为获得储层的评价参数，对煤层进行定量和定性评价的工艺方法，可为煤层气井的勘探开发和生产潜能评价提供科学依据。

DST 测试是用钻杆将测试工具下入井内，在井下进行开关井操作，直接快速获取井下压力-时间关系曲线，分析曲线获得地层参数。DST 测试适用于渗透率较好、储层压力较高的储层，是一种常用于认识测试层段的流体性质、压力变化、产能水平和井附近有效渗透率以及污染情况的方法。DST 测试是为得知煤层的储层压力、水的能量、割理的渗透性以及判断是否存在原始游离气，为下一步改良措施提供依据。DST 测试采用二开二关的工作制度，一开的目的在于消除井壁污染，时间一般是 5～30 min，二开的目的在于得到地层产能，时间根据储层性质确定，通常选择 3～8 h；一关的目的在于得到原始地层压力，时间一般是一开时间的 4～8 倍，二关的目的是得到压力恢复资料，时间至少是二开的 1.5 倍以上。通过二开二关的对比，还可以获取地层压力衰竭数据。开关井时间的分配和液垫的选择是测试所考虑的主要方面。

在 DST 测试过程中，煤层气井钻进过程遇到合适煤层时，以钻杆代替油管(其下部连接带有封隔器的地层测试器)并下到煤层处，然后在地面辅助设备控制下形成暂时通路，通过两次流动、两次关井测量压力与产量、时间的关系，从而计算煤层中原始地层压力及相关参数。DST 测试方法常用于渗透率和储层压力较高的储层中。

初流动和关井用来测量原始煤层压力，终流动和关井用以获得合适的压恢曲线，初流动时间较短，终流动时间较长(图 8-1)。

DST 测试的特点是可获得评价地层潜力的资料、费用比较少、施工简便、探测半径比较小、生产时间短而且不稳定、容易出现两相流使分析复杂化、开关井的时间分配比较困难。DST 测试所需主要设备为压力计、管柱设备、钻杆地层测试器，适用于储层压力高、渗透性好的地层，且储层压力与临界解吸压力的压差较大。

8.1.2.2 注入-压降试井

注入-压降试井先通过向煤层恒量注水，分别测定注入期(压力升高，$p_{wf}\sim\lg t$)和关井后压力降落期(压力降低，$p_{ws}\sim\lg\frac{t+\Delta t}{t}$)的井底压力随时间变化的关系，再通过霍纳分析及其他方法，求得各项储层参数(图 8-2)。该方法为煤层气井储层参数及地应力测试主要试井方法。

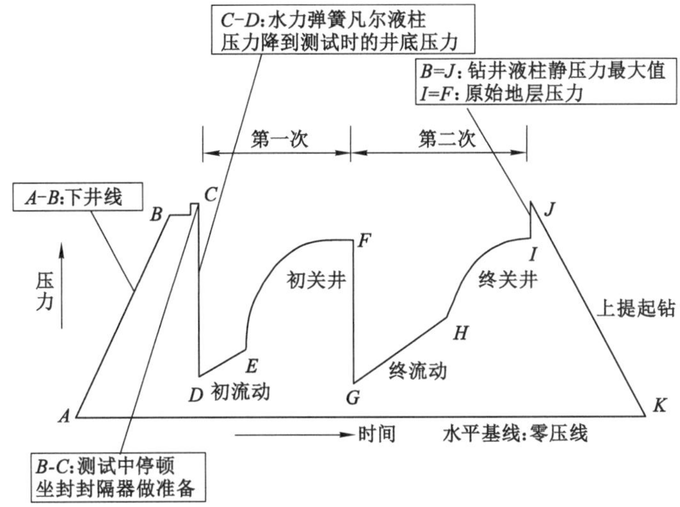

图 8-1　煤层气 DST 测试压力变化图

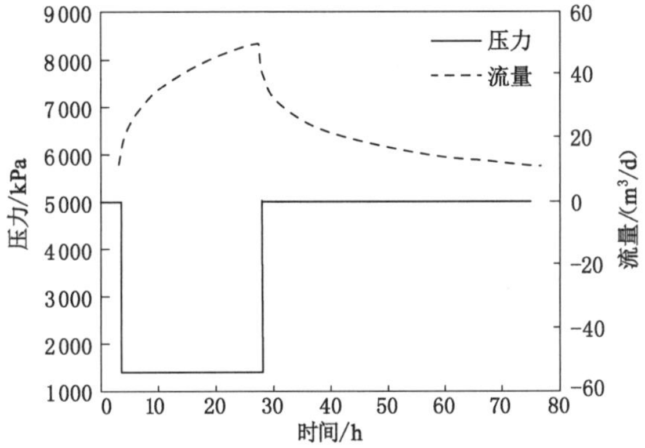

图 8-2　煤层气注入-压降试井压力和流量变化图

8.1.2.3　压力恢复试井

压力恢复试井简称恢复试井，是将井从稳定的生产状态转入关井状态，测量并分析关井后压力上升的方法。压力恢复试井可分为等产量压力恢复试井和变产量压力恢复试井。该方法操作简单、相对廉价，但井筒储集效应明显，且存在两相流时难于分析。

8.1.2.4　干扰试井

干扰试井是一种多井试井，由一口激动井与一口或多口观测井组成。干扰试井中，通过向激动井注入或从井中抽汲流体对测试地层施加压力瞬变，在激动井和所有观察井中连续监测压力响应。干扰试井设计中极其重要的是选择低注入排量，不致压裂地层。

多井测试通常比单井测试得到的煤储层资料多。除了储层静压和原始渗透率外，多井测试还能提供定向渗透率、孔隙度和压缩系数乘积、邻近含水层通过半渗透阻挡层的渗漏特征或煤层中不渗透边界或常水头边界的位置。多井测试最大的用途是确定定向渗透率。干扰试井既可用典型曲线分析,也可用直线法分析。

该方法测量范围大,能提供更多储层信息,如定向渗透率等,但测试时间长且昂贵,有时难于分析。

8.1.2.5 水箱试验

水箱试验是利用重力将水箱中的水注入储层,而无需常规使用的注入泵设备。静水压力把水注入井筒,一段时间以后,关闭井口阀门,采集压力恢复数据。该方法适用于煤层受负压的状况。其特点是试验设备价格低廉,试验周期长,可以获取较大的调查半径,其渗透率值更具代表性。

8.1.3 注入-压降试井流程

8.1.3.1 注入-压降试井工艺程序

(1) 根据设计的施工进程选择合适的井下储存电子压力计,为压力计编好程序,装入测试工具下端的筛管中。

(2) 将整套测试工具安装好,按预定深度下放到测试层的上方,坐封封隔器,并将测试管柱上端与地面流程连接。

(3) 开泵,向油管中灌满水,观察液面上升情况,检查测试管柱的密封性。

(4) 打开注入阀,按设计的注入压力和速率向煤层注水,记录注入压力和水量变化。

(5) 按设计的时间停止注水并关井,记录压力降落过程。

(6) 进行地应力测试。

(7) 结束测试,解封封隔器,起出测试工具。

通过以上的测试工艺程序,可获取需要的压力、温度和流量数据,采用试井解释软件对数据进行处理分析,求取煤层参数。

8.1.3.2 注入-压降试井压力分析

测试过程中压力变化是测量重点,因此需要分析注入流体及关井过程中压力的变化情况(图 8-3)。

8.1.3.3 注入-压降试井方案设计

(1) 设计依据

试井设计指依据勘探开发区内被测试井的钻井资料和邻近井的试井资料,通过分析计算,确定合适的测试时间、注入排量、最大注入压力,选择最佳施工方案及试井设备组合,合理安排施工进度,正确指导现场测试施工。

(2) 设计内容

设计内容包括测试井的基本数据、注入流体及参数计算、试井方案的确定、试井设备技术要求、施工进度计划、施工步骤及技术要求和资料录取要求。下面仅对其中极其重要的注入流体及参数计算以及试井方案的确定进行介绍。

① 注入流体及参数计算

a. 注入流体选择

为减少注入流体对煤层的伤害,对于含水煤层,注入流体应优先选择被测试层中的地层水,在现场条件无法满足的情况下,可以选择洁净淡水;对于不含水和富含游离气的煤层,为

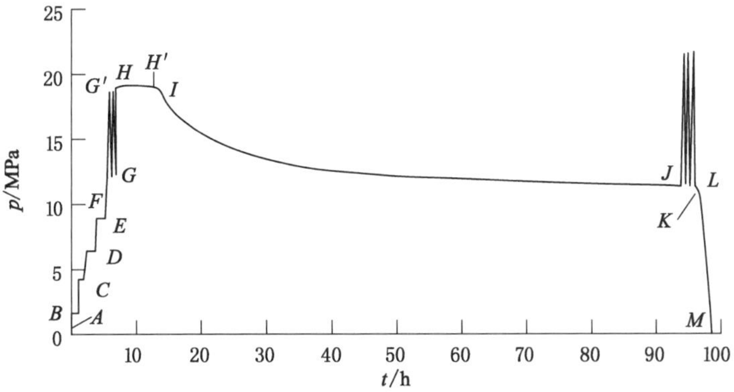

A 点表示测试工具接好时，压力计开始记录数据；A—F 表示分段下入油管过程，中间的停点是向油管内灌水；F—G 为连接地面注入设备，向油管内灌水至井口的过程；G 点为油管加压坐封封隔器，再加压打开井下阀过程；G′点为记录到的瞬间高压力，表明井下阀开启正常；H 点表示注水后，井下压力上升；H′记录的是改变注水速率引起的井下压力的波动；I 点停注并关井；I—J 记录的是压力降落过程；J—K 为地应力测试过程；L—M 为起出测试管柱过程；M 点表示压力计起到井口。

图 8-3　煤层气注入-压降试井压力实测图

保护储层及游离气不遭破坏，应选择注入氮气。

b. 测试时间选择

测试时间包括注入时间和关井时间。测试时间的选择原则是：对于渗透性好的煤层，注入和关井时间可以短些；对于渗透性差的煤层，可适当延长注入和关井时间。要求注入时的影响半径一般不小于 5 m。测试时间可以通过下列公式求得。

注入时间：

$$t_{\mathrm{inj}} = \frac{69.4\varphi\mu C_{\mathrm{t}} r_{\mathrm{i}}^2}{k} \tag{8-1}$$

式中　t_{inj}——注入时间，h；

φ——孔隙度，%；

μ——流体黏度，MPa · s；

C_{t}——综合压缩系数，MPa^{-1}

r_{i}——影响半径，m；

k——煤层渗透率，$10^{-3}\ \mu\mathrm{m}^2$。

关井时间：

$$t_{\mathrm{fall}} = (2 \sim 3) t_{\mathrm{inj}} \tag{8-2}$$

式中　t_{fall}——关井时间，h。

c. 最大注入压力选择

最大注入压力是注入阶段的一个重要参数，它的设计应以不压破煤层为原则。最大注入压力值可以通过微破裂试验或采用计算公式求得：

$$p_{\max} = \sigma_{\min} - 0.009\,8\rho_{\mathrm{w}} D \tag{8-3}$$

式中　$p_{\max}$——最大注入压力，MPa；

$\sigma_{\min}$——煤层最小主应力，MPa；

ρ_w——流体质量密度，g/cm^3；

D——煤层中部深度，m。

d. 注入排量选择

注入阶段的注入压力应根据地层的具体情况确定。确定下限时，应使地层中具有足够的压力变化值，以保证测量精度；确定上限时，应使注入压力的上升幅度在设计注入时间内低于煤层破裂压力。注入过程中要求注入排量稳定，波动值不超过10%。

② 试井方案的确定

对于不同的测试目标煤层，需要根据测试的具体要求选择试井方案。一般应结合试井设备的具体情况和设计参数选择注入-压降试井方案。

原地应力测试应在注入-压降试井后进行。对于新区或资料比较少的地区，在注入-压降试井前，建议安排一次微破裂试验，以确定煤层的最大注入压力，这对注入-压降试井中注入压力的设计有指导作用。

a. 注入-压降测试

根据试井设计的测试时间、注入排量、最大注入压力等参数值，进行注入-压降测试施工。

b. 原地应力测试

原地应力测试采用微型压裂法，一般进行4个循环周期。

③ 试井设备清单

相应的设备包括：注水泵及水罐、高压注水胶管、控制管线、钢丝绞车、关井工具、座节、封隔器、电子压力计、油管及便携式计算机。

8.1.4 试井资料处理及解释

8.1.4.1 地层及流体参数选值

进行资料分析时，必须给定基本参数，如煤的割理孔隙度(φ)、流体压缩系数(C_w)、流体黏度(μ)、流体体积系数(B)及综合压缩系数(C_t)等高压物性参数。这些参数在目前条件下尚无法直接获得，只能通过产量历史拟合及实验室测定得到。高压物性参数还可以参考国内外资料给出。

8.1.4.2 分析方法

煤层气试井分析方法有两种：一种是半对数霍纳分析方法；另一种是典型图版拟合方法。这些方法源于油气生产中，同时适用于煤层气井。

(1) 霍纳分析方法

该方法主要反映煤层气藏动态，通过不稳定产能分析方法(如压恢分析法)得到井底流压(p_{wf})与时间的关系，因 p_{wf} 与 $\lg t$ 呈线性关系，故分析直线段数据可求得地层参数。

压力恢复公式或霍纳(Horner)公式为：

$$p_{wf}(\Delta t) = p_i - 2.121 \times 10^{-3} \frac{q\mu B}{kh} \lg \frac{t_p + \Delta t}{\Delta t} \tag{8-4}$$

式中 p_i——原始地层压力，MPa；

q——气(油)井产量，m^3/d；

μ——流体(气或油)黏度,Pa·s;
k——地层渗透率,mD;
t_p——初始时间,s;
Δt——时间变化值,s;
B——流体体积系数,m^3/m^3;
h——产层厚度,m。

井底压力 $p_{wf}(\Delta t)$ 与 $\lg \frac{t_p+\Delta t}{\Delta t}$ 呈直线关系,形成的直线成为霍纳曲线。具体分析步骤是:

① 已知斜率 m 可求地层流动系数 kh/μ 和渗透率 k;

② 外推直线段至纵坐标,可以直接推算出原始地层压力 p_i;

③ 求表皮系数。

具体公式为:

$$\frac{kh}{\mu}=1.151\frac{3qB}{m} \tag{8-5}$$

求出 kh,则 k 即可求出(产层厚度 h 已知)。

$$S=1.151\ 3\left[\frac{p_i-p_{wf}(t_0)}{m}-(\lg k)\cdot\frac{t_0}{\varphi\mu C_t r_w^2}+2.092\ 3\right] \tag{8-6}$$

式中　S——表皮系数;
m——霍纳曲线斜率;
C_t——地层中流体综合压缩系数;
t_0——初始时间;
r_w——井底半径。

(2) 现代试井解释方法——双对数曲线拟合

不同学者根据研究绘制了大量的试井解释图版,如雷米图版。根据实测压力-时间值绘出压力-时间曲线,通过透明纸找出过研究点最接近的拟合图版曲线,读出实测值和图版值(实测值/图版值),找到压力点和拟合时间点,通过相应公式求取渗透率、地层系数、表皮系数等参数值。

具体步骤是:

① 在尺寸与图版完全一样的透明双对数纸上画出实测压差 $\Delta p=p_i-p_{wf}(t)$ 和时间 t 的关系曲线(注意:要用压差 Δp,而不能用压力 p_{wf},这是因为所使用的无因次压力实质上是无因次压差)。若没有这种透明双对数坐标纸,可将普通透明纸蒙在图版上,在透明纸上画出与图版完全一样的对数周期框格,依据实测资料选用并标定坐标,再按图版的坐标网格在透明纸上画出实测曲线。在画实测曲线时,一般只画出数据点而不连线。

② 对画好的实测曲线图在解释图版上做上下平移和左右平移,在平移过程中要注意:一定保持两张图的对应坐标轴分别互相平行。在图版中找出一条与实测曲线最吻合的样板曲线,然后画出拟合的样板曲线,最后选定拟合点,标出拟合值。完成拟合以后,选择一点,读出拟合值,即从解释图版上读出这一点的 p_D 值和 t_D 值,并从实测曲线图上读出这一点的对应点的 Δp 值和 t 值。这一点称为拟合点(约定用字母 M 作为下标表示),$\frac{p_D}{\Delta p}$ 和 $\frac{t_D}{t}$ 分别称

为压力拟合值和时间拟合值，记作 $\left(\frac{p_D}{\Delta p}\right)_M$ 和 $\left(\frac{t_D}{t}\right)_M$。

③ 由压力拟合值：

$$\left(\frac{p_D}{\Delta p}\right)_M = \frac{(p_D)_M}{(\Delta p)_M} \tag{8-7}$$

和时间拟合值：

$$\left(\frac{t_D}{t}\right)_M = \frac{(t_D)_M}{(t)_M} \tag{8-8}$$

计算流动系数：

$$\frac{kh}{\mu} = 1.842qB\left(\frac{p_D}{\Delta p}\right)_M \tag{8-9}$$

计算地层系数：

$$kh = 1.842q\mu B\left(\frac{p_D}{\Delta p}\right)_M \tag{8-10}$$

计算流度：

$$\frac{k}{\mu} = \frac{1.842qB}{h}\left(\frac{p_D}{\Delta p}\right)_M \tag{8-11}$$

计算有效渗透率：

$$k = \frac{1.842q\mu B}{h}\left(\frac{p_D}{\Delta p}\right)_M \tag{8-12}$$

计算井筒储集系数 C 值：

$$C = \frac{3.6 \times 10^{-3} kh}{\mu r_w^2} \frac{1}{\left(\frac{t_D}{t}\right)_M} \tag{8-13}$$

很明显，拟合点可以任意选取，这对计算结果毫无影响。但为了简便起见，可尽量选取容易读数的拟合点，比如选在实测曲线图的对数周期框格的交点上，不但读数容易，而且用来计算拟合值或计算参数特别简单。

8.1.4.3 评价与建议

解释结束后要给出对解释方法及结果的评价与建议，包括施工工艺评价、资料录取质量评价、解释过程评价及测试结果评价。

(1) 施工工艺评价

内容包括：

① 注入-压降试井测试施工是否严格按照批复的施工设计和技术规程。

② 注入-压降测试施工程序是否合理。

③ 注入泵所用设备各项性能指标是否良好，施工过程中是否运转正常。

④ 封隔器采用什么类型，施工过程中坐封是否良好。

⑤ 关井工具采用什么方法和什么设备，施工中井下关井是否效果良好。

⑥ 测试过程中注入压力上升幅度是否平稳，注入排量是否相对比较稳定。

(2) 资料录取质量评价

内容包括：

① 电子压力计生产厂商和型号、主要技术参数、压力计精度。

② 数据点采集间隔是否合理，包括注入阶段、关井阶段前期（几小时）、关井阶段后期是否符合规程。

③ 地面压力数据测量是否采用高精度压力表，数据记录间隔是否合理，数据是否真实可靠。

（3）解释过程评价

内容包括：

① 注入-压降试井资料解释采用哪一种分析软件。

② 对煤层测试的压力数据采用哪一种分析方法（如半对数和典型曲线拟合分析方法），并对分析结果进行压力历史拟合检验。

③ 论证试井解释是否可靠。

（4）测试结果评价

内容包括：

① 煤层渗透率。

② 根据区域地质特征、储层特征和注入过程及压降曲线特征，论证测试解释参数是否基本反映当地的煤层渗透性。

③ 储层压力。

④ 根据区域地质特征、储层特征和注入过程及压降曲线特征，论证测试解释是否基本反映当地的压力系统特征。

⑤ 其他参数也采用类似方法进行分析。

8.2　煤层气井产能评价与预测方法

气井产能是进行气井合理配产、评价气田生产能力的重要依据，其评价结果的可靠与否，直接关系到气田能否实现安全平稳生产。借鉴常规天然气井的产能评价与预测方法，目前常用的煤层气井产能评价与预测方法主要包括无阻流量法、采气指数曲线法、递减分析法、测井曲线特征法、数理统计法和数值模拟法等。在实际煤层气井产能评价与预测分析研究中，应综合煤层气井储层参数获取情况及所处排采阶段等进行方法的合理优选。

8.2.1　无阻流量法

煤层气井绝对无阻流量是反映煤层气井潜在生产能力的主要参数之一。利用气井绝对无阻流量百分比确定气井产能的方法称为无阻流量法，该方法通常用于新井产能的确定。

煤层气井绝对无阻流量值可通过气井产能测试直接求取，如多点的系统试井（或称为回压试井、稳定试井）、等时试井、修正等时试井及单点测试等方法。在某些条件下，对未进行产能测试的井，可应用已知气井绝对无阻流量与其地层系数或与其储能系数统计回归得到的经验关系式来估算，还可采用简化试气经验判别法。

（1）产能测试法

有关不同产能测试法的适用条件及气井绝对无阻流量值求取的方法，请参见行业标准《天然气井试井技术规范》（SY/T 5440—2019）。

另外，在采用单点测试法求取气井绝对无阻流量时，除利用已有的一点法公式外，还可根据各自气田的实际情况，建立适合于本地区气田的一点法产能公式，其原理与方法如下：

气井的无量纲 IPR 曲线的表达式为：

$$p_D = \alpha q_D + (1-\alpha) q_D^2 \tag{8-14}$$

也可变形为：

$$\frac{p_D}{q_D} = \alpha + (1-\alpha) q_D \tag{8-15}$$

其中：

$$p_D = \frac{(p_R^2 - p_{wf}^2)}{p_R^2} \tag{8-16}$$

$$q_D = \frac{q_g}{q_{AOF}} \tag{8-17}$$

$$\alpha = \frac{A}{A + Bq_{AOF}} \tag{8-18}$$

式(8-18)中的 A、B 为气井二项式产能方程式(8-19)的系数：

$$p_R^2 - p_{wf}^2 = Aq_g + Bq_g^2 \tag{8-19}$$

由式(8-14)可得：

$$q_D = \frac{\alpha\left[\sqrt{1 + 4\left(\frac{1-\alpha}{\alpha^2}\right) p_D} - 1\right]}{2(1-\alpha)} \tag{8-20}$$

将式(8-17)代入式(8-20)可得：

$$q_{AOF} = \frac{2(1-\alpha) q_g}{\alpha\left[\sqrt{1 + 4\left(\frac{1-\alpha}{\alpha^2}\right) p_D} - 1\right]} \tag{8-21}$$

式中 α——由利用其他井多点产能测试资料计算出的二项式产能方程系数 A、B 统计回归确定；

p_D——压力，无量纲；

p_R——储层压力；

p_{wf}——井底流压；

q_D——产气量，无量纲；

q_g——产气量；

q_{AOF}——绝对无阻流量。

(2) 统计回归关系式法

气井生产层段的地层系数 K_h、储能系数(φ、h、S_g)大小，通常是决定气井绝对无阻流量高低的关键参数。

对于储层物性均质性好、气井完井条件相同、地层压力接近的气井，可应用已进行产能测试气井统计回归得到的无阻流量关系式，对未开展产能测试气井的绝对无阻流量进行估算。

(3) 简化试气的压力恢复速率法

对于复杂低渗气井，单井最终累产气量较低，利用产能测试法求取准确的无阻流量成本较高，可采取简化试气的压恢速率法进行无阻流量估算。

简化试气的压恢速率法，是指在气井压裂时入井液体返排率达到一定程度后，进行短期关井压力恢复，根据早期的压恢速率进行无阻流量初步估算，并作为配产依据。

应用条件：该方法需要较多的实例样本建立气井分类标准。

8.2.2　采气指示曲线法

采气指示曲线法的基本理论出发点，是为了最大限度降低气井井底附近非达西流效应引起的附加压降，进而实现地层能量的最大化发挥。

由气井的二项式方程 $p_R^2-p_{wf}^2=Aq_g+Bq_g^2$ 可得到：

$$\Delta p=p_R-p_{wf}=\frac{Aq_g+Bq_g^2}{p_R+\sqrt{p_R^2-Aq_g-Bq_g^2}} \tag{8-22}$$

在上式两边同除以 q_g，即可得到采气指数的倒数 $(p_R-p_{wf})/q_g$ 与产量关系。

当气井产量较小时，采气指数的倒数 $(p_R-p_{wf})/q_g$ 与产量近似呈线性关系；但当产量增大到某一值后，两者之间的线性关系发生变化。偏离直线段那一点的产量为气井的最大合理产能。

应用条件：气井具有产能测试资料，能够求取产能方程。

8.2.3　递减分析法

油气井产量递减分析的系统法，最早是由阿佩斯（Arps）于 20 世纪 50 年代提出来的，即经典的指数递减、双曲递减和调和递减。阿佩斯法简单易用，它是一种经验法，不用了解油气藏或气井的参数，可以应用于不同类型的油气藏。但是，该方法的局限性显而易见，即预测的产量变化是以先前生产历史条件（如井况、井底流压等）保持不变为前提。

当油气井生产进入递减阶段之后，根据已有的生产数据，采用不同的方法判断其所属的递减类型和递减参数，并建立相关经验公式，进而进行递减期产能预测。

（1）指数递减

对指数递减来说，$q=q_i e^{-Dt}$，在半对数曲线上 $\log q\sim t$ 是一条直线，即递减率 D 是常数。式中，t 为递减时间，q 为递减期 t 时刻产量，q_i 为递减初期产量，D 为递减率。通过简单的数学处理，产量与累积产量的关系也是一条直线。由于存在简单的直线关系，指数式递减规律容易识别，简单易用。

（2）双曲递减

对双曲递减来说，$q=\dfrac{q_i}{(1+bD_i t)^{1/b}}$，在半对数曲线上 $\log q\sim t$ 不再是一条直线，即递减率 D 是一个变量，引入参数 $b(0<b<1)$ 来描述这种变化规律，b 趋向于 0 对应指数递减，$b=1$ 对应调和递减。

（3）调和递减

对调和递减来说，$q=\dfrac{q_i}{1+D_i t}$，对其进行积分，有：

$$Q=\int_0^t \frac{q_i}{1+D_i t}\mathrm{d}t=\frac{q_i}{D_i}\ln(1+D_i t)=\frac{q_i}{D_i}\ln\frac{q_i}{q} \tag{8-23}$$

即在半对数曲线上 $\log q\sim Q$ 是一条直线。

对比上述三种递减规律，指数递减最快，调和递减最慢，双曲递减介于两者之间。

8.2.4 测井曲线特征法

(1) 形态组合法

自然伽马和自然电位测井是储层岩性特征的指示器,声波时差、补偿密度和补偿中子测井能反映储层的物性特征,不同径向探测深度的电阻率测井能够反映储层的含气性。据此,有机结合常规测井曲线,对比分析试气试采的产量与曲线的形态组合,便可获得一套定性分析研究区气藏产能的测井曲线形态组合模式。基于此模式,可利用测井曲线形态定性分析储层的产能。

(2) 包络面积法

包络面积法是根据气层在不同测井曲线上的响应特征,将各条测井曲线相互组合,结合测井分析软件而形成的一类方法(唐冰娥,2015;林忠霞,2017)。该方法将干层或致密层的测井曲线作为基线,储层的测井曲线与基线间围成的面积大小就是包络面积(图 8-4)。根据包络面积的大小,便可实现储层的产能预测。业界常用补偿密度、声波时差、电阻率来建立面积包络法产能预测模型。

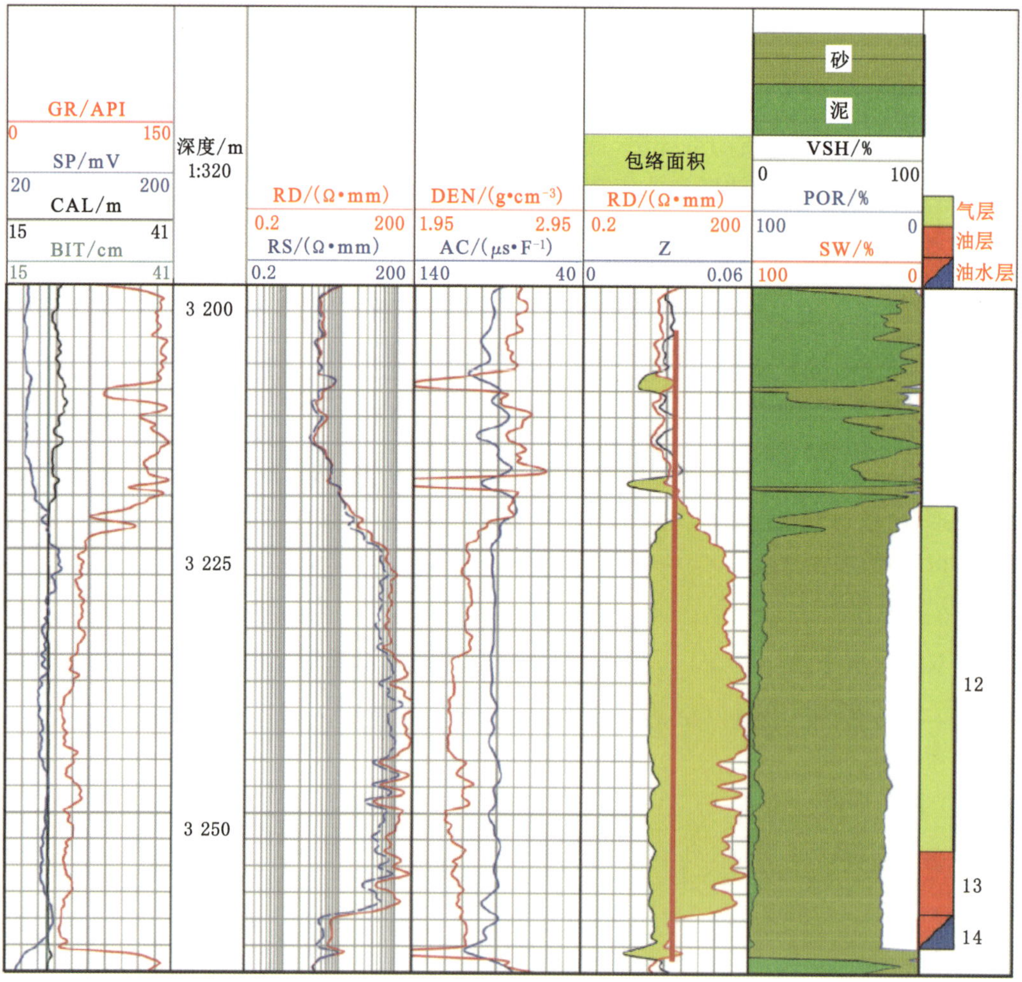

图 8-4 包络面积法预测产能

8.2.5 数理统计法

常见的基于数理统计的预测产能评价的方法有综合指数法、图版法、加权储能系数法、多元回归法等方法。

(1) 综合指数法

综合指数法的主要思路是，将产能主控因素相乘或相除，所得的积或商取对数或者赋予一个指数来计算出综合指数。其中，根据储层及工程因素等情况，利用数学方法优选产能主控因素并准确赋予权重是构建模型的关键(图 8-5)。

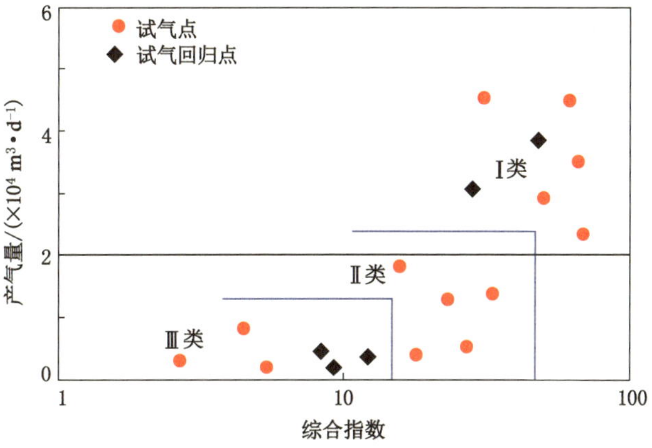

图 8-5　综合指数与产气量的关系

(2) 图版法

图版法多用于储层“四性”关系研究。近年来，很多学者已将试气试采等动态生产数据与储层参数进行统计分析，制作产气量-渗透率/孔隙度/含气饱和度、产气量-电阻率/声波时差等图版，并利用相关性分析等方式对产能进行预测。

(3) 多元回归法

多元回归法的思路是，将试气试采的产量(通常指产能)视为因变量，影响产能的主控因素视为自变量，所建立的多个变量间的线性或非线性数学模型，就是油气藏产能多元回归预测模型。

8.2.6 数值模拟法

数值模拟法是气藏工程和数值模拟技术相结合的产能预测技术。该方法的要点是应用数值模拟技术拟合气藏工程产能研究结果，使气藏动态模型能较好地模拟不同结构储层的气井产能特征，从而获得较为可靠的气藏开发指标。

目前领域内常用的煤层气藏产能数值模拟软件包括 ECLIPSE、COMET3、CMG 等。COMET3 为近年来新开发的煤层气产能模拟专用软件，该软件考虑了煤储层的三重孔隙结构、双扩散特性、煤基质收缩膨胀效应等特点，建立了一系列新的动力学模型，兼顾了排采诱导渗透率变化等客观现象，模拟精度得到了进一步提高。ECLIPSE 作为斯伦贝谢公司开发的大型油气井产能模拟软件，是油气产能数值模拟领域的旗舰软件。ECLIPSE 软件与

Petrel 三维地质建模软件所建立的三维储层地质模型具有很好的兼容性，且近年来 ECLIPSE 软件也引入了煤层气开发模块，因此，ECLIPSE 软件在煤层气区块多井大型数值模拟领域具有明显的优势。

8.3 思考题

(1) 简述煤层气井常用的试井方法及优缺点。

(2) 简述注入-压降试井在煤层气勘探与开发领域的重要作用。

(3) 简述煤层气井产能评价与预测的主要方法及适用条件。

8.4 参考文献

曹海涛，2013. 煤层气井产量现代递减分析方法研究[D]. 成都：成都理工大学.

林忠霞，冯春珍，李海龙，等，2017. 应用测井曲线包罗面积指数法进行产能预测[J]. 测井技术，41(2)：226-230.

唐冰娥，2015. 马岭长 8 储层产能预测测井研究[D]. 东营：中国石油大学(华东).

吴晓东，史进，安永生，等，2012. 煤层气田开发数值模拟研究[J]. 油气井测试，21(2)：1-3.

张群，2002. 煤层气储层数值模拟模型及应用的研究[D]. 北京：煤炭科学研究总院.

张先敏，2010. 复杂介质煤层气运移模型及数值模拟研究[D]. 青岛：中国石油大学(华东).

AMINIAN K，AMERI S，2009. Predicting production performance of CBM reservoirs[J]. Journal of natural gas science and engineering，1(1/2)：25-30.

CLARKSON C R，BUSTIN R M，1999. The effect of pore structure and gas pressure upon the transport properties of coal：a laboratory and modeling study. 1. Isotherms and pore volume distributions[J]. Fuel，78(11)：1333-1344.

KING G R，1993. Material-balance techniques for coal-seam and Devonian shale gas reservoirs with limited water influx[J]. SPE reservoir engineering，8(1)：67-72.

第9章　钻井、压裂和排采技术

我国煤层气资源丰富，但是赋存条件复杂、勘探开发技术难度大、不同地质条件下煤层气开发技术通用性差等诸多难点，导致单井产量普遍较低。目前，我国煤层气开发技术主要涉及钻井、完井、压裂和排采等技术系列。“双碳”目标背景下，只有依据不同煤层气区块的资源条件、储层物性条件、储层可改造性条件等，基于“一井一策”的思路，采用经济且合理的钻完井、压裂改造和排采技术与装备，以“实现智能化、低碳化、配套化、经济化、可持续化发展”为基本理念，才能有效提高煤层气单井产量（Palmer，2010；高德利等，2022；黄中伟等，2022；徐凤银等，2023）。

本章主要介绍煤层气开发井型及适应性、煤层气开发井网与井距、煤层气排采方案设计和煤层气田开发方案设计等内容，为煤层气开发过程中的井型井网优化及煤层气田开发方案的编制提供理论指导。

9.1　钻井技术

煤层气钻井井型设计，主要包括直井、定向井、L型井、U/V型井、多分支水平井、丛式井等。直井是煤层气开采中应用最早、最广泛的井型，技术难度低、成本低，但单井产量普遍较低，适用于中高渗透煤层。定向井可有效降低开采成本、减少管线铺设、提高土地利用率，有利于实现分层、分段压裂，极大提高煤层气井的开发效果。现广泛应用于鄂尔多斯盆地、沁水盆地、滇东黔西地区等，可实现“小而薄”“零散分布”煤层的整体开发。

定向井钻井的井眼轨迹控制难、井壁稳定性较差，需要针对煤层特性优化井眼轨迹和钻井工艺，优选钻井液体系。L型井（双层及多层L型）是结构最简单的水平井，水平段基本与煤层平行。与直井相比，L型井储层控制面积大、单井产量高，但钻井难度相对较高，需要结合水平井技术和地质导向技术精准控制井眼轨迹，避免钻井液污染储层。U型井由1口排采直井和1口或多口L型井组成，直井在煤层中造穴，L型井穿过洞穴与直井连通；V型井由1口排采直井和2口呈一定夹角的L型井组成，与U型井类似。与L型井相比，U/V型井单井产量更高，U/V型井适用于储层渗透率较低的高阶煤和高地应力的深部煤，但成本较高，难度较大，需要结合造穴、水平井、地质导向、井眼远距离连通等技术。多分支水平井（羽状水平井或鱼骨井）由多个主支和多个分支组成，单井控制面积大，为直井水力压裂的5～10倍、L/U/V型井的2～3倍。然而，多分支水平井存在钻井费用高、井壁稳定性差、后期维护难等难题。

丛式井利用一个井场或平台钻出若干个定向井沟通储层，可有效节约占地面积、提高设备利用率、缩短施工周期、减少植被破坏和环境干扰。该井型，特别适合山区和丘陵等地表条件复杂、钻井平台选址困难的地区，对实现煤层气低成本开发和资源环境的可持续发展有重要作用，但钻井技术要求较高。

9.1.1 开发井型

依据不同的分类依据与原则，煤层气井钻井可划分为多种类型。根据钻井方式及井身结构类型，可分为直井、定向井和U型井。

9.1.1.1 直井

煤层气直井是从地面打钻穿过煤层进行采气的，这是目前开发煤层气最常用的钻井方式(图9-1)。同水平井、丛式井相比，直井与储层接触的面积最小，要想获得理想的产量，对储层的要求很高，要求地形条件有利、厚度较大、资源丰度高、渗透性较好的煤层或煤层群，通常还需要采取压裂改造措施。

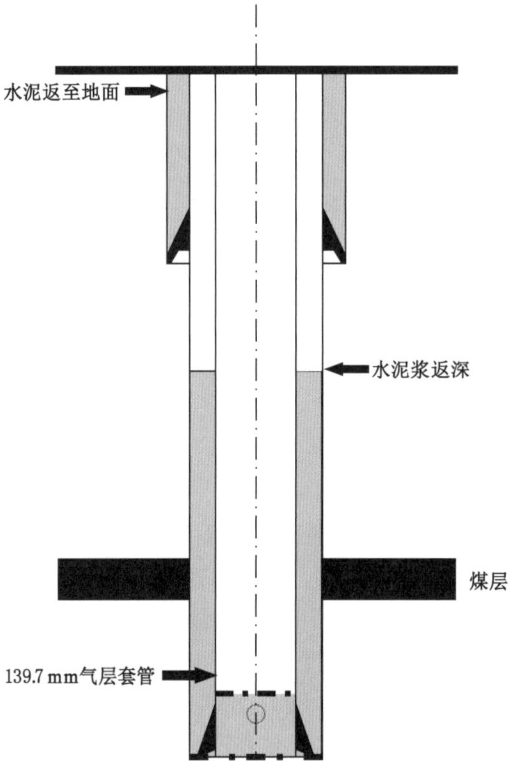

图9-1 煤层气直井井身结构示意图

9.1.1.2 定向井

定向井是指沿预定井眼轨迹钻达目的层的井，井口与井底不在同一铅垂线上。定向井主要包括丛式井、水平井和多分支水平井3种类型。

(1) 丛式井

丛式井又称密集井、成组井，在一个位置限定的井场上向不同方位钻数口至数十口定向井(其中可含1口直井)，使每口井沿各自的设计井身轴线分别钻达目的层位，通常用于海上平台以及城市、良田、沼泽等地区。

丛式井可节省大量投资，占地少且便于集中管理。丛式井的不同分支可以设计开发同一煤层，相当于增加了供气领域和煤层气接触范围，因此可以开发渗透率较低的煤层或薄煤层(图 9-2)。

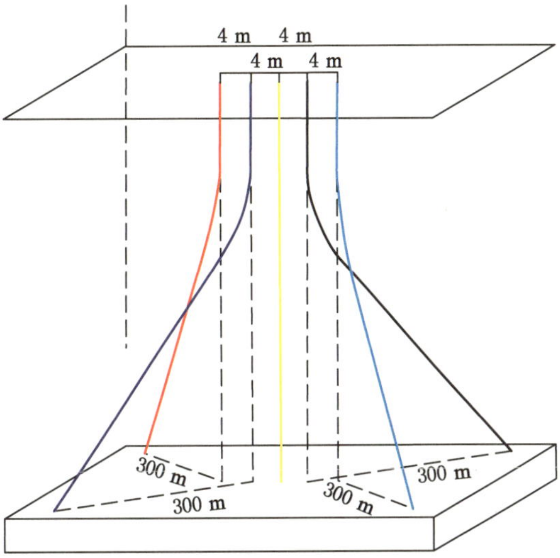

图 9-2　煤层气丛式井井身结构示意图

(2) 水平井

水平井主要包括单支水平井、阶梯水平井、多井底水平井、大位移水平井、开窗侧钻水平井等。

① 单支水平井

单支水平井属于定向井家族的一个分支,它的最基本特点是设计的井眼轨迹同储层的走向基本一致。水平段的井斜角达到 86°以上。它能够增加井筒与储层的接触面积,从而可大大提高单井产量(图 9-3)。

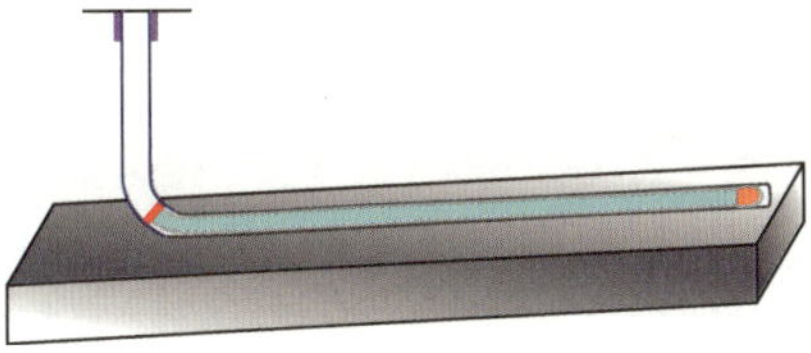

(a) 三开结构单支水平井

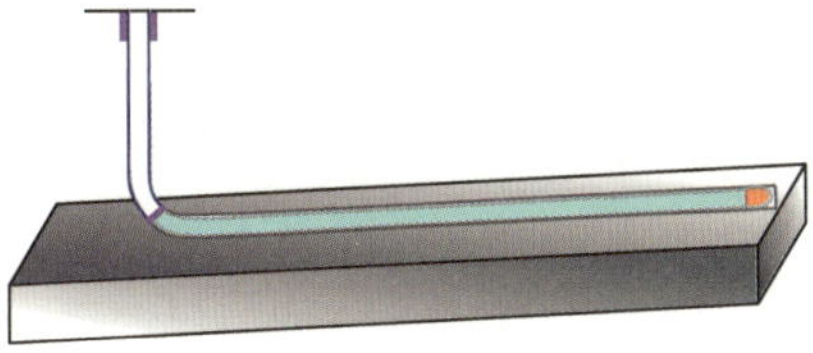

(b) 二开结构单支水平井

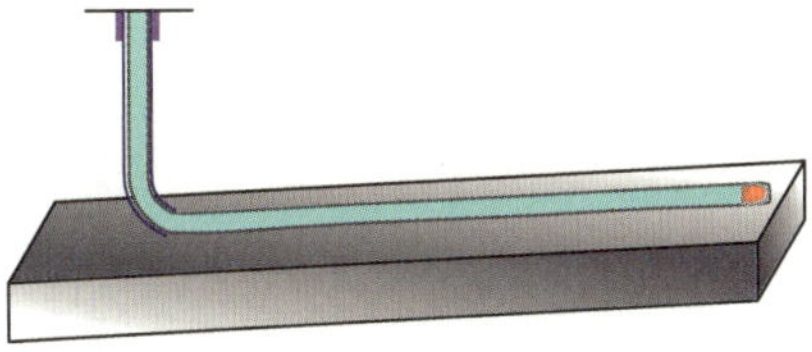

(c) 套管固井单支水平井

(d) 煤层顶板单支水平井

图 9-3　煤层气水平井垂直投影图

② 阶梯水平井

阶梯水平井是指在一个井眼中连续完成具有一定高度差的两个或者多个水平井段,形成具有两个或多个台阶的井眼轨迹，用一个井眼开采或者勘探多个层叠状气藏的水平井井型(图 9-4)。

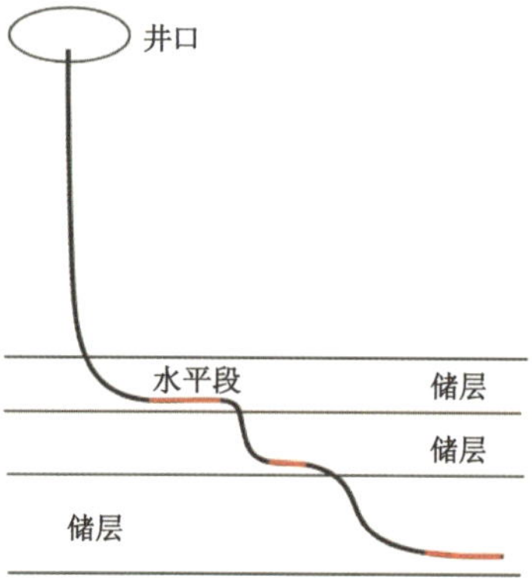

图 9-4 煤层气阶梯水平井示意图

③ 多井底水平井

多井底水平井是指 1 口垂直井侧向钻出 2 个或 2 个以上井底的井，能够从一个井眼中获得最大的总位移，在相同或者不同方向上钻穿不同深度的多套气层。它主要适用于多层气藏的开发[图 9-5(a)]。

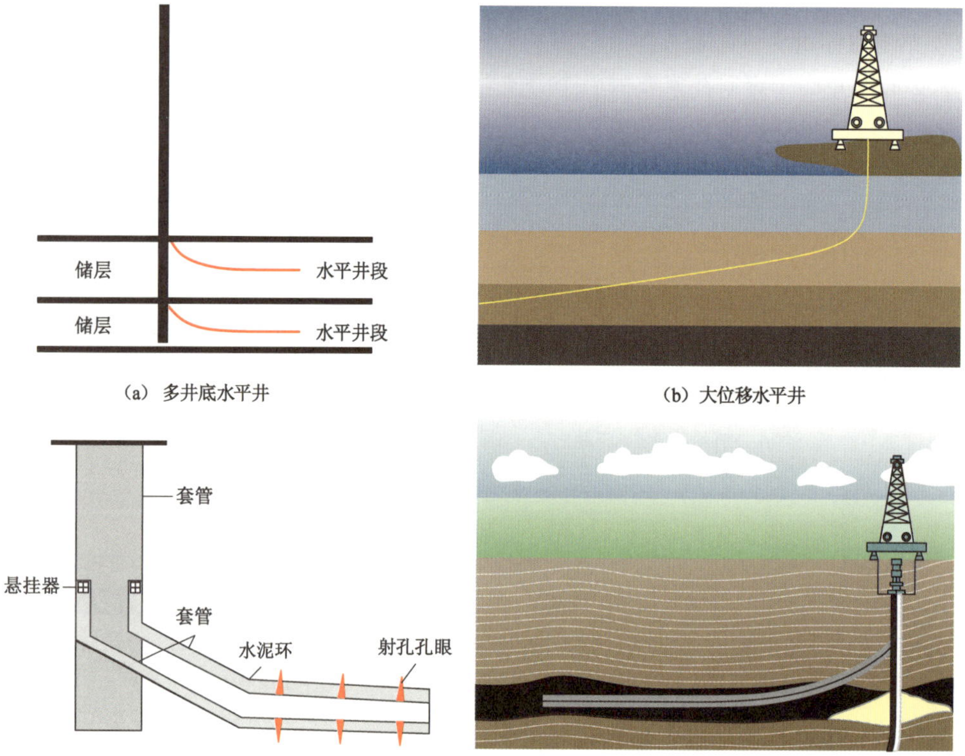

(a) 多井底水平井

(b) 大位移水平井

(c) 开窗侧钻水平井

图 9-5 煤层气水平井示意图

④ 大位移水平井

所谓大位移水平井，就是在原定向井的基础上，把井眼进一步向外延伸的井。它通常定义为水平位移与垂直深度之比大于 2.0 以上的井[图 9-5(b)]。

⑤ 开窗侧钻水平井

开窗侧钻水平井是指在原套管内开窗侧钻的井，它包括套管内开窗侧钻直井、定向井和水平井。其目的是使老井复活，使老井恢复产能。充分利用原井场和原井的上部井眼，利用原来的输气管线，节省投资。利用侧钻技术，在事故井、报废井中侧钻成定向井、水平井，可节省钻井周期。利用侧钻井技术，可以钻成多底井、分支井[图 9-5(c)]。

(3) 多分支水平井

① 多分支水平井是指在一个或多个主水平井眼旁再侧钻出多个分支井眼，因形似羽毛及鱼骨，又称为羽状水平井或鱼骨井(图 9-6)。

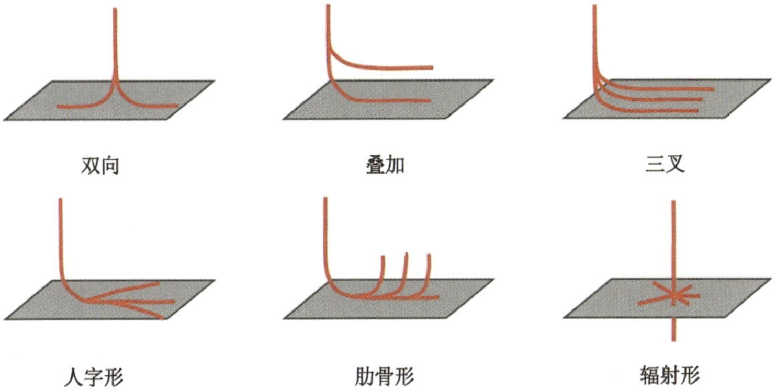

图 9-6　煤层气多分支井及形式示意图

② 技术要点

该项技术是最新的钻井技术，包含多项先进技术，如井位标定技术、井身结构模型优化技术、井眼轨迹优化设计与校核技术、井眼轨迹控制及地质导向技术、欠平衡钻井工艺技术及完井工艺技术等，可以保持钻井在煤层中精准钻进且不致偏离，并可保证最大产能。

③ 技术优点

多分支水平井从不同方向进入并控制煤层，可大大增加有效供给范围；分支将割理连接成网状，由于煤层气在分支井眼中的流动阻力远低于天然及人工裂缝的，因此可有效提高导流能力；多分支水平井通常不需要压裂酸化等措施，进而减少对煤层的损害；其产量是直井的 10 余倍，单井产量高，采收率高，生产到达高峰期的时间短，经济效益显著；相较于控制同等面积的直井组，可节省大量的井场面积。

④ 技术适用性

该技术对储层要求较高，对低渗透及割理发育煤储层增产更有效，因此适用于构造稳定高煤阶、低渗透率、厚度大、高含气量且割理比较发育的煤层。

9.1.1.3　U 型井

U 型水平井组由一口直井(或定向井)与一口或多口水平井组成，生产直井位于煤层低部位,水平井整体下倾钻进并与直井连通,两口井形成一个"U"字形的井筒结构,因此称为U型井(图9-7)。

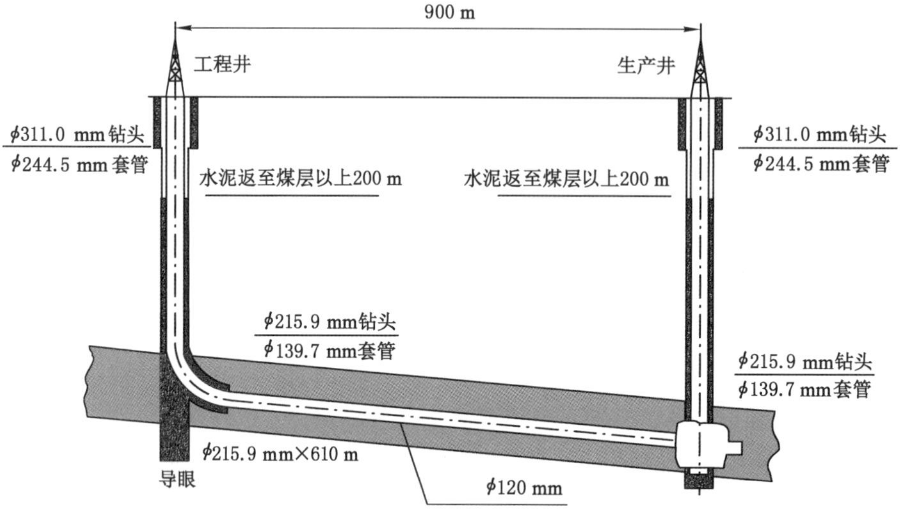

图9-7 煤层气U型井井身结构示意图

(1) 技术特点与优势

① U型井由水平井与直井构成,兼有单分支水平井沟通割理与直井"点"状排采煤层气的特点。U型井中的水平井具有方向性,垂直于面割理方向钻进可以沟通裂隙获得较大产能,割理越发育,越能发挥U型井的优势。

② 作为新型钻井,U型井为两井连通、地质导向、欠平衡钻井等多种先进技术的综合,钻井难度大。

③ 具有水平井和直井两个井口,但排水与采气通常依靠直井。

④ U型井中洞穴直井一般设计在煤层下倾方向,充分依靠倾斜地层的坡度,利用重力作用实现排水采气,提高流动效率。

⑤ 不同U型井组利用同一直井实现排水采气,可大大提高排采效率。

(2) 技术适用性

该井型的适用储层与多分支水平井类似,但特点是多个U型井组利用斜坡重力共用一口排采直井,因此适用于中煤阶、厚层、高含气量、割理发育、储层发育在斜坡地形上的煤层。

9.1.2 井网与井距

煤层气开发井网的设计与优化是煤层气开发过程中的重要研究内容,也是煤层气开发方案中的重要组成部分,其合理性、适用性会决定单井和井组的产量、采收率等,也会直接影响整个煤层气开发项目的经济效益。由于国内煤储层非均质性大多都较强,渗透率较低,且不同区块煤储层差异性较大,因此针对不同区块设计一套科学合理的井网部署方案尤为重要(孟召平,2018)。

9.1.2.1 开发井网部署的原则

煤层气井网的部署与常规天然气井网有许多共性,但由于两者赋存机制的差异又有不少差别。科学、合理、经济、有效的井网部署应以提高煤层气动用储量、采收率、采气速度、稳产年限和经济效益为目标。煤层气开发的井网部署应考虑三个方面的因素：地质因素、经济效益、开发要素。

(1) 地质因素

不同的煤层气地质条件下井网部署特点不同，主要考虑的煤储层因素有裂缝发育特征和方位、渗透率、煤层气含量、煤层气资源丰度等。构造走向和裂缝发育方位决定井网方位；资源丰度和渗透率条件决定不同的井网密度，应寻找煤层气含量高的地区进行井网部署。

(2) 开发要素

① 分步实施、均衡开采

在平面上，井网部署应有计划地按阶段分步实施，滚动开发实现气藏的均衡开采。相较于常规天然气开发中尽量避免井间干扰效应产生的原则，煤层气开发井网则要求只有尽快实现井间压力干扰效应才能充分动用储量、提高采收率。

先导性试验阶段，应按照井网部署的原则，使试验井组的各井之间在尽量短的生产试验期内达到最大井间干扰程度。一般理想的先导性试验阶段为 4～12 个月。因此先导性试验阶段井组的井距以小于规模生产井为宜。用储层模拟软件作为辅助依据确定井距。较小的井距可以使各井间产生更强烈的干扰效应，可以尽快观察到试验效果。

全面开发阶段，生产井网的井距应大于先导性试验阶段。基于此，单井可以控制更大的面积，即控制更多的储量，使单井总产量增大，降低投资成本，从而获得更大的经济效益。

② 各层系有效组合

各层系应做到整体规划、立体开发。层系划分和井网部署上既要考虑每套层系各自开发的要求，又要综合考虑层系接替和一井多层开采的方式。

③ 合理采气速度

煤层气田开发设计一般要求在 15 年左右采出可采储量的 50%～60%，初期采气速度应达到 3%～4%甚至 4%以上，井网密度必须满足这一基本要求。

(3) 经济效益

要求单井控制储量不能低于单井经济极限控制储量。井网密度应小于经济极限井网密度，在最优井网密度与经济极限井网密度之间选择合理值。因此，合理的井网井距需要综合各项研究成果确定，既要满足采气速度的要求，经济上还要可行。应在上述综合分析的基础上，借助现代化数值模拟手段确定具体的井距。

9.1.2.2　开发井网部署的要素与方法

井网部署主要考虑 4 个要素，即井网样式、井网方位、井网密度和井距。其中，储层物性的非均质性影响井网样式；水平最大主应力方向和主裂缝延伸方向决定井网方位；而井网密度和井距受到资源丰度、裂缝长度、储层物性以及经济效益等多方面因素影响(王之朕等，2023)。

井网密度过大无法形成有效的井间干扰，影响煤层气井的产能和采收率；井网密度过小会使煤层气资源的开发成本加大，影响区块内资源开发的经济效益；此外，井与井之间的间距不仅受到井网密度的影响，也受到井网样式和储层非均质性的影响。

(1) 井网样式

合理的井网布置样式，可以大幅度地提高煤层气井产量，降低开发成本。煤层气井网布置样式通常有：正方形井网、矩形井网、菱形井网、五点式井网和七点式井网等(图 9-8 至图 9-9)。

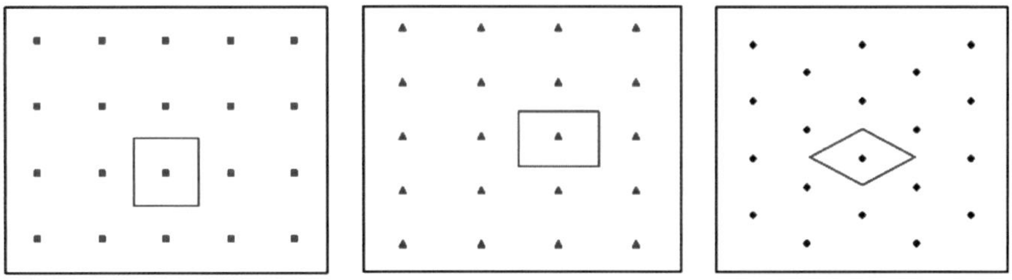

图 9-8　正方形、矩形、菱形井网(李相方,2019)

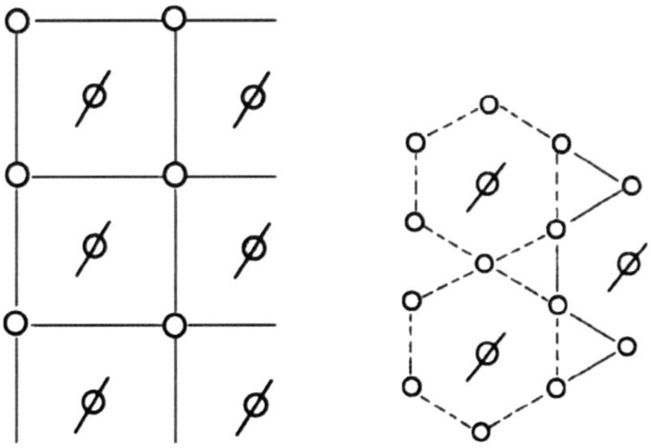

图 9-9　五点式井网和七点式井网

矩形井网要求沿主渗透和垂直于主渗透两个方向垂直布井，且相邻的四口井呈一矩形。矩形井网规整性好，布置方便，多适用于煤层渗透性在不同方向差别不大的地区；矩形井网布井的主要缺陷表现在相邻 4 口井的中心位置，压力降低的速度慢、幅度小，导致排水采气的效率低，可能造成该区域的煤层气资源无法采出。正方形井网属于矩形井网的一种特殊形式。

菱形井网要求沿主渗透和垂直于主渗透两个方向垂直布井在四口井中心的位置，加密 1 口煤层气开发井使相邻的 4 口井呈一菱形，是主要针对矩形井网的一种补充或者完善形式。该布井形式的最大优点是，在煤层开发排水降压时，井与井之间的压力降低幅度比较均匀，可以达到开发区域整体降压的目的。

五点式井网要求沿主渗透和垂直于主渗透两个方向垂直布井，且相邻的四口井呈一菱形。五点式井网是煤层气开发常用的布井形式，该布井形式的最大优点是，在煤层气开发排水降压时，井与井之间的压力降低幅度比较均匀，可以达到开发区域整体降压的目的。

(2) 井网方位

煤层气开发需要对储层进行压裂改造。由于国内大部分煤层渗透率都存在各向异性，因此压裂裂缝在不同方向延伸不同的距离。井网方位的确定通常根据压裂裂缝方位和主导天然裂隙方位，为使煤层气压降速率保持一致，井间干扰形成时间大致相同，以达到产能最高、经济效益最好的目标，须将矩形井网的长边方向与天然裂隙主导方向平行或与人工压裂裂缝方向平行。煤层中的天然裂隙是影响煤层渗透性的重要因素，煤中裂隙的主要延伸方向往往是渗透性较好的方向；人工压裂裂缝可以改善天然裂缝，使其更好地沟通压裂裂缝，主导方位多沿垂直于现今最小主应力的方向延伸(王之朕等，2023)。

(3) 井网密度

井网密度是指当井间和层间干扰最大化，区域内采收率达到最大时的最少井数。井网密度涉及气田开发指标和经济效益的评价，是气田开发的重要参数，其大小与井型和井间距有关。井网密度取决于储层的性质和生产规模对经济性的影响以及对采收率的要求，井网密度过大无法形成有效的井间干扰，影响煤层气井的产能和采收率；而井网密度过小会使煤层气资源的开发成本加大，影响区块内资源开发的经济效益。因此，产生了经济极限井网密度、合理井网密度以及最优井网密度的概念。① 经济极限井网密度：总产出等于总投入，总利润为零时的井网密度。超过此密度界限，则发生亏损。② 最优井网密度：当总利润最大时的井网密度。③ 合理井网密度：实际井网部署应在最优井网密度与经济极限井网密度之间选择一个合理值。比较实用的预测与计算煤层气井网密度的方法主要有以下几种：

① 单井合理控制储量法

开发井距的确定应当考虑单井的合理控制储量，使高丰度区单井控制储量不会过大，而低丰度区单井控制储量应大于经济极限储量。在此基础上，根据资源丰度，进一步求取井距或井网密度。

$$G_{\mathrm{g}} = \frac{dqt}{NE_{\mathrm{r}}} \tag{9-1}$$

式中　G_{g}——单井控制地质储量，m^3；

q——稳产期内单井平均产能，m^3/d；

d——每年产气天数，取 330 d；

t——气藏稳产年限，年；

N——稳产期末可采储量采出程度；

E_{r}——气藏采收率。

② 经济极限井距

a. 单井经济极限控制储量

一口煤层气井从钻井到废弃时支出的总费用包括钻井、储层改造、地面建设、采气成本等方面。要想取得经济效益，其总费用应该小于销售收入。这要求具备足够的储量，即单井控制经济极限储量，它是选择合理井距的一个重要经济指标。

$$G_{\mathrm{g}} = \frac{C + T \cdot P}{A_{\mathrm{g}} \cdot E_{\mathrm{r}}} \tag{9-2}$$

式中　G_{g}——单井控制经济极限储量，m^3；

C——单井钻井工程建设合计成本(包括钻井、储层改造、地面建设系统工程投资分摊)，元/井；

P——单井年平均采气操作费用，元/(年・井)；

T——开采年限，年；

A_g——煤层气售价，元/m^3。

b. 经济极限井距

由于经济极限井距的大小同时受资源丰度的影响很大，在不考虑井网密度对采收率的影响时，根据单井控制经济极限储量可以算出经济极限井距。经济极限井距可表示为：

$$D = \sqrt{\frac{G_g}{F}} \tag{9-3}$$

式中 D——经济极限井距，m；

F——资源丰度，$\times 10^8\ m^3/km^3$。

③ 规定单井产能法

设一个气藏地质储量，规定了一定的产能，则可以求得单位面积上的井数：

$$\frac{n}{A} = G \times \frac{V}{330} \times q \times \eta \tag{9-4}$$

式中 G——气藏地质储量，$\times 10^8\ m^3$；

A——含气面积，km^2；

V——平均年采气速度；

q——单井平均产能，m^3/d；

η——气井综合利用率；

n——气藏开发所需要的井数。

④ 经济极限-合理井网密度法

当资金投入与产出效益相同时，即气田开发总利润为0时，对应的井网密度即经济极限井网密度：

$$\mathrm{SPAC_{min}} = \frac{a \times G(1 - T_a) \times (E_r \times A_g - P)}{A} \times C \times \frac{(1+R)T}{2} \tag{9-5}$$

式中 $\mathrm{SPAC_{min}}$——经济极限单位含气面积上的井数；

A——含气面积，km^2；

G——煤层气探明地质储量，$\times 10^8\ m^3$；

A_g——煤层气售价，元/m^3；

C——单井钻井和气建总投资（包括钻井、储层改造、地面建设系统工程等分摊投资），万元/井；

E_r——煤层气采收率；

T——评价年限，年；

P——平均采气操作费用，元/m^3；

R——贷款利率；

a——商品率；

T_a——税收率。

如果选用合理利润 $\mathrm{LR} = 0.15 A_g \times E_r$，考虑资金与效益产出因素，当经济效益最大时的井网密度为气田的最佳经济井网密度：

$$\mathrm{SPAC_a} = \frac{a \times G(1 - T_a) \times E_r \times A_g - P - \mathrm{LR}}{A} \times C \times \frac{(1+R)T}{2} \tag{9-6}$$

气田的实际井网密度应在最佳井网有与极限井网密度之间，并尽量靠近最佳井网密度，可采用加三重差分法：

$$SPAC=\frac{SPAC_a+(SPAC_{min}-SPAC_a)}{3} \tag{9-7}$$

⑤ 数值模拟法

油藏数值模拟的基本原理是根据煤层气赋存特征以及生产排采过程中的渗流特征，建立合理的地质模型以及数学模型。煤层气在煤储层中的赋存可以用朗缪尔等温吸附模型来描述，在煤层微孔隙系统中的扩散是气体迁移的主要方式，遵守菲克定律。煤层气扩散进入割理孔隙系统，产生气水两相流动，符合达西流动规律。在综合地质研究以及储层评价的基础上，利用先进的储层数值模拟软件，模拟多种不同井网的煤层气产能动态，研究井距对长期产能的影响。并根据模拟结果，综合对比多个指标，如单井累积产量、单井服务年限、高峰期、采收率等，在此基础上进行井距优选(杨秀春等，2008)。

(4) 井距

当煤层气井群开发时，选择合理的井距至关重要，它是产量预测和经济评估的重要参数，影响到煤层气开发项目的经济效益和煤层气资源的回收率。优化煤层气开发，必须设计合理的井距，单井控制面积的大小直接影响产气高峰出现的早晚和制约成本的高低。井网类型确定后，确定网格密度(也就是井距)则是井网布置的关键内容。

井距取决于储层的性质和生产规模对经济性的影响。最佳井距确立通常应考虑以下几方面的因素：

① 开发范围的边界形态。

② 地形地貌特征。在实际布井中，往往会因地形地貌(如河流、建筑特征)影响而使得方形网格变形。

③ 储层特征。煤层渗透率高，井距可以大些；渗透率低，井间距应设计小些。面割理方向井距应大些，端割理方向井距应小些，同时井网布置应尽可能地与煤层割理主导方向一致。

井距的确定方法主要有两种，一是地质类比法，二是数值模拟法。地质类比法是一种简便易行的方法，在没有储层模拟条件下地质类比法是十分有效的方法。数值模拟法基于煤层气区块实际储层参数，通过产能数值模拟软件模拟不同井距条件下的煤层气井单井日产气量、累计产气量、采出程度等参数，进而结合经济效益等最终确定最佳井距。

9.2 完井技术

完井技术的选择对煤层气高效开发尤为重要。根据煤层性质，合理选择完井工艺与工具，有利于降低完井作业对煤层的伤害、延长生产时间，从而提高煤层气产量。煤层气完井技术主要有洞穴完井、筛管完井和套管完井。

9.2.1 洞穴完井技术

在高渗透煤层中，直井洞穴完井是常见的采用应力释放原理的增产改造方法。该技术相对简单、经济，通过水力或机械扩孔、人工压力“激动”实现造穴。在周期性的压应力和拉应力作用下，煤层洞穴周围依次形成张性破裂区、剪切破碎区以及外围扰动带，提高了储层渗透率，配合 U/V 型井、多分支水平井形成洞穴连通井，提高煤层气产量。但是，直井造穴应力释放范围小，适用于高压、高渗煤层，如美国的圣胡安盆地和澳大利亚的鲍恩(Bowen)盆地等，而我国普遍为低渗煤层，适用性较差。为扩大应力释放范围，学者们又提出了水平井洞穴完井技术。通过机械扩孔、水力喷射、水力割缝、水力-机械联合、机械-氮气扩孔等方式，诱导煤层产生裂隙并沟通天然裂缝，实现储层大范围应力释放，从而降低储层压力，提高气体解吸、扩散和渗流能力。

9.2.2 筛管完井技术

该技术主要包括钢制筛管完井、非金属筛管完井、水平井双管柱筛管完井、连续油管带筛管钻完井一体化、多分支水平井分支井眼重入筛管完井等技术。玻璃钢、PE、PVC 等非金属材质的筛管可解决钢质筛管成本高、后期采煤易产生火花等问题。双管柱筛管完井技术已在山西省沁水盆地南部应用于 300 余口水平井，单井日产量提高 4 倍、稳产周期延长 5 倍以上。连续油管带筛管钻完井一体化和多分支水平井分支井眼重入筛管完井技术均可解决分支井眼易坍塌的问题。前者通过特殊的分离装置将连续油管与筛管相连接，共同入井，一趟管柱实现连续油管喷射侧钻、分支井眼筛管完井；后者在传统下筛管作业的基础上配合钻具重入工具，实现分支井筛管完井，并在山西省沁水盆地成功开展了现场试验。

9.2.3 套管完井技术

在中、低渗煤层中，多采用套管射孔配套压裂改造的完井技术。相较于裸眼完井，套管完井有效提高了井壁稳定性，配合分段压裂改造可显著提高煤层气产量。目前，较为成熟的分段压裂技术主要有封隔器-滑套分段压裂、桥塞分段压裂和水力喷射分段压裂技术等。

9.3 压裂技术

尽管煤层微裂隙发育，但原始渗透率低，煤层中的割理、裂隙通常被方解石、石英等类似的矿物质填充。煤孔隙与原始裂隙系统连通性较差，难以形成高导流能力的通道，通过压裂技术对储层的改造是有必要的。煤层气井压裂主要通过高压泵组压开煤岩体天然孔裂隙，促使天然裂隙扩宽并伸展，进而形成次生裂隙和高导流能力的通道，有效地连通井筒和煤储层，促进排水降压，提高了煤层气产量和采收率。煤层气储层压裂工程包括射孔和压裂两个环节。

9.3.1 射孔

煤层气井射孔设计原则：所选弹型能够穿透固井水泥环，保证煤层与井眼连通；最大限度地降低孔眼摩阻，使射孔的孔眼流量控制在 150 L/min 左右。

射孔段选择：根据煤层段井筒轨迹与煤层层面夹角的大小，选取射孔段。煤层气井射孔段选择如表 9-1 所示。

表 9-1 煤层气井射孔段选择

井筒轨迹与煤层层面夹角	射孔井段
<15°	煤层有夹矸:煤层顶板以下 0.5～1.0 m 至夹矸顶
	煤层无夹矸:煤层顶板以下 0.5～1.0 m 至煤层底板以上 1.5～2.0 m
≥15°	煤层有夹矸:煤层顶板以下 1.0～1.5 m 至夹矸顶
	煤层无夹矸;煤层顶板以下 0.5～1.0 m 至煤层底板以上 2.0～2.5 m
当水泥环厚度≥70 cm 时,采用深穿透射孔弹射孔	

射孔方式包括电缆输送射孔、油管输送射孔、油管输送射孔联作、电缆输送过油管射孔和超高压正压射孔,其特点和性能如表 9-2 所示。

表 9-2 煤层气井射孔方式及其特点和性能

射孔方式		特点	性能
电缆输送射孔	套管正压射孔	(1) 施工简单,成本低,有较高的可靠性 (2) 高孔密、深穿透 (3) 适用于高、中、低压煤储层	对煤层损害程度大
	套管负压射孔	(1) 施工简单,成本低,有较高的可靠性 (2) 高孔密、深穿透 (3) 适用于中、低压煤储层	对煤层损害程度小
油管输送射孔		(1) 安全性能好,便于测试、压裂、酸化和射孔联作 (2) 高孔密、深穿透 (3) 适应斜井、水平井和高压井	对煤层损害程度相对小
油管输送射孔联作		便于测试、压裂、酸化和射孔联作	适用于自喷井
电缆输送过油管射孔		适合于不停产补孔和打开新层位的生产井,对煤层损害程度小	不具有高孔密、深穿透、大孔径射孔的优势
超高压正压射孔		对煤层损害程度小,但不利于煤层气的解吸	成本高(注液氮)

9.3.2 压裂

水力压裂是利用地面高压泵系统,可通过井筒向煤层气储层注入高黏度的压裂液。当施工压力大于煤层气储层的破裂压力时,煤层将被压开并产生裂缝;继续向储层注入压裂液,裂缝就会继续向储层内部扩张。当把煤储层压出许多裂缝后,为了保持压开的裂缝处于张开状态,首先向储层内加入带有支撑剂(通常为石英砂)的携砂液,携砂液进入裂缝之后,一方面可以使裂缝继续向前延伸,另一方面可以支撑已经压开的裂缝,使其不再闭合。其次注入顶替液,将井筒的携砂液全部顶替进入裂缝,用石英砂将裂缝支撑起来。最后注入的高黏度压裂液会自动降解排出井筒之外,在储层中留下一条或多条长、宽、高不等的裂缝,使储层与井筒之间建立起一条新的流体通道。典型水力压裂施工曲线如图 9-10 所示。

9.3.2.1 煤储层压裂工序及质量标准

水力压裂效果直接关系到煤层气井后期的产气效果。煤层气压裂施工效果不仅取决于

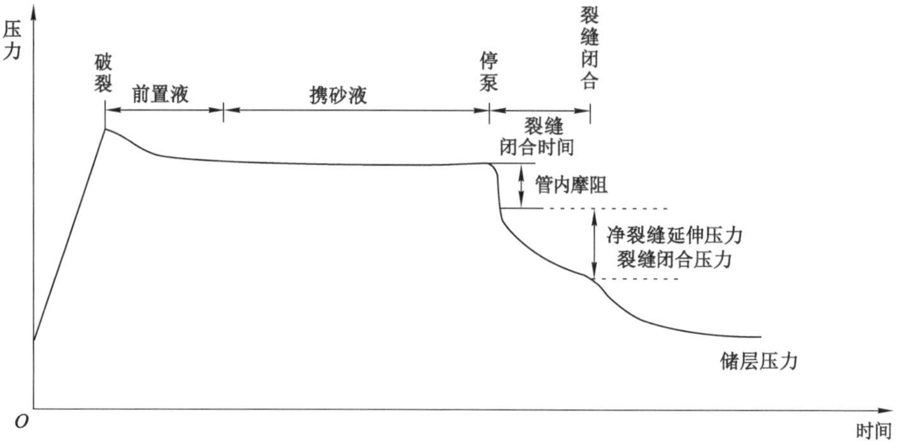

图 9-10　典型水力压裂施工曲线

地层条件，更取决于压裂技术和施工工艺。煤储层压裂工序及质量标准如下。

井筒试压：采用清水正试压。试压值：套管抗内压强度×95%。试压时间：30 min 内压降≤0.5 MPa 为合格。

通井：通井前必须查清套管情况（套管内径、井斜、套管是否变形），然后选用合适的通井规格通至人工井底。通井时必须装指重表，指重表要灵敏可靠，遇阻悬重不得超过 20～30 kN。

洗井：用清水洗井替出井内全部泥浆，循环洗井 2～3 周，进、出口液性质一致为合格。

射孔：射孔前，井内压井液应符合设计要求。严禁误射、漏射，发射率要求 100%，低于 80%应补射。射孔时严防井下落物并应连续进行，未做好射孔准备不准施工。

压裂施工：煤层气井正式压裂施工以前，必须进行变排量测试。阶梯排量压裂测试应该采用与该井加砂压裂相同的压裂液，光套管注入，注入排量由小到大，排量分别为 1、2、3、4、5、6、7（m^3/min），每个排量稳压 1～2 min，在 1 m^3/min 时作 ISIP，测试压后压力降落，时间为 30 min。正式的压裂施工必须根据阶梯排量测试结果及时完善和修改实际的压裂施工设计。

煤层气井压裂施工采用光套管压裂，并严格按设计要求充分准备施工用压裂液和石英砂，按泵注程序进行压裂。

探砂面、冲砂：采用油管探砂面时，反复探 2 次，其标准是，指重表悬重下降范围在 5～10 kN，两次深度误差不超过 0.5 m。冲砂至预定深度并且返出液中含砂量低于 0.2%时，应再循环洗井一周并停泵 2 h，再次反复探砂面，2 次砂面上升量合计不超过 2 m 为合格。

更换井口：井口采油树必须试压合格，配件齐全，安装要规范化，在工作压力范围内不渗不漏。

测压力降落曲线：压裂施工停泵后测 30 min 的压力降落曲线，并严格记录。

9.3.2.2　压裂液

压裂液用量包括前置液、携砂液和顶替液的用量。煤层气压裂施工排量不但决定了压裂液的携砂能力，同时直接影响压裂裂缝的形态。压裂施工排量的增加不可避免地会造成裂缝净压力升高，引起裂缝高度、长度及宽度的变化，尤其对裂缝延伸的高度影响较大。目前压裂设备和压裂技术条件所达到的排量范围内，地层中形成的裂缝宽度是有限的，即使在煤层中，平均宽度也只有 10～15 mm。这主要是因为在地层中形成裂缝后，其受力面积迅速增大，地面压裂设备泵组功率有限。

砂比也是压裂的一个重要指标，砂比越大，形成的压裂裂缝内支撑剂的浓度就越高，裂缝相对导流能力就越强，越利于煤层的排水降压。但由于煤层弹性模量较低（与普通砂岩相比相差一个数量级），嵌入因素的存在无疑影响了支撑剂支撑裂缝的宽度。当动态裂缝闭合后，支撑剂上受到的有效应力为最小地应力减去支撑带孔隙中的流体压力。如果支撑剂有足够的强度未被压碎，那么有部分支撑剂将嵌入煤层，导致实际形成的支撑裂缝宽度将减小。因此，在煤层压裂施工作业中一般以增加地面砂比来弥补由于支撑剂的嵌入带来裂缝宽度的影响。如美国在勇士盆地用冻胶压裂，支撑剂的加入浓度平均值可达 50%～60%。由此可见提高支撑剂的加入浓度是煤层气井压裂增产改造的一个重要方面。但由于目前煤层普遍采用清水压裂施工，提高地面注入砂比确有许多困难。注入砂比过高，会造成砂堵压力升高而使压裂施工作业被迫中止。另外，在加砂量一定的情况下，提高注入砂比就意味着降低了支撑裂缝长度。在压裂加砂施工阶段，适当降低注入的排量，延长加砂时间，可以相对增加裂缝延伸的长度。而对于低渗煤层，增加压裂裂缝的长度有利于提高压裂效果。因此只有统筹考虑各种因素的影响，才能达到优化施工的目的。

9.3.2.3　支撑剂

支撑剂的作用是支撑压裂施工所造成的人工裂缝，使其能够获得良好的导流能力。由于煤层埋藏浅，煤层闭合应力小，煤层气井压裂普遍选用天然石英砂作支撑剂。压裂石英砂圆度不得低于 0.7，球度不得低于 0.7，并保证清洁无机械杂质。煤层气井单井总加砂量不低于 40 m^3。煤储层力学强度低，特别是抗拉强度低使得煤岩容易开裂；泊松比高使得地层水平应力增大而导致地层难以开裂。所以煤岩破裂的难易程度需要视具体情况计算才能得出结论。但煤岩的低弹性模量和高泊松比将导致裂缝长度减小、宽度增大。由于压裂裂缝宽度增加，在相同的施工排量下，裂缝延伸长度增加将受到限制，因此，煤层气井压裂施工排量远高于常规砂岩气井，压裂过程中，施工砂比应逐步增加，煤层气井施工平均砂比不低于 12%。煤层气井单井施工平均排量不低于 8 m^3/min。

9.4　排采工艺与技术

9.4.1　煤层气排采机理

与中浅部相比，在高温、高压耦合作用下，深部煤层气赋存状态存在动态转化，导致解吸、渗流过程更为复杂，不同尺度空间气体赋存状态和传输机理不同。深部煤层气井大规模压裂后形成“人造气藏”，存在复杂的多尺度渗流过程，根据等温吸附理论和渗流机理研究，由近井筒向远端径向上大致可分为 3 个导流区域（陈明等，2024）。

（1）高导流区域。在靠近井筒的近井地带，压裂形成主裂缝，与次生网状缝沟通天然裂缝形成的缝网系统共同构成高导流区域，以游离气为主，气液流动遵循达西定律。气井生产初期，生产压差较大，类似致密气能量衰竭方式生产。

(2) 中导流区域。压裂形成的次生网状缝与天然裂缝形成“达西-非达西流的过渡区域”,以残余游离气和强解吸气为主。伴随游离气大量产出,储层压力逐步下降至启动压力,进入低效-缓慢解吸阶段,解吸气供给弥补游离气的程度递减,此时在中导流区游离气和低效-缓慢解吸气同步产出。

(3) 低导流区域。由于远井区域的煤层气储层割理、基质孔隙导流能力低,当储层压力降至转折压力后,气井产气量以远端解吸气供给为主,类似中浅层煤层气降压解吸方式生产。

9.4.2 排采设备及工作原理

目前对煤层气井实施排水降压最常用的排采系统包括有杆泵、螺杆泵、射流泵等。

9.4.2.1 有杆泵排水采气

有杆泵排采工艺的主要设备包括抽油机、抽油杆和抽油泵。地面部分最重要的设备即游梁式抽油机,电动机、减速装置和四连杆机构是其分支组成;井下部分最重要的设备是抽油泵,煤层气井一般使用管油泵;联系地面和井下的中间部分设备有抽油杆、盘根盒和专用井口,如图 9-11 所示。

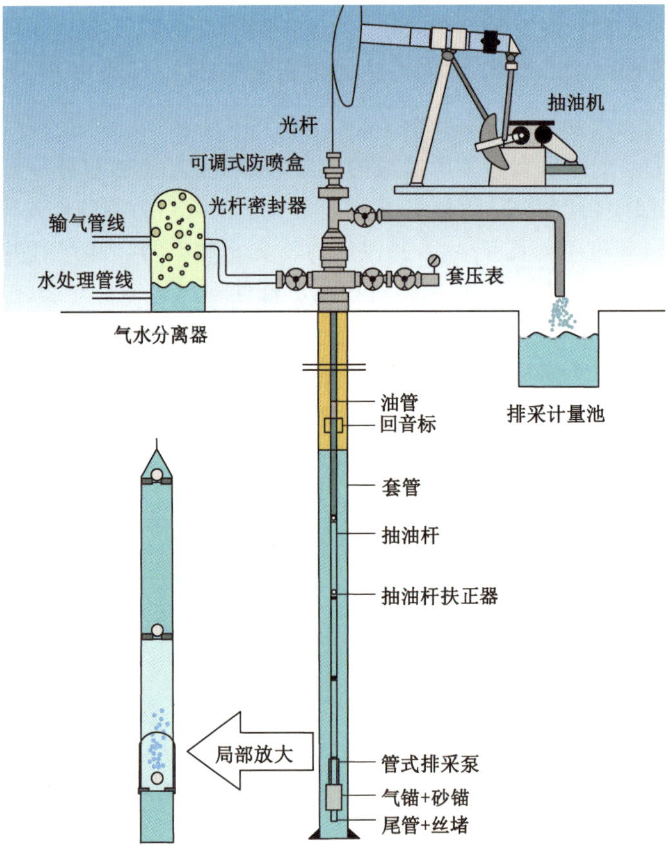

图 9-11　有杆泵排采工艺示意图

工作原理为:电动机的高速运动由减速箱化解为低速运动,为了使抽油杆能够在井筒内做低速的垂向往复运动,抽油机的四连杆机构起了关键作用。四连杆机构的这种变向循环带动作用，使得抽油泵的柱塞也在泵筒内做垂向的抽汲运动。当抽油杆上行时，吸入阀打开，吸液入泵，排出阀关闭，位于柱塞上部的井液被举升到井口产出，此为泵的排出过程；当抽油杆下行时，吸入阀关闭而排出阀打开，柱塞下面的液体通过排出阀向上排出，从而完成泵的吸入过程。

9.4.2.2　螺杆泵排水采气

地面驱动螺杆泵与连杆传动的有杆泵不同，是用旋转杆传动的。其设备主要由电控、地面、井下三部分组成。电控部分主要控制电机的起、停，包括电控箱和电缆；地面部分主要包括驱动装置、减速箱、驱动电机、支撑架等，是实现把动力传给井下泵转子的机械装置；井下部分主要由螺杆泵（包括定子和转子）及其配套工具组成来实现排采，如图 9-12 所示。

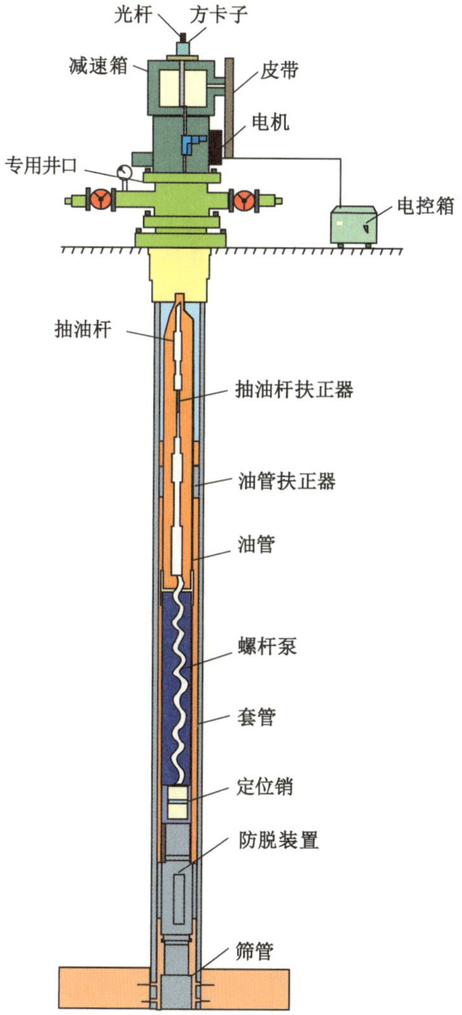

图 9-12　地面驱动螺杆泵排采工艺示意图

工作原理：定子和转子是螺杆泵的重要组成部分，从其结构特点上可将其归为螺旋式空腔累进泵。螺杆泵工作时，定子和转子的接触形式随时间的变化而改变。地面电机将旋转动力传递给抽油杆，抽油杆随即带动转子在定子内旋转。转子与定子各啮合螺杆之间以及螺杆与缸套间的间隙很小，在泵内会形成多个彼此分隔的密封容腔。随着转子的转动，下部容腔体积增大，吸入液体，然后封闭，而后容腔会不断变换位置，并逐渐沿着螺杆泵轴向方向推移，封闭的容腔内的液体也会随之排向井口，而封闭容腔会一个接一个地在泵下端不断形成并带着井液向上运移，如此循环，实现举升。

9.4.2.3　射流泵排水采气

射流泵是一种较为先进的水力泵，但较其他排采工艺相比，射流泵的结构简单，无复杂特殊运动部件。射流泵的泵体，其结构主要由喷嘴、吸入管、喉管（混合段）、扩散管等组成。煤层气井射流泵排采工艺主要包括井口装置、井下射流泵、地面动力装置、地面管汇等，其示意图如图 9-13 所示。

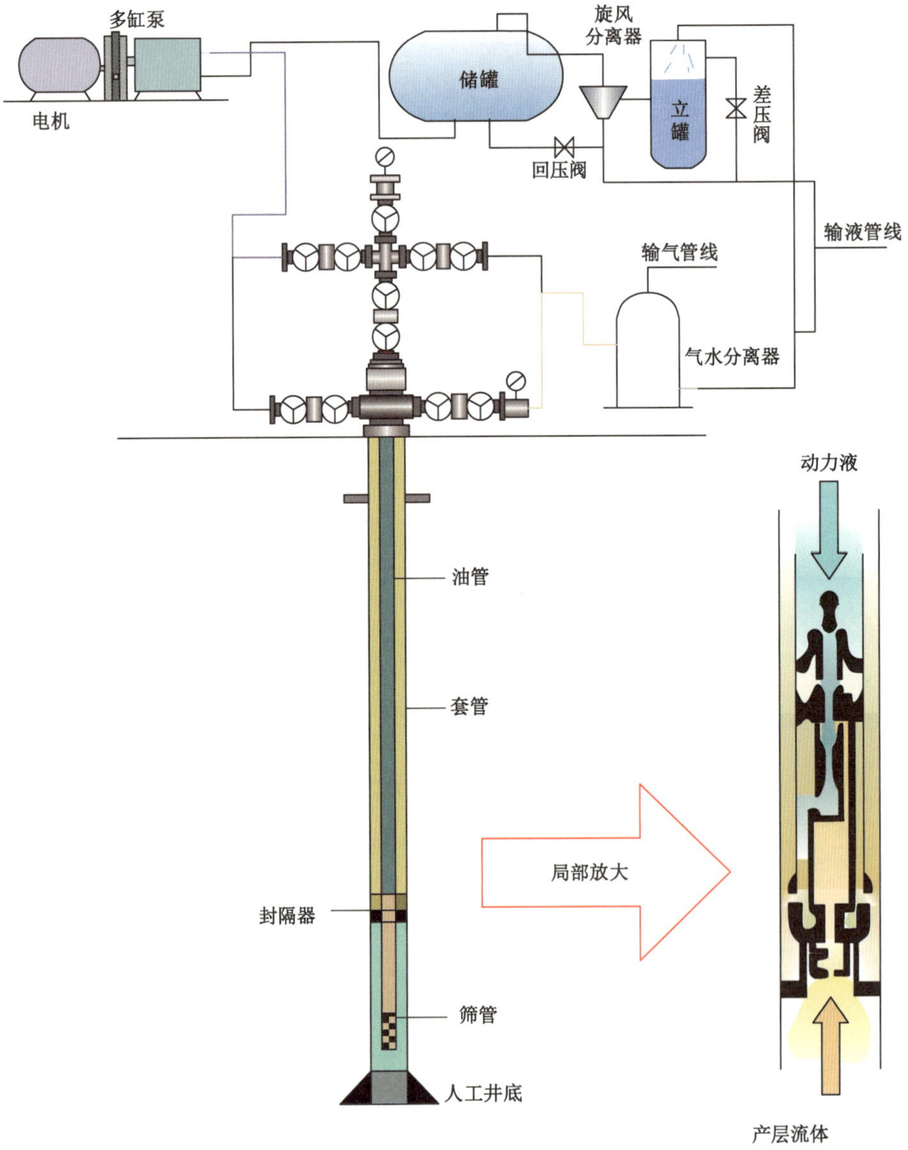

图 9-13　射流泵排采工艺示意图

工作原理为：射流泵主要依靠地面高压泵组，将动力液经喷嘴、喉管将水动力传递给地层的产出液，实现排采。地面的高压泵组将事先储备好的动力液由油管泵入，此时流体由压能转化为动能，一方面，高速流体通过射流泵泵体的喷嘴时，引起了其周围的压降；另一方面，地层井液由射流泵泵体的单流阀进入，再通过喷嘴外的环形空间，由于喷嘴附近高速流体通过产生负压，地层井液被该负压吸入喉管，此时地层井液和高速动力液混合，并借由扩散管排出，混合液借由油套环空一起被举升到井口。

9.4.3　煤层气井排采管柱及地面配套设备

煤层气直井的排采管柱根据排采井的产液能力、泵类型和型号、煤层的埋深、排采目的层数等参数进行设计。同时，增加了气锚、绕丝筛管、扶正器等设备来延长泵使用寿命、降低成本。安装了井底压力计等设备来监测煤层气井排采过程中井底压力及动液面的变化。下文以梁式抽油机为例说明井下排采管柱设备组合（倪小明等，2015）。

井下设备组合分抽油泵组合和抽油杆组合两种。以 73 mm 抽油管为例，抽油泵组合为：60 mm 平式丝堵＋60 mm×3 m 筛管＋60～73 mm 平式变扣接头＋73 mm 平式油管 1 根＋73 mm 固定凡尔＋38 mm 或 44 mm 或 56 mm 管式泵＋73 mm 平式油管 1 根＋73 mm 加大传感器固定短节＋73 mm 加大双公头接头＋悬挂器＋油补距。

抽油杆组合为：柱塞＋防脱短节＋抽油杆＋光杆＋抽油机悬挂系统。梁式抽油机泵挂示意图如图 9-14 所示。

煤层气井地面配套设备主要包括动力系统、气液分离及计量系统、自动数据采集和设备自动控制系统等。

动力系统：煤层气勘探评价阶段，单井排采时选择与排采设备相匹配的两套柴油发电机组作为动力供应，一般为 35～50 kW；井组排采时可考虑使用电力供应。煤层气开发阶段，储层连续产气后，可采用燃气发电机组，逐步形成以气养气的良性循环。

气液分离及计量系统：主要包括气/水分离器、分气缸、管线、阀门、水计量表和气流量计等。气/水分离器主要用以分离从地下排出的水中所携带的游离气和微量的固体颗粒；分气缸主要用于缓冲套管压力对产气系统的直接影响，确保产气系统保持稳定的流动工作压力；管线用于连接排采的产气系统和排液系统，并配备弯头、三通、四通等配件；对气、水管线分别安装气、水阀门，气/水分离器和分气缸需要安装安全阀门；水计量表用于读取水流量和产水量；气流量计用于读取气流量和产气量。

煤层气直井排采时，气体从油管环空出口出来，经过套管压力表到达支管线，经过气流量计、管汇与火把管线相连接；排出的水由油管出口经过气/水分离器、水计量表与排水管线相连接，最后排到排污池中。

自动数据采集和设备自动控制系统：探头、传输电缆。CNG 站的自动控制系统通过安装于井口的探头和传输电缆来采集各井的产水量和套管压力等数据，并实时监控梁式抽油机和电机的运行。

9.4.4　煤层气井排采常用术语

9.4.4.1　压力

煤储层压力（原始储层压力）是指煤储层孔隙内流体所承受的压力，常以 MPa 为单位；

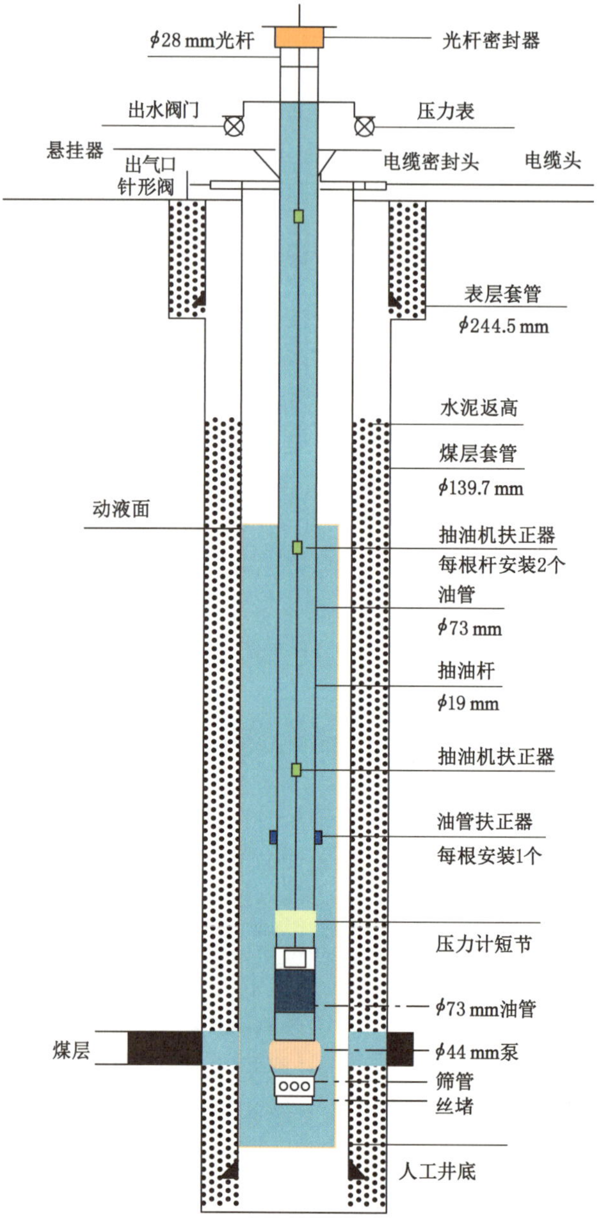

图 9-14　梁式抽油机泵挂示意图

亦即，煤层气被开采前(一般处于压力平衡状态)煤层中部流体所承受的压力，也有人称它是被生产扰动之前储层中的压力。煤储层压力一般随煤层埋深增加而增高。关于煤储层压力的研究具有重要意义，它不仅对煤层含气量、气体的赋存状态有重要影响，而且是气体和水从裂隙流向井筒的能量。煤储层压力一般可通过试井测得，通常采用的方法是注水/压降法：在设计时间内，先向测试层段注入一定量的水，然后关井，压力降落，测得井底压力与时间的函数，从而根据压力曲线的外推法求得该煤储层压力。

煤层气临界解吸压力是指在煤层降压过程中，气体开始从煤基质表面解吸时所对应的压力值。它可按下列公式计算：

$$P_{cd} = V \times \frac{P_L}{V_L - V} \tag{9-8}$$

式中 P_{cd}——临界解吸压力，MPa；

V——实测含气量，m^3/t；

V_L——朗缪尔体积，m^3/t；

P_L——朗缪尔压力，MPa。

临界解吸压力也可直接从等温吸附线上求取。对于气过饱和煤层，只要煤储层压力下降，就有吸附气从煤层中解吸，对于气欠饱和煤层，只有降到临界解吸压力以下，才有吸附气解吸。因此，可根据临界解吸压力和原始储层压力及该两者的比值来了解煤层气早期排采动态。临界解吸压力越接近原始储层压力，在排水降压过程中，需要降低的压力越小，越有利于气体排采。

煤层气压力(煤层瓦斯压力)是指煤层孔隙内气体分子自由热运动撞击所产生的作用力，在一个点上力的大小相等，方向与孔隙的壁垂直。瓦斯压力的测定方法是：自井下巷道内打钻进入煤层，在钻孔中，密封一根刚性导气管，实测管内稳定的气压，即瓦斯压力。煤层瓦斯压力受多种地质因素的影响，变化程度相差较大。在一个井田内的同一地质单元里，甲烷带的瓦斯压力通常随埋藏深度的增加而增大。煤层瓦斯压力是决定煤层瓦斯含量和煤层瓦斯动力学特征的基本参数。

煤储层压力梯度是指在单位垂直深度内，煤储层压力的增量。在地质构造和煤层赋存条件变化不大的情况下，可用下列公式求得煤储层压力梯度：

$$m = \frac{P - P_0}{H - H_0} \tag{9-9}$$

式中 P——深度 H 处的压力；

P_0——深度 H_0 处的压力；

m——压力梯度；

H——距地表深度；

H_0——风化带深度。

井底压力指用压力计在煤层气井底储层中部所测得的压力。

井口套压指油管与套管环行空间内，煤层气在井口的剩余压力，简称套压，用压力表录取。

井口压力指用泵排水后在井口的剩余压力，简称为油压，用压力表录取。

9.4.4.2 温度

储层温度，指煤层气井储层中部的温度。储层温度是煤层气井关井后将井底温度计下至储层中部测得，储层温度在开发过程中可以近似认为不变。

井口气温，煤层气井正常排采时在井口油、套管环空处测得的煤层气温度称为井口温度，气井关井后在井口油、套管环空处测得的煤层气温度称为关井井口温度。关井井口温度是个变数，初关井时温度高，随关井时间延长温度降低，最后等于大气温度，并随大气温度的变化而变化。

井口流动温度，指气井采气时在井口测得的天然气温度。

井筒平均温度，指气井井口温度与井底温度的算术平均值。

井口水温，指煤层气井正常排采时在井口油管处测得的排出水的温度。

9.4.4.3 流量

工作流量，指气表终值与气表初值之差。

标准流量，指标准状况下的气体流量。

产气量，指单位时间内从煤层气井产出的气态物质的数量，常用单位为 m^3/d。

排水量，指单位时间内从煤层气井排出的液态水的数量，常用单位为 m^3/d。

气水比，指煤层气井产气量和排水量的比例。

9.4.4.4 储采比

储采比又称回采率或回采比，是指年末剩余储量除以当年产量得出剩余储量按当前生产水平尚可开采的年数。具体而言，储采比是指一个国家、一个地区或一个油气田，在某年份剩余的可采储量与当年年产量的比值。通过储采比可以分析、判断油气田所处的开发阶段、稳产状况及资源保证程度。如果储采比过大，资金会以储量存在的形式积压；储采比过小，产量保证程度低。

采储比是资源开采与储量比率，是反映矿产资源利用情况的指标，是当年开采量与剩余储量的比例。

9.4.4.5 采气速度和采出程度

(1) 采气速度

采气速度，是指一年采出的气量与可采储量之比。这一指标反映采出储量的快慢，它根据国家对煤层气的需求及煤层气藏的性质来决定。

(2) 采出程度

采出程度，是指煤层气藏到某个时刻采出的气量总和与可采储量之比。

9.4.4.6 采收率

煤层气采收率，是指在某一经济界限内，在现代工艺技术条件下，可以从煤层气藏的原始地质储量中开采出来的气量的百分数。

采收率是衡量开发水平高低的一个重要指标。采收率的高低与许多因素有关，不但与储层岩性、物性、非均质性、流体性质以及驱动类型等自然条件有关，而且与开发气田时所采用的开发系统(即开发方案)有关。另外，油气销售价格和地质储量计算准确程度对采收率也有很大影响。

9.4.5 煤层气排采阶段划分及制定原则

9.4.5.1 浅部煤层气排采阶段划分

煤层气井投产以后，通过持续的排水使井筒与煤层人工裂缝之间形成压差，煤层人工裂缝压力持续下降；同时，人工裂缝与煤储层也形成压差，煤层水从煤基质中源源不断地排出，煤储层形成压降漏斗，并不断地向远处传递，最终形成以井眼为中心、压裂裂缝为轴长的椭圆形压降带(彭泽阳等，2019；孙政等，2018)。

浅部煤层气排水阶段从气井排采开始到开始产气，这一阶段井口只有水产出，对于不同生产井，排水阶段持续的时间有所不同。该阶段以压裂液和煤层水返排为主，流态为饱和单相流，产层中煤层气尚未解吸或随着进一步排水降压逐步解吸，但气相渗透率很低，只有水可以在裂隙中流动。浅部煤层气井全生命周期可以划分为排水-合理压降、调产-缓慢提产、稳产-控压解吸和递减-人工举升 4 个阶段[图 9-15(a)]。

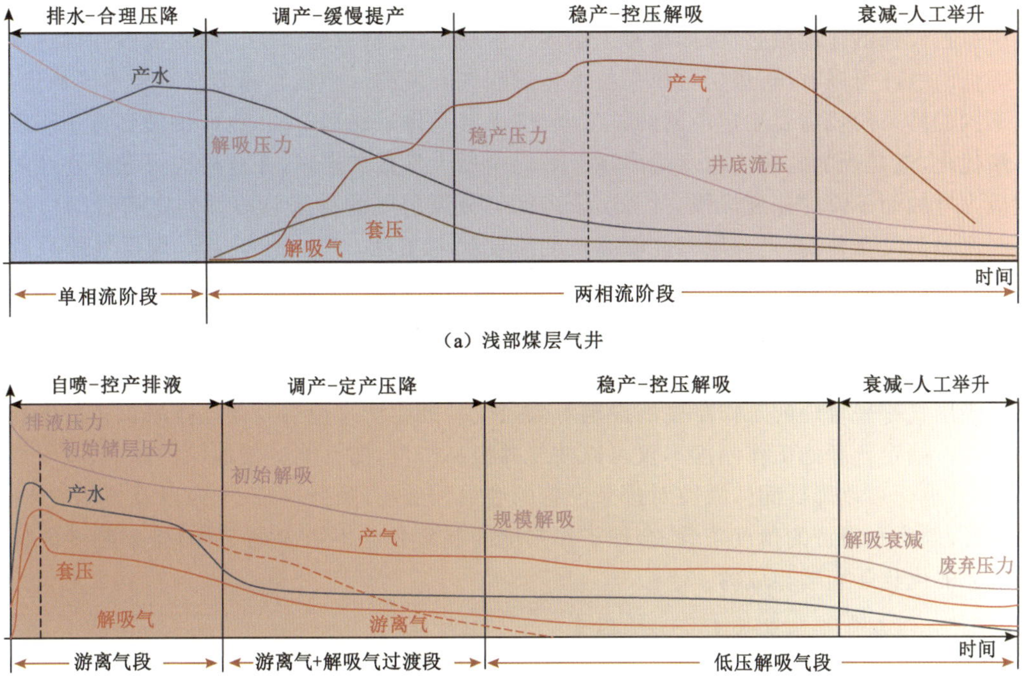

(a) 浅部煤层气井

(b) 深部煤层气井

图 9-15　煤层气井全生命周期排采控制策略

9.4.5.2　深部煤层气排采阶段划分

深部煤层气产能表现复杂多样，既有干煤系统又有湿煤系统，排采即见气的干煤系统，具有见气早、生产快、初期产气量大和井底压力高的生产特征，且气液比高，可以自喷携液[图 9-15(b)]。深部煤层气井全生命周期需要综合考虑自喷-控产排液、调产-定产压降、稳产-控压解吸、衰减-人工举升 4 个阶段，控制井底流压降低幅度，控制游离气和吸附气有序连续稳定产出。干煤系统初期自喷高产，人工压裂缝网内压力高，产液量增大至最高之后迅速降低，游离气大量产出，随着压裂液持续返排，产液量持续降低，气液比持续增大。随着开发继续，储层压力降低，吸附气开始缓慢解吸，需要适当调节产能，保证产能稳定有序接替。随着压裂缝网附近地层压力持续降低，游离气减少而吸附气大量解吸，产量相对稳定，产液量较低且趋于稳定，气液比相对稳定。后期随着裂缝近端解吸气减少、裂缝远端解吸气供给不足，产气量逐渐下降。低产期人工缝网内压力低，是吸附气，产气量在较低水平长期稳产，可以考虑用人工举升等手段提高产气量。生产中结合产量可以采用套管自喷生产，排采生产中以控制套压降低速率为主，防止应力敏感，控制气井产能递减率。

针对湿煤系统，煤层含气饱和度低，储层能量小，生产特征与浅部煤层气的具有一定的相似性，但是见气更快，一般为20～50 d，可以采用机抽设备进行排采，针对产水量更高的井可以采用管杆泵、电潜泵和射流泵等进行排水采气。随着后期产水量降低，可以用回注水或者间歇式排采等工艺。湿煤系统生产井全生命周期可以划分为排水-合理压降、调产-缓慢提产、稳产-控压解吸和衰减-人工举升4个阶段。在生产过程中以控制井底流压下降幅度、增大压降面积为核心，优化排水降压速度和放气速度，实现气井高产稳产。

煤层气开发过程中孔隙度与渗透率对有效应力的敏感性极强(陈刚等，2014)，同时煤储层中存在极强的速度敏感性；如果排采制度不合理，将会造成煤储层出煤粉出砂和渗透率急剧降低。由此可以看出，煤层气排采技术是煤层气开发的一个核心环节。对于不同的煤层，在不同的排采阶段需要制定不同的排采制度，尤其是排采初期阶段，更应该做到排采制度的不断优化，这是因为孔隙度与渗透率随有效应力增大呈指数递减，在此阶段煤储层物性随有效应力增加而下降的速度最快。因此，合理的划分煤层气的排采阶段并制定有针对性的排采制度是至关重要的，是煤层气能够高产的重要保障条件。国内外学者对煤层气排采阶段的划分进行了研究，包括国外的三段划分法和国内的四段、五段划分法(倪小明等，2015)。三段划分法主要是针对国外的高渗煤储层；四段或五段划分法对指导煤层气排采和生产存在一定的不适应性。

煤层气排采合理的工作制度的设定对煤层气井的生产来说有时候比排采工艺的选择更加重要。制定合理的工作制度不仅可以使气井提高产量，而且能有效地保护储层，减少煤粉的产出，进而可以降低固体颗粒对排采设备的磨损和破坏，降低检泵、卡泵以及损坏的风险。从能耗、效率和经济的角度来看，合理工作制度的制定是必不可少的工作，排采制度的优化与工艺的优化是相辅相成的。

9.4.5.3 煤层气排采效果主要影响因素

煤层气藏不同于常规天然气藏，影响煤层气井排采效果的因素也多种多样。但归结起来，可以从地质因素和工程因素两个方面来研究。其中，前者是相对不可控的内在本质因素；而后者多为相对可控的人为因素。地质因素主要包括构造、沉积和水文等宏观参数，以及反映煤储层特征的具体参数；工程因素主要包括完井方式、压裂方式、压裂施工参数、压裂液类型和排采工作制度等。目前通常可通过统计分析、灰色关联分析或采用Eclipse、COMET3、GEM等煤层气储层模拟软件从地质和工程两个方面的因素来分析其对煤层气井开采的产能影响。影响煤层气井产能高低的因素主要有地质因素和工程因素。下面重点介绍几种常见的影响排采效果的主要工程因素。

(1) 非连续性排采的影响

煤层气井的排采生产应连续进行，使液面与地层压力持续平稳得下降，如果因关井、卡泵、修井等而造成排采终止，则给排采效果带来的影响表现在：

① 地层压力回升，使甲烷在煤层中被重新吸附；

② 裂隙容易被水再次充填，阻碍气流运移；

③ 回压造成压力波及的距离受限，压降漏斗难以有效扩展，恢复排采后需要很长时间排水，气量才能上升到排采前的状态。

(2) 井底流压的影响

井底流压是反映产气量渗流压力特征的参数，制定合理的排采制度和进行精细的排采控制应该以井底流压为依据。较低的井底流压，有利于增加气的解析速度和解析气体量。

(3) 排采强度的影响

煤层气排采需要平稳逐级降压，抽排强度过大带来的影响有：

① 易引起煤层激动，使裂隙产生堵塞效应，降低渗透率；

② 压降漏斗得不到充分扩展，只有井筒附近很小范围内的煤层得到了有效降压，少部分煤层气解吸出来，气井的供气源将受到严重的限制；

③ 常规压裂的直井在排采初期，如果在裂缝尚未完全闭合时排采强度过大，导致井底压差过大，引起支撑砂子的流动，使压裂砂返吐，则会影响压裂效果；

④ 煤粉等颗粒的产出也可能堵塞孔眼，同时出砂、煤屑及其他腐蚀性颗粒也会影响泵效，并使泵出现频繁的故障，使作业次数和费用增加。

9.4.5.4　煤层气排采阶段划分及特征

通过对沁水盆地大量煤层气井排采资料的分析并结合对煤层气排采生产的认识，根据煤层气井的生产特征(主要包括产气和产水特征)，将煤层气的排采过程划分为 6 个阶段(图 9-16)。这 6 个阶段包括未见气阶段、初见气阶段、产气量上升阶段、产气量稳定阶段、产气量下降阶段和废弃阶段。

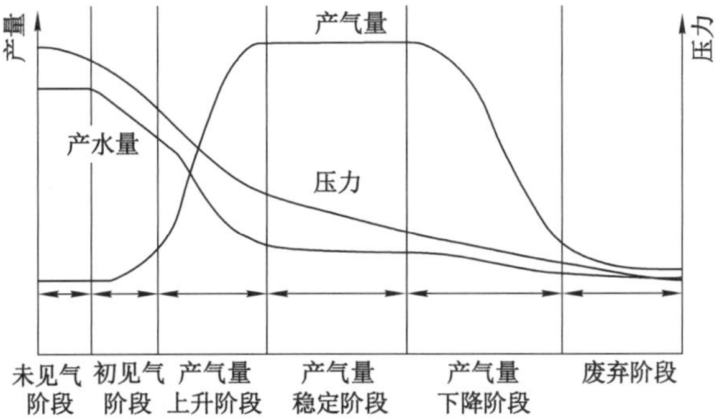

图 9-16　煤层气排采阶段六段划分法示意图

(1) 未见气阶段。本阶段井底流压缓慢下降，产水量基本保持稳定，煤层气还未开始解吸。该阶段排采的主要目的是降低煤层压力，扩大煤层气井的压力波及范围。不同地质条件下未见气阶段的长短不同，通过对柿庄南区块 506 口产气井的统计发现，89%的井未见气阶段小于 200 d。

(2) 初见气阶段。随着井底流压的下降，当井底流压力下降到临界解吸压力以下时，开始有部分吸附气解吸出来。由于解吸区域扩展的范围不大，近井地带压力下降得快，会先达到解吸压力，该区域煤层气先解吸出来。这个阶段的主要表现为煤层气井的套压增加，但套压值整体较小。在这一过程中，随着井底压力的降低和煤层气的解吸，产水量略微下降。

(3) 产气量上升阶段。随着井底流压的不断降低，煤岩解吸的范围不断向外扩展，解吸区域逐步增大。随着解吸区域煤层气解吸的进行，解吸气量不断增加并通过割理运移到井筒中，导致产气量开始上升。同时，随着煤层气的解吸，气相渗透率增大，水相渗透率减小，导致产水量降低。

(4) 产气量稳定阶段。随着煤层气井排采生产的进行，煤层气井的产量会达到一个最大值并相对稳定一段时间。这一阶段称为产气量稳定阶段。在这个阶段，压降传播的范围继续扩大，但解吸区域的大小相对稳定，在解吸区域中不断有煤层气从煤层中解吸出来，从而保持产气量的稳定，同时产水量也趋于稳定。

(5) 产气量下降阶段。随着煤层压力的下降，煤层气不断从煤层中解吸出来，近井地带已解吸完毕的煤层区域逐渐扩大，而有效解吸范围逐渐减小，致使煤层中的煤层气解吸量逐步减小，从而导致煤层气井的产气量开始下降。随着煤层气排采过程中煤层水的大量采出，煤层气井的产水量也逐渐下降。

(6) 废弃阶段。随着煤层气开发的深入进行，煤层中的压力越来越低。稳产期过后，煤层中大部分煤层气已经解吸完毕，煤层中的水也基本排完，致使煤层气井的产量大幅度减小，此阶段煤层气井只有少量气和少量水产出。当煤层气井产量不能达到经济下限产量时，煤层气井的排采进入废弃阶段，进而停止生产。

9.4.5.5 不同排采阶段排采制度的制定原则

我国煤层气井无法长期稳定以较高产量生产，主要是排采生产制度的不合理造成的，因此，建立不同排采阶段的合理工作制度是解决问题的关键。鉴于我国煤层的地质特点，认为六段划分法较合理。这里给出六段划分法在不同排采阶段的技术对策。

(1) 未见气阶段。本阶段必须保持井底流压缓慢下降，产水量基本保持恒定，以期获得较大的煤层气井的压力波及范围。对于压裂煤层气井，需要尽快排出压裂液，但必须控制煤层气井井底流压，防止煤层应力释放导致煤粉产出，造成煤层损伤。

(2) 初见气阶段。随着井底流压的下降，当井底流压下降到解吸压力以下时，开始有部分吸附气解吸出来，表现为套压增大，但煤层气产量很低。该阶段应进行憋压，控制煤层气解吸范围的扩大，这是因为煤层中气-水两相流动的阻力增大，会降低压力波的传播速度，导致压降区域减小，影响整个后期排采的效果。

(3) 产气量上升阶段。随着井底流压的不断降低，煤岩解吸的范围不断向外扩大，解吸区域已形成一定范围。在此阶段应密切关注井底流压的变化，煤层气解吸导致煤层孔渗增加，因此，必须控制井底流压，防止该时期煤粉产量的突然增大，防止煤层损伤。

(4) 产气量稳定阶段。随着煤层气井排采生产的进行，煤层气井的排采进入产气量稳定阶段。在这个阶段，尽量避免修井和关井，维持稳定连续的生产状态，从而保持产气量的稳定。

(5) 产气量下降阶段。随着煤层压力的下降，煤层气不断从煤层中解吸出来，近井地带已解吸完毕的煤层区域逐渐扩大，而有效解吸范围逐渐减小，因此，在此阶段应避免排水量的增加或为了提高产量而使井底压力大幅度下降。

(6) 废弃阶段。当煤层压力越来越低时，煤层气井的产气量大幅度降低。当煤层气井产气量未达到经济下限产量时，应尽量维持煤层气井的生产状态，直至煤层气井停止生产。

由此看来，煤层气排采阶段的划分，不仅仅是一个时间段的问题，而是包含了煤层气排采过程中煤层气的产出机理和对应生产技术对策的根本联系。在煤层气的不同排采阶段必须采取相应的技术对策，否则将会严重影响煤层气井的正常生产，甚至造成煤层气井"躺井"。

9.5 思考题

(1) 简述煤层气井不同钻井井型及其适用条件。

(2) 简述煤层气井射孔和压裂的基本原则和施工过程。

(3) 简述地面煤层气井排采设备类型及适用条件。

(4) 比较浅部和深部煤层气排采阶段划分的差异性。

9.6 参考文献

陈刚,秦勇,杨青,等,2014.不同煤阶煤储层应力敏感性差异及其对煤层气产出的影响[J].煤炭学报,39(3):504-509.

陈明,王大猛,余莉珠,等,2024.大宁-吉县区块深部煤层气井排采制度研究与实践[J/OL].煤炭学报.https://doi.org/10.13225/j.cnki.jccs.2024.0318.

高德利,毕延森,鲜保安,2022.中国煤层气高效开发井型与钻完井技术进展[J].天然气工业,42(6):1-18.

侯泉林,李会军,范俊佳,等,2012.构造煤结构与煤层气赋存研究进展[J].中国科学:地球科学,42(10):1487-1495.

黄中伟,李国富,杨睿月,等,2022.我国煤层气开发技术现状与发展趋势[J].煤炭学报,47(9):3212-3238.

孟召平,张昆,杨焦生,等,2018.沁南东区块煤储层特征及煤层气开发井网间距优化[J].煤炭学报,43(9):2525-2533.

倪小明,王延斌,张崇崇,等,2015.煤层气产出过程渗透率变化与排采控制[M].北京:化学工业出版社.

彭泽阳,李相方,孙政,2019.煤层气井排采参数影响因素及优化方法[J].新疆石油地质,40(3):365-370.

石军太,李相方,张冬玲,等,2012.煤层气直井开发井网适应性优选[J].煤田地质与勘探,40(2):28-30.

孙政,李相方,彭泽阳,等,2018.煤层气井排采影响因素及其控制措施[J].天然气工业,38(增刊1):107-111.

王之朕,张松航,唐书恒,等,2023.煤层气开发井网密度和井距优化研究:以韩城北区块为例[J].煤炭科学技术,51(3):148-157.

徐凤银,侯伟,熊先钺,等,2023.中国煤层气产业现状与发展战略[J].石油勘探与开发,50(4):669-682.

杨秀春,叶建平,2008.煤层气开发井网部署与优化方法[J].中国煤层气,5(1):13-17.

PALMER I,2010.Coalbed methane completions:a world view[J].International journal of coal geology,82(3/4):184-195.

第 10 章　煤层气开发方案

煤层气开发过程，是指煤层气藏发现后，经过储量计算、选区评价、开发方案编制、产能建设、投入生产的全过程。与天然气开发管理一样，煤层气在获取探明储量之后，必须编制煤层气开发方案，以作为气田开发的指导性技术文件。

煤层气田开发方案是一个综合性的总体开发方案（也称为 ODP 方案），是指导煤层气田开发的重要技术文件。该方案主要内容包括总论、市场需求、地质与储层工程方案、钻井工程方案、完井和增产改造方案、排采工程方案、地面工程方案、开发建设部署与实施要求、健康安全环境评价、风险评估、投资估算及经济评价等（蔡云飞，2000；李朋等，2015；闫岩，2015）。ODP 方案编制，是煤层气田（区块）完成国家相关部委项目备案和进入商业化开发生产的重要标志。方案编制单位对项目区地面、地形、地貌进行详细的踏勘，以及对项目区前期煤层气勘探、测试和试采等资料的充分收集，是开展 ODP 方案编制的基础。

10.1　煤层气开发方案编制的原则

（1）煤层气开发方案应按照整体部署、分期实施、滚动开发的原则，提出产能建设步骤，明确各年度钻井工作量和地面分期建设工作量，为年度开发指标预测和投资估算提供依据。对产能建设过程中钻井、录井、测井、试井、完井、增产改造、排采、地面集输、净化处理、动态监测、气田开发跟踪研究等工作提出具体实施要求。

（2）煤层气开发方案坚持低成本、高效益原则，确定有效的开发方式、井网部署设计、钻井与完井工艺，优选排采、低压集输及水处理技术，确定合理的排采工作制度，控制开发投资成本。

（3）煤层气开发方案应在地质和气藏特征清楚、储量落实、主体开发工艺技术明确的情况下编制。气田开发过程中，当气田的实际情况与原方案设计有较大差别或需要进行阶段调整时，应编制气田开发调整方案。

（4）煤层气开发方案应遵循健康、安全与环保的原则，遵守国家相关法律和法规。

10.2　煤层气开发方案编制的任务

（1）任务概述

煤层气开发方案的编制应在煤层气藏（气田）描述基础上，通过气藏储量的计算和复核、气藏工程研究、钻井工程研究、采气工程研究、地面工程设计、投资估算与经济评价等工作，基于综合分析和经济指标，推荐煤层气田开发的最佳方案，提出方案实施的具体步骤、进度及质量要求。

（2）地质和气藏描述

综合地震、地质、钻井、测井、测试及排采等资料，分析研究地质构造形态、沉积环境、水文地质条件，煤层的几何形态、结构、深度、厚度等，煤岩性质和煤级，煤层压力、渗透性、含气饱和度、吸附-解吸、含气性、流体特征等，研究这些地质和煤储层特性的平面和空间分布规律。确定煤层气富集运移类型，优选高渗富集区。建立煤层气田地层模型、构造模型、储层模型、流体模型。计算煤层气田的探明地质储量和可采储量。

（3）煤层气藏工程研究

制定开发原则、确定开采方式、划分开发层系、优化井网、确定采气速度、确定合理产能和开发规模，提出合理的开发步骤及产能接替程序。

（4）煤层气藏数值模拟研究

在构建合理的地质模型和储层模型基础上，进行敏感性分析，研究地质参数、储层参数、开发技术等对气田开发效果的影响。预测产能，为优化开发指标提供目标依据。

（5）钻采工艺设计

设计钻井、完井、增产改造措施和排采工艺技术，提出储层保护要求。选择适合本煤层气田地质和储层特点的经济有效的钻井、完井和增产改造工艺，确定合理的排采工作制度、防煤粉、防砂技术以及修井工艺。

（6）地面建设工程设计

设计并优化地面工程规模和总体布局，优选低压集输及气、水处理技术，优选地面配套工程与辅助设施，优选安全、环保措施。

（7）技术经济评价

对不同方案进行综合技术经济评价，优选出最佳开发方案。

（8）方案的实施要求

提出推荐开发方案的实施意见，包括现场实施的原则、步骤、进度、质量标准和资料录入要求及有关注意事项。

10.3 煤层气开发方案编制的内容

10.3.1 煤层气田总论

（1）自然条件和社会条件

自然条件和社会条件包括以下几点：

① 气田的地理位置、行政归属、地理环境、地貌类型和海拔情况。附煤层气田地理位置图。

② 气候类型、季节特点，河流和水源，所在地区的地表土壤、岩石类型、主要断裂带及地震基本裂度，不良工程地质情况，国家或地方对环境和生态的要求。

③ 铁路、公路、水运、航运等概况，当地供电网络及供电能力，地方通信网络及运营情况。

④ 气田所在地区的社会、经济发展状况。

（2）矿权情况

矿权情况包括矿权的登记单位、面积、坐标、有效期限。

(3) 区域地质

区域地质包括以下几点:

① 气田所处的构造位置、区域地质背景。

② 地层层序。

③ 煤层几何形态分布、煤层层数、煤层深度、煤层厚度、目的煤层、顶底板岩性和封闭性。

④ 水文地质,包括含水层、水动力条件。

(4) 煤层气勘探开发简况及评价

① 煤层气勘探简况:煤层气田地质勘探工作和成果;煤层气勘探各阶段重要部署及成果;煤层气田发现的简要过程及发现井的情况;煤层气探明储量及控制储量。

② 煤层气开发准备:说明气田范围内所需的各类工作量和资料情况,具体包括地震勘探的工作量、测线密度及成果,附地震测网分布图及标准剖面;煤层气参数井、生产试验井、先导性试验井组的井数、进尺及密度、取心及测井成果;排采情况,附排采成果统计表及有代表性的排采曲线;井、解吸、煤样等的分析测试工作量及成果,附成果表。

③ 气田周围情况:气田所处盆地和构造单元的煤层气资源潜力情况;周围已开发气田的情况;周围未开发气田储量现状及增长潜力;气田附近管网的分布情况。

④概述气田规模、开发层系以及推荐开发方案的概况、主要技术经济指标和主要结论。

10.3.2 地质与气藏工程

(1) 煤层气地质

① 地层特征和沉积特征:地层时代、地层层序、地层接触关系、标志层、煤系及煤层;煤系沉积环境、沉积相、岩相组合、沉积相带和煤层物性的关系。

② 构造特征:气田构造类型、构造要素、断层特征;构造运动改造对煤层的影响。

③ 煤层特征:煤系、煤层组、层段划分、煤层层数;煤层厚度、层间距、结构、稳定性及几何形态变化;裂隙系统、裂隙发育程度;煤岩组成、煤质特征、变质程度;顶底板岩性、煤层气保存条件。

④ 煤储层物性:孔隙性、渗透性、储层压力、含气饱和度、相对渗透率、吸附特征、解吸特征等。

⑤ 流体分布及其性质:煤层含气量、气体组成、煤层气密度和热值,附煤层含气量、煤层气成分成果表;煤层水的水质类型、矿化度;含水层及其富水性、水质类型、矿化度。

⑥ 储层综合特征:煤层压力系统分析;据气田的地质特征、流体性质及开发特征,确定储层类型。

(2) 储量分类与评价

储量分类与评价应充分利用动态和静态资料,分层系、分区块对已探明储量进行分类,并评价储量的可动用性。按照不同技术、经济条件评价技术、经济可采储量,并分析可采储量风险。

① 已探明储量评价:列表说明煤层气探明储量的计算参数及计算结果,评价其可靠程度。附本工程项目立项前的已探明储量和控制储量,说明其数量、级别、认定时间、审批时

间、审批结论和意见及文件编号。

② 动用储量计算及评价：储量计算应符合《煤层气储量估算规范》(DZ/T 0216—2020)的有关规定。进行储量可靠性评价，储量开发评价。附本工程项目开发动用储量范围、数量、级别。按照《煤层气储量估算规范》(DZ/T 0216—2020)的规定计算煤层气可采储量。

(3) 产能评价

产能评价内容包括：煤层气井排采状况，如井数、层位、排采方案和实施进展。排采各项资料。取得的主要认识。煤层气井产能特征和产能动态变化情况，分析不同煤层、不同构造部位煤层气井的产水量、产气量、井口压力、井底压力、储层压力等动态资料，评价各类煤层气井稳产效果和动态变化情况，确定单井合理产能。合理产能的论证，综合运用试井、排采资料，采用类比或储层模拟等手段，计算、预测煤层气井生产能力、采气速度、采收率。通过对采气速度等指标的研究，结合市场需求，确定气田合理开发规模。

(4) 开发部署

① 开发层系划分：根据煤层气田储层性质、储量丰度、开采工艺技术条件和经济效益等因素，确定是否需要开发层系划分。一套开发层系可以是单煤层、煤层组(段)、多煤层组合。开发层系划分与组合遵循原则：同一层系内煤储层物性及流体性质、压力系统、构造形态应基本一致；多煤层形成煤层组(段)，煤层间距应小于50 m，适合一次性增产改造；一套独立的开发层系应具有一定规模的地质储量及相对稳定的生产能力，以保证经济效益。

② 井型选择：根据气藏厚度稳定性、构造特征、物性特征等因素，选择合理的井型，如直井、定向井、水平井(含多分支水平井)、直井和水平井组合等方式。

③ 井网部署及其依据：综合考虑构造条件、储层特征、资源基础、地形影响、环境等因素。井网部署需要优化的主要指标：井网方式、井网密度与井距等。井网方式：根据储层渗透性各向异性、裂缝展布方位和井间干扰程度确定合理的井网方式。目前煤层气田多分支水平井组可设计为单支、双支、三支、四支等各种类型；煤层气田直井的布井方式通常采用正方形网和梅花形网、矩形网、菱形网等。井网密度与井距：根据储层渗透性、排采半径以及采气速度、采收率等因素，优化井网密度与井距。合理的煤层气开采井距应满足的条件：保证开发年限内开发区域的高采收率，保证一定的经济效益，保证最优的单井生产能力。

④ 开发方式选择：根据气藏厚度稳定性、构造特征、物性特征等因素，选择合理的开发方式，如排水采气或其他开发方式。

⑤ 开发阶段的划分：根据气田的开发动态，可以划分为3个开发阶段，即产能建设期、稳定生产期、产量递减期。

⑥ 工程量设计：明确开发各环节的工程量。

(5) 开发方案指标优选和推荐方案

① 气田采气速度及稳产方式

采气速度：利用数值模拟手段，综合考虑国家和用户对产量、稳定供气年限的要求，考虑煤炭开采接替的计划，确定合理的采气速度。这样既能充分发挥煤储层的生产能力，又保证合理的稳产阶段；在稳产期内，能获得较高的采出程度。根据煤层气田特征和开发经验，推荐采气速度为2.5%～5%。

采收率：影响采收率的因素主要有3个方面，即气藏特征、开发技术条件以及经济因素。

目前确定采收率的方法主要有解吸试验法、类比法、产量递减法、储层数值模拟法。

稳产方式：根据实际情况，选择层系接替、区块接替或其他合理的产能接替方式，保持气田的稳产。

② 产量预测：开发期内生产井的日产气量、年产气量、累积产气量、日产水量、年产水量、累积产水量等。

③ 压力预测：开发期内煤层气生产井的储层压力、井底流动压力、井口压力等。

④ 单井合理产量：确定合理产量考虑的主要因素包括合理的采气速度、煤储层不因排水过度导致伤害、平稳供气、产能接替、市场因素等。

⑤ 生产井数：根据资源接替方式和储量序列特征，确定产能建设期应钻井数、稳产期应钻井数、总体钻井数。确定生产井数时应考虑气井的综合利用率。

⑥ 产能建设期：气田建设过程中，达到规划产能目标时需要的时间。气田产能建设期的持续时间受投产方式的影响。

⑦ 开发指标对比和优选：根据开发方式、开发井网、开采速度和产能规模设计不同的方案，从工作量、建成产能规模、稳产基础、工艺技术等方面，综合评价对比各方案的主要技术指标。

⑧ 推荐方案的稳定：通过对比开发技术指标，推荐出气田最佳开发方案。附推荐方案的开发指标预测成果表和预测成果曲线。

10.3.3 钻井工程

钻井工程方案应针对储层特点和井型，选择成熟实用的钻井完井工艺技术，做好储层保护工作。

（1）钻井

钻井内容：已钻井基本情况及利用可行性分析，储层压力预测。井身结构及套管程序，附井身结构设计图。钻井液方案设计。钻具组合及井身质量控制设计。钻头选型及钻井参数设计。煤储层保护设计。直井和特殊结构井（如丛式井、水平井、多分支水平井等）钻井工艺要求，钻井周期预测。固井工艺方案。钻井取心技术。

（2）测井和录井

测井和录井的相关内容：测井系列选择。测井处理及解释系统。工程测井系列，射孔、固井、套管等质量检查和其他工程测井。录井方法和质量保证措施。

（3）工程方案的优选和建议

相关内容：钻井工程方案的评价、存在问题和建议。

10.3.4 完井和增产改造措施

相关措施：完井方式，垂直井的套管完井、套管＋裸眼完井、套管＋筛管完井、洞穴完井等；水平井、多分支水平井完井；斜井完井等不同方式，适宜完井方式的论证。改善井底完善程度和提高产能的措施。储层保护措施。增产改造工艺优选，不同压裂液的携砂压裂工艺的筛选和优化。压裂砂粒径、加砂程序、加砂量、砂比、排量等工艺技术的设计优化。其他增产改造工艺技术的设计。增产改造设备要求。

10.3.5 排采工程

排采工程内容：管柱设计，排采设备选型。排采工作制度、冲程、冲次、降液速率、压力等生产参数的设计。排采工艺及其配套技术优化。据采集技术、井口压力、产水量、产气量计量。排采监测、防煤粉和防砂技术筛选、水处理措施、修井工艺、生产中后期采收率提高工艺选择。

10.3.6 地面建设工程

地面建设工程方案以地质与气藏工程、钻井工程、采气工程方案为依据，按照“安全、环保、高效、低耗”的原则，在区域性总体开发规划指导下，结合已建地面系统等依托条件进行编制。主要内容包括：地面工程规模和总体布局；输管网和工艺流程的优化设计，集气、输气、增压工程，处理、净化工程；气、水计量；数据采集和传输系统；系统配套工程与辅助设施，包括给排水、供电、道路、通信、自动控制、消防、暖通、土建等设施；环境保护要求，安全保障；组织机构和人员编制；工程实施进度；地面工程主要工作量及投资估算等。

10.3.7 健康安全环境评价

相关内容包括：健康安全环境的政策与承诺。危害因素及影响后果分析。针对可能发生的生产事故与自然灾害，设计有关防火、防爆、防泄露、防误操作等措施。针对产能建设和生产对健康安全环境的影响，应明确预防和控制措施。提出健康安全环境监控和控制要求。编制应急预案。根据有关规定设计气井、站场和管道的安全距离并编制搬迁方案。环境保护。煤层气田开发过程中，应考虑水体保护，特别是对地下水、植被、耕地等的影响。

10.3.8 煤层气市场条件分析

市场需求包括目标市场、已有管输能力、气量需求、气质要求、管输压力、价格承受能力等。

10.3.9 风险分析

对方案设计动用的地质储量规模、开发技术的可行性、主要开发指标预测以及开发实施与生产运作过程中可能存在的不确定性进行分析和评估。风险类型包括资源风险、市场风险、气价风险、技术风险、融资风险以及其他风险。对各类风险进行敏感性分析，并提出降低、防范和遏制风险的对策。

10.3.10 投资估算与经济评价

依据国家和行业的现行经济政策和评价方法，对地质与气藏工程方案及相应的配套钻井工程、采气工程、地面工程、健康安全环境要求以及削减风险措施等进行投资估算和经济评价，为开发方案优选提供依据。

总投资估算按照《气田开发方案及调整方案经济评价技术要求》(SY/T 6177—2020)执行。对生产成本、销售收入、销售税金、附加和所得税进行计算，确定方法按《气田开发方案及调整方案经济评价技术要求》(SY/T 6177—2020)执行。对财务内部收益率、财务净现值、投资回收期、投资利润率、投资利税率、年平均利润额等主要财务指标进行计算。由于煤层气是特低渗透性储层，应重点论证单井经济极限产量、单井经济控制储量、开发投资、气价等对气田开发经济效益的影响。

经济评价结论：对各方案的主要财务指标进行对比分析。

最佳开发方案的确定：主要技术及经济指标对比，即对各方案的主要技术、经济指标进行综合对比分析。附推荐方案的技术经济指标测算成果表和测算成果曲线。

推荐气田最佳开发方案：在技术及经济指标对比的基础上，优选并推荐气田最佳开发方案。推荐方案的风险分析应考虑地质储量、产能、开发技术、气价等不确定性因素的影响，进行风险分析。

10.4 煤层气开发方案报告编写要求

(1) 开发方案报告内容

开发方案报告内容包括：a. 总论；b. 煤层气地质与气藏工程；c. 钻井工程设计；d. 完井与增产改造措施；e. 排采工程设计；f. 地面集输工程优化设计；g. 健康安全环境评价；h. 市场条件；i. 风险分析及对策；j. 投资估算与经济评价。

(2) 开发方案报告分册编制

分册编制的内容包括：a. 气田总体开发方案报告；b. 地质和气藏工程报告；c. 钻井、完井与采气工程报告；d. 地面集输建设工程报告；e. 经济评价报告。

(3) 报告附件

所列出图件、表格可以根据气田的实际情况增减。相应参数单位与计量单位按国家法定单位和《石油天然气勘探开发常用量和单位》(SY/T 6580—2004)的规定执行，图件格式按《石油天然气地质编图规范及图式》(SY/T 5615—2004)的规定编制。

① 煤层气开发方案附表册

煤层气开发方案附表册主要包含以下表格：地层层序表、勘探成果汇总表、储层与有效厚度汇总表、储层物性数据表、气组分汇总表、地层水组分分析表、试气成果汇总表、储量数据表、煤层气井产量历史拟合数据表、气藏开发方案指标预测表、钻采工程投资预测表、地面建设工程投资估算表、开发方案经济指标汇总表等。

② 煤层气开发方案附图册

煤层气开发方案附图册主要包含以下图件：煤层气田交通地理位置图、区域地质构造图、地震测线与气藏顶面构造图、勘探成果图、重点探井测井解释成果图、气藏剖面图、储层对比图、煤层厚度等值线图、含气量等值线图、气藏储量分布图、气藏储量丰度等值线图、气井试气曲线图、气井试采拟合曲线图、气藏数值模拟网格图、气藏模拟曲线图、气藏方案动态预测曲线图、开发井设计井身结构示意图、气田内部集输管网线路平面走向图、单井集输工艺原理流程图、集气增压工艺流程示意图、经济评价敏感性分析图等。

10.5 思考题

(1) 简述煤层气开发方案编制的重要意义。

(2) 简述煤层气开发方案编制的基本原则与主要内容。

10.6 参考文献

蔡云飞,2000.煤层气气田开发方案的设计及优化-以山西柳林为实例[D].北京:石油大学(北京).

李朋,鲁杰,张磊,等,2015.沁端区块煤层气开发方案研究[J].非常规油气,2(4):45-52.

闫岩,2015.沁南区块煤层气数值模拟及开发方案研究[D].大庆:东北石油大学.

第 11 章　煤层气开发环境效应

梳理煤层气开采过程中所涉及的各种环境问题，并结合煤层气开发工艺流程中各个阶段的施工内容，总结出以下环境效应，如图 11-1 所示。煤层气的开发按照勘探、井场选址、规划设计、钻井、固井、完井、压裂、排采、集输等环节进行。煤层气在勘探开发过程中，会对井场周围的生态环境、大气环境、水资源环境等造成不可逆的影响。

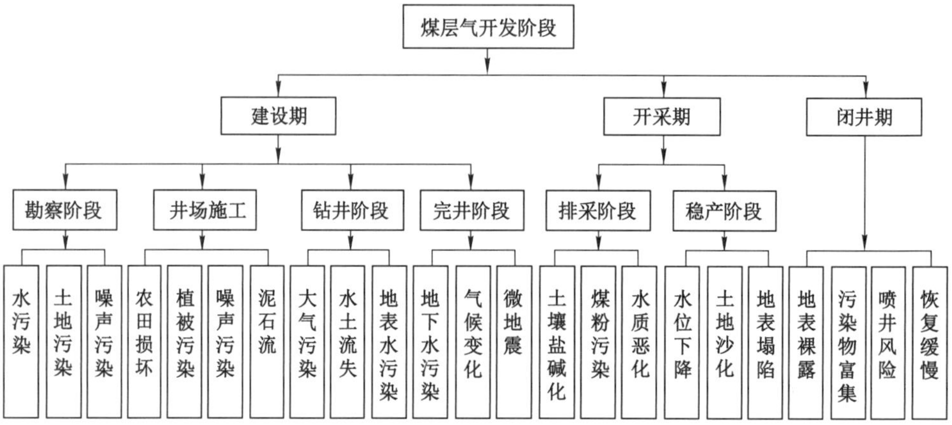

图 11-1　煤层气开采各阶段环境效应

11.1　煤层气钻井工程环境效应

11.1.1　钻井液污染

在煤层气开发过程中所产生的钻井废液、压裂废液等都会对土壤和植被产生影响。钻井液是首先与储层接触的流体，其优劣是影响煤层气开发的重要因素。煤层气储层的岩石结构、孔渗特征、赋存方式等都不同于常规油气储层的，适用于煤层气储层特征的钻井液技术才最有利于煤层气开发。

11.1.1.1　钻井液污染

废弃钻井液的主要成分是黏土、水和各种化学添加剂等，这些废弃钻井液中含有有毒有害重金属、碱、盐、有机物等多种污染物。废弃钻井液对生态系统的危害，主要是重金属（如汞、铜、砷、镉、铬、锌、铅）、高分子有机物、油类、盐及高 pH 值，还包括一些高分子有机物生物降解产生的有机小分子等所造成的伤害。首先，废钻井液中的重金属离子可吸附在土壤颗粒上，同时与腐殖质发生化学反应，最终长期存在于土壤中。这些重金属的特点是，不能被生物降解，长期吸附在土壤中，一旦在土壤中停留，不会随其他物质流出，当累积量达到限定标准或超出标准后，会引发严重的土壤污染。植物把离子吸收后，这些离子会随着食物链的移动，进入食物链的循环。其次，降解后的有机小分子物质通常具有较高的毒性和生物活性。钻井液使用的杀菌剂虽然能抑制有机物降解，防止细菌还原硫酸盐产生 H_2S，但这些杀菌剂本身也可能对水生生物，如鱼虾以及鸟类等野生动物构成潜在的毒害风险。除此之外，钻井液中的盐类及高 pH 值物质，会使土壤盐碱化，进而影响植物的生长。盐度含量过高可使植物吸水困难，在盐度高于 3 400 mg/L 时有损于植物生长及土壤的化学平衡，铁铬盐的危害较大，在高于 180 mg/L 时对土壤及植物有不利影响。聚合物对土壤及植物的影响要小得多，当聚合物的浓度低于 6 500 mg/L 时影响可以忽略。

另外，钻井过程中使用的钻井液需要添加乳化剂、润滑剂、降滤失剂等化学添加剂，这些物质随着煤层气的产出水一起排出，继而再次渗透进入地层中，如果漏失地层和含水层中有一些断层、裂隙，则漏失的钻井液和压裂液就可能沿断层、裂隙以及地下水径流分散到钻孔以外更远的地域，从而影响到周围地下水、植被、土壤等环境。当煤层采出水发生回注时，会与地层中的岩石发生溶解、溶蚀等化学反应，使得岩石的强度降低，导致岩层中的空隙、裂缝增大。随着回注水的不断渗透流入，断层也随之发生变化，地下的岩层结构进一步遭到破坏，最终会造成地面的塌陷或者山体的滑坡，更有可能导致地下微地震的发生。钻井过程中会产生大量钻井泥浆，包括钻井岩屑和钻井液等，这些钻井泥浆将存放在泥浆池中，但泥浆池的防渗施工如果不严格，在运行的过程中会有外漏和渗出。大雨期间，露天在外的泥浆池中的废水就有很大概率溢出，然后跟随大雨形成地表径流。产生的地面溢流可能对区域的水环境、植被、土壤等造成不同程度的破坏和影响。

11.1.1.2　钻井液处理

目前，绝大部分废弃钻井液是直接排入废水池中的，利用自然沉降方式使其分层，上层清液进废水处理站处理，沉淀物就一直留在废水池中。由于废弃钻井液一般 pH 值较高，为 8.5～11，并含有一定数量的化学处理剂和石油类物质，所钻遇的地层还可能含有害重金属，长期存放在废水池中，不但可能使周围土地盐碱化，而且存在渗漏污染地下水、遭受暴雨溢流等严重环保隐患。考虑到废弃钻井液的具体处理涉及的各种问题，目前对气田废弃钻井液的具体处理方案以下面三种方法(可结合)较为常见：现场固化回填(移动式处理)、固体废弃物处理站固化堆放处理、转移至新井利用。对废弃钻井液进行回收再利用，或是选择恰当的排放方式，是降低废弃钻井液影响的主要方式，但两者采用的方式和目的有很大的差别。国内外也总结了多个用于不同范围的废弃钻井液无害化处理的方法(表 11-1)。目前，可在实际处理中使用的无害化处理方式是：利用固液分离技术处理污水并达到可排放的标准，把废弃的泥浆或岩屑回注到安全地层、土地等。在这几种方法中，把废液固化以及固液分离，是运用较多且极为可行的方法。

表 11-1　几种主流废弃钻井液处理技术对比(陈刚，2020)

处理方法	使用钻井液体系	优点	缺点
化学固液分离	多种体系	随钻处理，重复利用率高	设备要求高，工艺复杂
热解吸法	油基	处理彻底，回收率高	成本高，安全性要求高

表 11-1(续)

处理方法	使用钻井液体系	优点	缺点
化学破乳	油基	可回收矿物油资源	破乳剂选择性好
固化法	多种体系	见效快,可资源化利用	存在二次污染
微生物法	多种体系	处理彻底,无二次污染	处理周期长,菌种筛选难度大
不落地技术	多种体系	随钻处理,处理效果好	流程烦琐,未从本质上处理

(1) 废弃钻井液的固化。运用固化的方式处理废液,具有减少材料运输量,完成处理的时间短,可带来经济效益等优势。废弃钻井液固化的方式是:根据液体中颗粒数量的多少,确定与化学试剂融合的最佳比例,待比例确定后,按照比例注入化学试剂,包括固化剂、破胶剂等。这些试剂和液体发生一系列反应后,有害物质会变成固体,经过分解后变为无害物质。分解使用的溶液是磷酸盐、粉煤灰、硫酸盐等。磷酸盐会和钙离子反应生成磷酸钙,这可以补充土壤的肥力。粉煤灰可以作为重金属离子吸附的载体,让离子、有机物等得到统一处理。而加入硫酸盐后,是把水分从液体中抽离,让液体的表面形成网状结构,控制有害物质的流出,避免再次污染环境。由此,可实现废弃钻井液无害化的处理。

(2) 废弃钻井液的固液分离。用这一方式处理的特点是,可缩减废弃钻井液的体积,预防它对环境的破坏。它的处理方式是(图 11-2):制作钻井液的材料有膨润土、护胶剂等,这些材料抑制了水分的脱离,所以在固液分离中,需要改变原有废液的化学结构,即加入絮凝剂,改变胶体的特征,而絮凝剂会吸附大量颗粒并形成体积较大的絮凝体,随后借助机械完成固液分离。常用的固液分离处理剂配方是:阳离子聚丙烯酰胺+铝盐+阳离子聚电解质+阴离子聚丙烯酰胺。

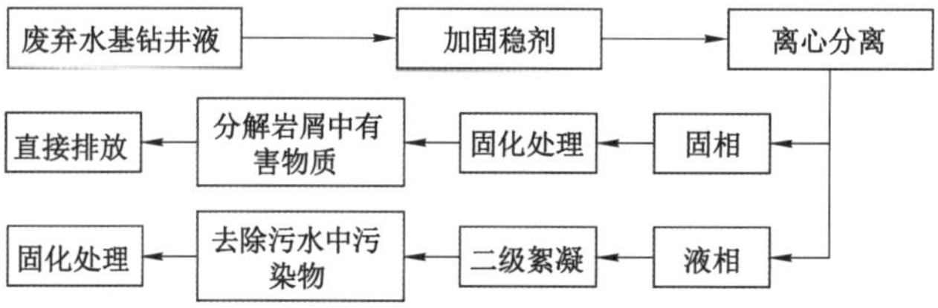

图 11-2　固液分离流程(隋殿杰,2017)

除此之外,环保型钻井液由于采用了无毒、无害或低毒、低害的钻井液处理剂为原料,不仅拥有一般钻井液的基本功能,还能够满足环保排放标准,不污染周围的环境,保证农作物健康生长,从根本上抑制其带来的环境污染。

11.1.2　井场恢复复垦

煤层气属于新型能源的一种,因具有高效清洁的特点,越来越受到各个国家和地区的关注。但在加大煤层气开发及增加利用率的过程中,不能忽视其对相应地区造成破坏的问题,实现对开采煤层气区域的土地复垦,是生态保护的必然要求。在煤层气开采过程中,需要综合考虑煤层的发育程度、含气量以及构造和水文地质条件等诸多因素,因此煤层气井的布置情况也不尽相同,且由于煤层气开采工艺的特殊性,井场零星分布,涉及区域广，累积损毁土地面积较大。井场平整，道路及管线的开挖与回填，对土壤主体构型、土壤肥力和力学性质会造成一定程度的影响。煤层气开采过程是一个接续进行的过程，随着开采时间的增加、开采规模的扩大，损毁土地的面积也随之增加。因此需要在开采的同时实施复垦工作，依据项目区自身特点，遵循"因地制宜"的原则，复垦利用方向尽量与周边环境保持一致，制定的复垦标准高于或等于周边相同利用方向的生产条件，降低损毁程度，减少损毁面积。

在煤层气的开发过程中，地面工程施工主要包括井场建设、集气站建设、道路区及采集气管线区建设等工程的施工。具体分为两个阶段，一是施工准备阶段，二是工程施工阶段。这两个阶段恰好是对土地造成损毁的主要环节。在施工准备阶段，需要进行道路区的施工、井场区及井场临时施工区场地的平整、施工材料的组织以及施工机械的调配等。工程施工阶段主要表现在集气站建(构)筑物、井场、采集气管道等工程的建设上。建设施工导致土地损毁的顺序与工程建设施工进度密切相关。随着工程施工进度的不断推进，土地损毁愈加严重，并且可能随着施工的进度推进和强度变化呈现不连续性，伴随出现阶段性的不同程度的土地损毁。经验表明，不同建设工程对于土地的损毁顺序均与建设工程的建设期一致。损毁时间顺序总体上可分为准备期和建设期。准备期由于井场联络道路的建设、井场施工营地的搭建等而容易导致地表扰动。建设期的土地损毁主要表现为管线的铺设、井场临时施工区及井场区的建设。

煤层气开发工程对于土地的损毁方式主要表现在土地占用、土地挖损及土地压占这 3 个方面。土地占用不仅改变了土地原有的地貌类型，还改变了其原有的土地利用类型，通常这种占用是将原有的林地、草地甚至农田转变为如集气站一类的建设用地，工程完工后这类土地无法归还给原土地使用单位，致使占地性质转变为永久性占地。土地挖损及土地压占则主要发生在管线区铺设和井场生产过程中临时占用的土地上。土地挖损容易破坏土地结构，周边植被会遭受较大影响，土地压占则容易引起表土变质、表土流失，对土地均会造成不同程度的破坏(表 11-2 至表 11-3)。与土地占用不同的是，这两种对于土地的占地性质为临时占地，待管线铺设完成和井场生产服务期满后，包括管线区、井场联络道路区、井场临时施工区、井场区在内的土地需要重新恢复其原有功能，在施工结束及井场弃井以后可以进行复垦。

表 11-2　土地压占损毁程度评价因素及等级标准表

	评价因子	评价等级		
		轻度损毁	中度损毁	重度损毁
地表变化	压占面积/公顷	<10	10～100	>100
	排土高度/m	<10	10～30	>30
压占地性质	砾石含量/%	<10	10～30	>30
	有机质含量下降程度/%	<15	15～65	>65
	土壤污染	轻度	一般	有毒
	pH 值	6.5～7.5	4～6.5，7.5～8.5	<4.5 或>8.5
稳定性	地表稳定性	很稳定	稳定	不稳定

表 11-3　土地挖损损毁程度评价因素及等级标准表

	评价因子	评价等级		
		轻度损毁	中度损毁	重度损毁
地表变形	挖损深度/cm	<10	10～30	>30
	挖损面积/m^2	<100	100～1 000	>1 000
	挖损坡度/(°)	<25	25～35	>35
地裂缝	地裂缝宽度/cm	<10	10～30	>30
	地裂缝间距/cm	<30	30～50	>50
土地剖面	挖损土层厚度/cm	<20	20～50	>50
水文变化	积水状况	无	季节性积水	长期积水

复垦措施的选择不仅要结合临时用地的损毁类型、损毁程度，还要充分考虑到复垦后的用途（即复垦方向），在满足总体质量要求的基础上进行合理选择。

表层土壤是经过多年植物生长已经熟化的土壤，其包含的营养成分是深层土壤不可替代的，所以在土地损毁之前，对熟土层进行表土剥离是十分必要的。当临时占地的占用结束后，需要及时对损毁土地进行复垦，使其生态系统得到最大化的恢复。经过施工车辆及人员的碾压后，施工区地面会形成一定厚度的硬化物，这些硬化物虽然还是土壤，但其理化性质已经完全不符合后期植被恢复的要求，所以需要对表层的硬化地面进行清理。除此之外，地面工程的施工必然会对原地表有一定程度的破坏，导致地面的不平整，进一步会影响到后期植被恢复的质量。因此，要按照土地复垦的质量要求对硬化物清理后的地面进行平整，在达到土地复垦质量要求的坡度之后，再进行表土回覆。当复垦区地表与周围未损毁土地的地表形态基本一致后，依次进行地面配套工程（如排水沟）建设、土壤改良、植被恢复等后续工作。为了保证复垦工程的质量，需要对种植的灌林草进行为期 5 年的管护；同时还需要安排监测措施，保证复垦的耕地、园地、林地、草地达到复垦质量要求。复垦措施总体过程见图 11-3。

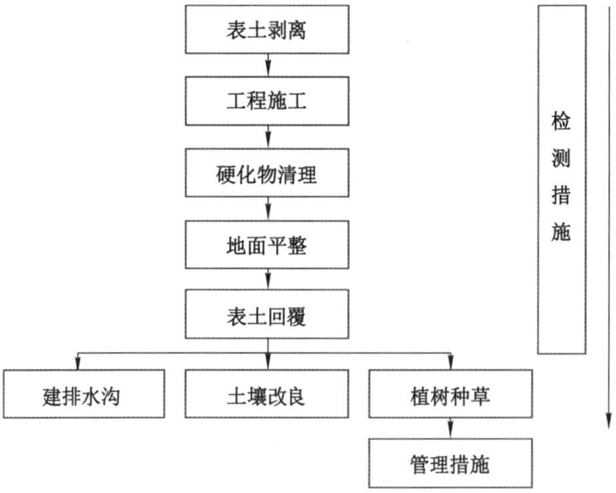

图 11-3　复垦措施总体过程

其中，土地复垦包含工程复垦和土壤修复两个步骤：

(1) 工程复垦是采取综合治理措施对造成破坏的土地进行修复，使其恢复到可利用的状态的活动。在煤层气田开发活动中最为常用的是土地平整技术，应坚持以下原则：① 最大限度提高土地复垦率；② 土方的合理分配采取就近原则；③ 有利于农作物的生长和田间灌溉；④ 提高土地地力；⑤ 便于农业机械化作业和管理。随着项目的结束和气田的关闭，除施工道路变为乡村道路供当地居民使用外，其他损毁土地通常依据原土地利用类型进行复垦，将临时用地上面的活动厂房撤走，同时清理地表，使泥浆池内泥浆干化后覆盖原表层土壤，对其余地表进行松土破除板结土地，实施土地平整，地面设计高差在±10 cm 以内，前期可使用井场排水池内的水进行人工浇灌、绿化。

(2) 土壤修复是指利用物理法、化学法和生物法对土壤的基本性质进行改善，转移、吸收、降解和转化土壤中的污染物，恢复土壤的肥力和生产能力。

物理修复法包括客土、换土及去表土等方法。客土法就是向污染土壤中添加洁净土壤，以降低土壤中污染物的浓度或减少污染物与植物根系的接触。换土法是对采用砂、石等材料作为基础的地基持力层的处理方法。表土法是将事先保存好的熟土回填到原处，由于熟土中营养条件与种子库基本保持原样，故能促进当地植物的迅速定居。

化学修复法主要是以土壤性能改良为主，原理是添加化学物质改善原有土壤的 pH 值和有机营养物质，如施用碳酸氢盐或石灰不仅可以调节土壤酸性，还可以增加土壤中的钙含量。施用磷矿粉，既可以提高土壤肥力，又能在较长时间内控制土壤 pH 值。施用化学肥料，可增加土壤中氮、磷、钾等元素含量，利于复垦增产。施用有机肥料如污水污泥、动物粪便等，不仅可以增加土壤中的水分，还能释放出氮素等养分物质，可满足植物对养分持续吸收的需求。

生物修复法主要以植被修复为主，按照因地制宜的原则，筛选适应性强、速生能力强、抗逆性好的植物品种，再从植被顺序、植被结构、植被密度和植被格局等 4 个方面提高生态恢复效果，这种方法成本低、不改变土壤性质，也没有二次污染，适用于被重金属和有机物污染的场地修复。

11.1.3　完井与固井

煤层气特有开发技术所导致的环境影响也越来越引起人们的关注，除可以导致常规油气开发所带来的环境风险之外，还可能带来新的环境风险和挑战，包括大气和气候污染、地表水和地下水污染，并会因用水量巨大而导致局部地区水资源短缺。煤层气开发过程中环境要素多，影响范围大，特别是煤层气开采过程中对地下水环境的影响，尤其需要注意。

首先，在施工建设期钻井及压裂过程中，如果套管防护、水泥浆固井封堵、压裂层段控制在目标煤层等处措施不到位，会影响到含水层。其次，在施工过程中，钻井液漏失和压裂液注入地下水会轻微影响地下水水质。最后，泥浆池内存放的钻井废水、钻井泥浆及岩屑，存在污染地下水的可能。运营生产期正常状况下，采出水处理站底部采用高密度聚乙烯膜，渗透系数不大于 10^{-7} cm/s，不会对地下水环境造成影响。但是，非正常状况下，如果采出水处理站底部发生破裂，采出水发生泄漏进入含水层中，就会对地下水环境造成影响。

地下含水层保护措施一般指在固井时对井壁与井管之间采用水泥浆进行全部封堵，避免造成地下含水层水量漏失(图 11-4)。在钻至目的煤层时改用清水钻进至终井，可大大减轻钻井液漏失对地下含水层的污染影响。地下含水层保护措施达标率的参数可通过固井时封堵效果和及时换用清水钻进行表征。

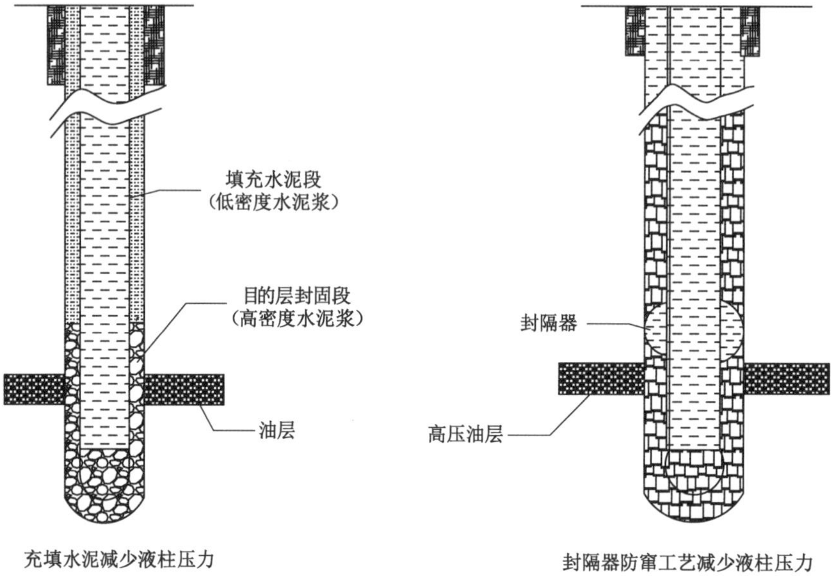

图 11-4　充填水泥减少液柱压力与封隔器防窜工艺减少液柱压力(张明昌等,2004)

工程施工期对地下水可能会造成的影响主要存在于钻井的施工环节,引发微地震使地下水浑浊。在施工期钻井过程中,井筒的钻探势必造成地层的震动,可能导致地层的一些细小断裂和破损,钻井和煤层气水力压裂井可能会导致低震级地震。地面的震动和扰动可能是由钻井设备、压裂及大型设备带来的。水力压裂技术在美国一些地区的煤层气开发中被广泛使用,这些地区出现了轻微地震,这表明水力压裂和地震之间有一定的联系。

煤层气开采对不同地下含水层的破坏:① 对煤系上覆含水层的破坏。煤系上覆含水层一般距离煤层较远,且其间有隔水层阻隔,垂直渗透甚微,在无断裂构造沟通的情况下,一般与含煤地层无水力联系。钻井过程中下套管直接封堵各含水层,不会造成层间越流现象,因此只要加强施工管理,做好井管的防渗工作,煤层气开采对煤系上覆含水层影响较小。② 对含煤地层含水层的破坏。煤层气开采过程主要抽排煤层裂隙水,不会破坏煤层,不会产生导水裂缝带使煤系上覆含水层的水进入煤层。因此,煤层气开采主要是对煤系含水层造成疏干影响。③ 对深层岩溶含水层的破坏。煤层气井一般钻至煤层底板以下 20 m 左右完井,距离深层岩溶含水层很远,且其间有隔水层阻隔,不会对深层岩溶含水层造成破坏。④ 对地表水的影响。煤层气抽采仅抽排煤层裂隙水及吸附于煤上的煤层气,不会对煤层产生影响,不会引起地表沉陷,也不会改变河流形态、地表水的地表径流范围及河流与各含水层的补给关系。因此,煤层水抽排对地表河流影响较小。综上所述,煤层气开采对地下水环境的影响包括对地下水水质的影响和对地下含水层的影响两个方面。尤其是煤层气开采对地下水资源量的破坏应给予高度重视。

因此,在上述工程措施的保证下,因地层破裂导致地下水污染的情况发生概率较低。建议在钻井的同时加强对周围地下水的监测,以便及时发现问题,采取相应的补救措施。在井口附近、技术套管下部及井眼曲率变化严重井段使用旋转防磨接头，可降低钻井起下钻具、套管对上述部位的磨损，并在经过曲率变化严重井段时，减慢起下钻具、套管的施工速度，避免发生碰撞，导致井筒破裂和扰动地层情形的发生。

11.2　煤储层改造工程环境效应

在煤层气资源的开发过程中，压裂液是在压裂生产施工中所用到的工作液，其成分复杂，含多种化学添加剂且按一定的比例配置而成。目前国内外使用的压裂液主要分为五类：水基压裂液、泡沫压裂液、油基压裂液、乳化压裂液和清洁胶束压裂液（表 11-4）。

表 11-4　国内外压裂液类型

压裂液类型	优点	缺点	适用范围
水基压裂液	廉价，安全，操作性强	浓度高，残渣，损害高	除强水敏性储层外均可使用
泡沫压裂液	密度低，易返排，损害小，携砂性好	施工压力高，需特殊设备	低压，水敏储层
油基压裂液	配伍性好，密度低，易返排，损害小	成本高，安全性差，耐温较低	强水敏，低压储层
乳化压裂液	残渣少，滤失低，损害较小	摩阻较高，油水比例较难控制	水敏，低压储层，低中温井
清洁胶束压裂液	无聚合物，无残渣，低伤害	黏度低，滤失较大，成本高	高渗透油气储层

煤储层具有低孔、低渗、低压的地质特征，故煤层气开发一般需要压裂改造提高开发效果。压裂是目前煤层气开发最有效的增产措施，水力压裂以其经济、有效、技术成熟的特点，成为国内外普遍使用的增产措施。如美国 90% 以上煤层气井通过水力压裂改造获得商业化生产。中国几十年的勘探开发中，几乎所有产气量 1 000 m^3/d 以上的气井均由压裂改造得到。压裂主要使裂缝沿煤层延伸，但垂向上，裂缝也会在目标煤层附近区域产生一定高度，有可能造成煤层顶底板含水层结构破坏。例如，鄂尔多斯盆地东缘韩城矿区单采 11 号煤层，生产井在压裂过程中，破坏了隔水层结构，沟通了煤层底板含水层或与含水层相连的断层，造成地层水涌入煤层。

压裂液作为压裂改造储层的入井流体，在压裂过程中起传递压力和携带支撑剂的作用，但也会对储层造成不同程度的伤害。其滤液、残渣伤害会造成近压裂区域储层渗透率急剧降低，同时也降低了填砂裂缝的导流能力，进而影响单井储层改造效果，降低储层整体开发效果。为了保证压裂液注入量与注入压力，煤层气井压裂作业的第一步是利用压力泵向储层中注入大量的压裂液，一般选择大排量与高压力的压力泵，利用液体传压的原理使煤层气井底部压力升高，目的是保证压裂液注入压力超过油层吸收能力。当煤层气井底部压力超过储层岩体抗张强度与地应力强度时，气井底部就会出现一些裂隙，待裂隙产生后就可以注入携砂液与支撑剂，不断扩大裂隙并以支撑剂填充，最终达到气井增产的目标。其中，裂缝延伸时添加的支撑剂又称为压裂液，而受污染的压裂液即废弃压裂液，就是在压裂施工完成后返排到地面的废液。

煤层气水力压裂需要向地层中注入大量的压裂液，压裂过程对水资源的消耗巨大，压裂液根据其配方的不同添加了聚合物添加剂（稳定剂、防垢剂、杀菌剂、防腐剂）和支撑剂，含有多种对环境有害的化学物质。一部分的压裂液会返排至地表，可以经过无公害处理。但是还有部分压裂液流入地下水系统，压裂液中携带的化学添加剂、烃类化合物和残留的重金属随着裂缝进入地下深处，对地下水的污染程度非常大。在实际操作过程中，由于导管质量问题以及压裂过程中可能存在的多种人为因素等，压裂液会沿着导管破裂处直接流向储层，在一定条件下，逐渐渗流到地下水系统当中，对地下水资源造成严重的污染。多项调查研究报告表明，在美国，多个采用水力压裂技术开采的生产区块，其地下水实测数据显示当地地下水资源已受到不同程度的污染。

压裂液在足够高的压力下被泵入地层，由于储层内部结构复杂以及存在气液等多种相态，外来压裂液的侵入可能给储层带来多种破坏，其破坏主要有以下几个方面：① 如果压裂液与储层之间存在不配伍性，一旦压裂液进入地层，将可能与储层中的流体以及黏土矿物发生物理或者化学反应。一方面黏土矿物可能发生膨胀使孔隙度降低；另一方面孔隙表面的颗粒脱落下来，随着储层中流体在孔隙中运移，颗粒在流动过程中可将部分孔隙堵塞，使孔隙喉道变小，孔渗性变差。② 压裂液破胶水化后，没有随废弃压裂液返排而遗留在储层当中的残渣，将会对储层中的孔隙喉道以及支撑裂缝造成封堵，对裂缝的导流能力造成严重的破坏。③ 在滤失作用下，压裂液将在裂缝表面形成致密的滤饼，一旦滤液进入裂缝内部，将形成浓缩压裂液，破胶难度加大，裂缝导流能力也将大大降低。

压裂液返排不彻底是导致地下水污染的另一重要原因，统计了川西地区 105 口水平井压裂液返排率，发现大部分返排率都低于 80%。残留于地层中含多种化学添加剂的压裂液是地下水的重要污染源。返排的压裂液中有害物质种类繁多，成分复杂，处理这部分废液对保护水资源具有重要意义，废弃压裂液的处理方法主要有以下几种：

(1) 固化法。在生石灰、硅酸盐水泥等固化材料的基础上，将普通水泥、生石灰、助凝剂以及吸水剂等按一定的比例配置成固化剂。现场实践表明，配置出的固化剂能很大程度地降低压裂液中重金属含量和化学需氧量(chemical oxygen demand，COD)，处理后的废弃压裂液能满足理想的对环境无污染、无危害的要求。

(2) 混凝法。该方法的主要作用在于能大幅度降低返排液中 COD、悬浮物、重金属等的百分含量，达到有效去除返排液中固体悬浮物及多种可溶性物质的目的。但在碱性、中性及酸性环境条件下其处理效果会有一定的变化，易受环境的影响。

(3) 催化氧化法。通过激发出处理液中具有强氧化能力的羟基自由基(—OH)，并经过一系列的物理化学反应使含碳链等有机结构发生裂解，最终生成对环境无污染的 CO_2 和 H_2O。

(4) 生物法。微生物广泛存在于植被、土壤和液体等自然环境中。当微生物群体与废液充分接触时：一方面，微生物的分解代谢作用可降解废液中呈溶解和胶体状态的有机污染物，使废液达到净化的效果。另一方面，废液中部分有机物在一定条件下，可被合成微生物的细胞质。微生物的细胞质与废液中的有机物相比，体积较大，更容易凝聚，与废液中其他一些物质在物理凝聚的作用下一起上浮或者沉淀，从而与废液分离。

(5) 注入废弃油气井中。返排废弃压裂液的处理成本往往较高，为充分利用油气田中废弃的油气井及简化返排液处理过程，有时将返排液直接注入废弃油气井中。该方法虽然操作简单，但会对地层以及地下水环境造成极大的破坏和污染。

(6) 处理后循环使用。为节约成本和减少对水环境的污染及地层的破坏，往往将处理达标后的返排液循环使用。该方法既节约成本，也能有效保护人们赖以生存的水环境。

目前，国内对返排压裂液处理的方法主要有 6 种，每一种处理方法都有各自的优点和缺点，因此在选择返排液的处理方法时，要在将各种处理方法区别开来的基础之上，同时根据油气田工作区域的地质特征及周围环境等实际情况，选择正确的返排液处理方法。

11.3　煤层气井产出水环境效应

煤层气井产出水的处理及排放是煤层气开采中特殊的环境问题，产出水水质有一定特点，只有解决好煤层气产出水处理和综合利用问题，才能充分利用煤层气这一宝贵能源。煤层气勘探开发过程一般分为勘探、试生产和开采三个阶段。这三个阶段都会对煤层产出水的水质产生影响。钻井、完井、压裂和修井等过程都会使原始煤层水水质发生不同程度的改变。多年来，国内外研究表明，煤层气井产出水水质与地表水差异很大，如果得不到合理的处理，会对生态环境产生很大影响(Meng et al.，2014)。

煤层气开发原理是通过排水降压，使煤层压力降至解吸压力以下，甲烷从吸附态解吸为游离态，通过扩散和流动转移到井筒中排出(图 11-5)。基于此，施工期需要注水压裂，生产阶段有大量的产出水排出。除多分支水平井外，直井、丛式井、L 型井及 U 型井等需要通过压裂对储层进行改造。煤层气井压裂裂缝形态随机性很大，既可形成垂直缝，也可形成水平缝。支撑缝长一般在 60～150 m，裂缝高度基本控制在煤层中或延伸入边界层，最大向上可延伸 20 m。压裂裂缝的产生形态决定了产出水来源的多样性。

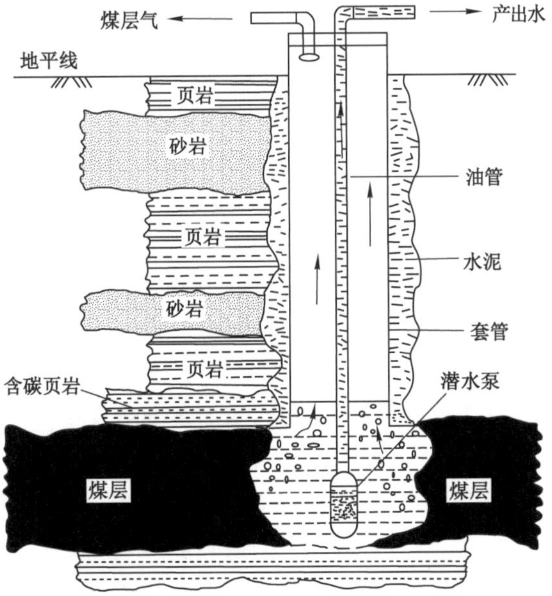

图 11-5　典型的煤层气井——裸眼完井(温彩哨等，2014)

煤层气井产出水水质分析的内容通常包括矿化度和盐分、pH、悬浮物以及一些微量元素或重金属元素及污染物含量等。煤层气井产出水具有高矿化度、高盐度、含大量悬浮物等特点。煤层气产出水主要化学组分包括碳酸氢盐、硫酸盐、氯化物、钙、镁和钠等，其次还有少量的铁、铬、铜、铅等重金属物质和硫化物。不同地区产出水水质差别较大的原因主要与水文地质条件、煤的成分等有关。同一区块不同气井、不同时间段的水质差异，除与水文地质条件、煤的成分等有一定关系外，可能还与这些因素有关：① 大规模开采压裂时的井间干扰；② 压裂强度大小及压裂液成分；③ 排采强度；④ 井型、井深。

在煤层气排采期间，最突出的环境化学效应应该是部分煤层气井采出高矿化度、高盐度水所引起的。产出水中 K^+、Na^+ 含量相对较高，Ca^+、Mg^{2+} 含量很低，分别是 $Cl+HCO_3$-Na 型、Cl-Na 型和 HCO_3-K+Na 型等水质引起的土壤问题，继而引起植物受害。采出水中还含有大量的煤粉，当与表层地下水混在一起后将发生复杂的化学反应，就形成了新的杂质等污染源，导致水资源遭受污染并且形成恶性循环。煤层气井产出水主要危害如下：

(1) 盐渍化的土壤。具有高矿化度的煤层水若进入区域土壤环境中会对土壤的理化性质产生一系列的影响，如可溶性盐的浓度变大，其 pH 值会随之变化，从而导致土壤的盐渍化。而我国部分煤层气开采区域的土壤多数已经有轻度盐渍化的迹象或特征，如果高矿化度的煤层采出水再进入，将使之变得更加严重，致使局部土壤的重度盐化。它的影响不仅使土壤结构和性质进一步恶化，还会造成土壤侵蚀、板结和紧密化，以至于生产能力不断降低，影响植物的成长等。土壤盐渍化程度在我国的主要划分指标是：当全盐量大于 6 g/kg 时为重度盐化土，3～6 g/kg 时为中度盐化土，1～3 g/kg 时为轻度盐化土；而 pH 值大于 8.5 时为碱化土。

(2) 植被遭受盐胁迫。在植被遭遇盐胁迫作用的时候不仅导致植物水势下降，还会造成植物组织被破坏，生长发育受到抑制，生长速率降低等一系列影响，从而影响其成长和区域植被的整体发展。高盐量的土壤环境对区域植被来说会对植被产生盐胁迫的作用，然后让植被逐渐受氧胁迫、离子毒害和渗透胁迫。其中，离子毒害是指当周围环境中的盐分较高时，周围环境中的钠离子、氯离子等离子进入细胞中破坏先前的稳态并扰乱其新陈代谢，影响土壤根部的呼吸能力，更严重则会危害细胞，使植被根部腐烂坏死；渗透胁迫是指植物细胞处于高盐分土壤环境中，其内部渗透势高于细胞外环境，植物根细胞将开始失水，致使植物慢慢开始脱水枯萎，最终抑制其生长，严重致其死亡；氧胁迫则指的是植物在高盐分的环境里，其植物的内部经常会积聚超量的内源活性氧，从而迫害到植物的细胞。

煤层气井产出水可经沉淀、过滤后去除水中的固体杂质。低矿化度的产出水可直接用于农业、畜牧业等。高矿化度的产出水需要进行脱盐处理，然后进行利用。脱盐处理的方法有：

(1) 蒸馏脱盐方法。蒸馏脱盐方法原理为，水加热至沸点转化为水蒸气，蒸汽中的盐分降低，在气液分离后将分离出的蒸汽进行冷凝处理，从而完成对产出水的脱盐处理。目前常用的蒸馏脱盐工艺主要包括多效蒸馏、多级闪蒸以及压缩制冷等。多效蒸馏是将多个蒸馏容器进行串联，不断降低各个容器罐的压力，从而降低产出水的沸点。使用该技术将前一容器罐的热蒸汽作为下一容气罐加热的热量，可以重复利用热能，节能效果较好。多级闪蒸是将产出水进行预热后，进入压力低于饱和蒸汽压的闪蒸室，实现产出水的蒸发，进行冷却回收。

(2) 膜分离方法。膜分离方法主要包含渗透气化、微滤以及反渗透膜分离技术。目前常用的为反渗透膜分离技术，其核心为采用选择性半透膜。该半透膜允许水分子通过，阻止盐分通过，当半透膜的两端为稀溶液、浓溶液时，水分子一般由稀溶液转移到浓溶液，但当在浓溶液一侧施加一定压力后，水分子由浓溶液一侧流向稀溶液，流动方向发生改变，产生反渗透现象。

（3）吸附法。以富含钙离子的沸石作为阳离子交换剂，使煤层气产出水流过沸石，由于化学基团的作用，大大降低煤层气产出水的盐分，从而达到脱盐的效果。

（4）离子交换法。离子交换法通过离子交换树脂来置换水中的离子，从而达到去除水中污染物的目的。常用的为氢离子交换树脂以及包含季铵盐的由苯乙烯制成的阴离子交换树脂等。该方法能够实现高回收率，且在处理水量大时比较经济有效；最大的缺陷是树脂再生过程需要添加盐酸或硫酸，再生成本高，易产生浓水处理问题且只适用于碳酸氢钠型水。

煤层气井产出水经过一系列合理的处理过程后，可变为不同质量的水资源，可以变废为宝，为人类所利用。煤层气井产出水利用大体可以归纳为四类，即地面排放或回注地层、农业或绿化用水、工业用水以及生活用水。

11.4　煤层气开采地下水位影响

煤层气的开采是通过煤层气井排水降压，使吸附于煤的多孔介质中的吸附气解吸附，解吸附的气体通过扩散作用进入孔隙及裂隙系统中，然后渗流到井筒，再被采出地面。排采活动贯穿于煤层气开采的全过程。煤层气的开采是一个排水降压-气解吸附-扩散渗流-采出地面的过程。煤层气井的排水量不是固定值，其排水量不仅受水文地质条件的控制，还受气井排采活动的控制。一般开采初期排水量较大，后期排水量逐渐减少。煤层气井排水将导致分析区及其周边区域含煤地层地下水水位下降，还会导致地下水流场的改变。一方面，这使得含煤地层浅埋露头区排泄量减少，局部补排关系发生转化；另一方面，使得含煤地层裂隙承压水向上越流量减少甚至发生逆转，进而影响浅层地下水。

单井排采模式中，煤层水通过井筒抽排到地面，井筒与地层产生压差，压差作用使得煤层远处高压区地下水涌入压力低的井筒内，并且不断向远处传播，逐渐形成一个以井筒为中心的压降漏斗，压降漏斗随时间持续，在水平与垂直方向延伸（垂直方向一般限制在目标煤层内），直到补给与产出水量平衡，漏斗停止扩展。井网排采是指在一定范围内钻出多口井进行排采，相互干扰的几口井的压降漏斗相遇后，便会影响彼此的流量和压降深度，在交叉的地方压降漏斗迅速加深。相比单井排采，井网排采会产生影响深度更大，传播距离更远的地下水压降漏斗，对地下水水量破坏也更大。在长达 10～20 年的排采期内，煤层气井产出水逐渐减少，后期甚至不出水，表明含水层被疏干。

地下水位的下降会引起一系列的环境问题。① 由于煤层采出的水量较大，而且排出的时间较长，甚至有的煤层气采出水的时间长则能达到 10 多年。长时间大量的抽排煤层水将会让区域地下水的补给条件、排泄条件与径流条件有相当大的变化，破坏原有地下水文的系统平衡状态，继而引起区域地下水位的下降，同时形成一个以气井为中心的压降漏斗区，严重的会造成地表沉降。② 地下水位下降后地下径流变得缓慢，从而降低土壤的自我净化方面的能力，地面上的污染物极其容易借助不同的方式到地下并堆积，与此同时，地下水位降低将导致黏性土变得紧密而缺失水分，黏性土中水自有的部分成分进而到达含水层，导致地下水质改变。此外，在地下含水层的水头下落以后，如果煤层气开采区的承压含水层与上覆潜水层甚至地表水系存在一定接触，劣质的潜水和地表污水将会顺着相应的水头高低势差补给向压降漏斗的地域，导致非常严重的地下水水质污染，并潜在影响区域的土壤和动植物和生态环境。③ 随着区域的地下水位的不断下降，土壤含水量也逐步下降，同时让土壤缩短保持较高水分的状态，继而影响到植被所在的环境，植物因为失水而导致枯萎，继而导致地表的植被进一步退化，近而又影响到大气环境与地表下垫面的水热循环系统，引起地表温差加剧，更进一步降低土壤的水分与加重土地沙化。④ 环境地质问题：区域地下水的水位降低，然后破坏上覆沉积物和地下水的压力方面的平衡，孔隙水的压力降低，松散的沉积物被紧缩从而导致地面凹陷。如果开采区正好处于上覆有松散沉积物的岩溶化岩层区，不停地抽排岩溶水，当水位低于这些沉积物时，松散沉积物在丧失水的支撑力的托付后，会塌落于下部隐藏溶洞的洞穴中，继而引发岩溶地面沉陷。当地面塌陷等一系列地质问题积聚到了一定的限度时，其灾害、危害也会呈现出来，地表的形态也将被破坏，继而影响动植物的栖息环境以及生态系统的平衡。

煤层气行业应积极寻求国内外先进的开发工艺，同时定期进行煤层气开发区域的水质水量监测并承担一定的社会责任，最大限度减少煤层气开采对水环境的影响，保证经济发展与水生态环境和谐发展。

11.5 煤层气开采地表变形与沉降

与部分天然气开采过程相同，煤层气在开采过程中也会对周边的环境产生一定程度的影响。部分开采过程中所使用的设备会破坏周边的地表环境，使得地表现有的结构状态被打乱，破坏其中的部分物质。煤层气开采过程中需要设置密度较大的井网，因此还需要设置一定量的大型加压技术设备，这些都会破坏地表环境。

(1) 过分排采地下水对地表形态的影响

区域地下水位下降后会破坏上覆沉积物与地下水的压力平衡，孔隙水压力减小，松散沉积物被压缩从而引发地面沉降(图 11-6)。地面沉降或塌陷等地质问题累积到一定程度时其危害才能显现出来，甚至会破坏地表形态。在煤层气的开采过程中，为了使煤层中所吸附的甲烷气体释放出来，需要降低煤层的静压，一般通过采取排水降压的措施达到该目的。此举将大量煤层中的地下水排出地表。已有案例表明，过分排采地下水会形成地下水压降漏斗区，可造成地面沉降，对地表环境造成破坏。因此，应该严格控制地下水的排采速度，并向煤层注水，以保持煤层及含水层的水压力平衡。

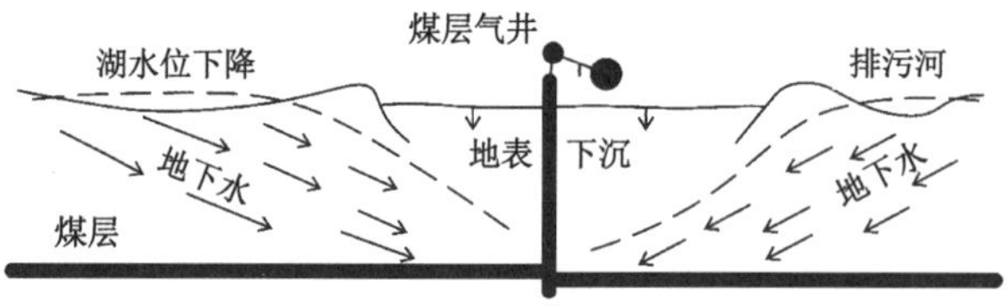

图 11-6 过分排采地下水对地表形态的影响

(2) 回注水与地层水岩作用对地表形态的影响

一方面，水岩作用是指地表水、地下水与岩体不断进行力学、物理化学作用，并对岩体介质状态产生影响；另一方面，岩体结构也决定着水的存在形式及运动状态等。地层中常含有绿泥石、伊利石、石英、长石、方解石等矿物，主要成分为 SiO_2、Al_2O_3、K_2O、Na_2O、CaO、MgO 等。这些矿物中有的在水解作用下能分解为易溶于水的胶体，如钠长石、钾长石等；有的易与水中的 SO_4^{2-} 形成结晶，如 Ca^{2+}、Mg^{2+} 等；还有的与水作用后体积膨胀，如伊利石等。相应的化学反应方程式为：

Ⅰ $4KAlSi_3O_8$(钾长石)$+6H_2O$——$Al_4(Si_4O_{10})(OH)_8$(高岭石)$+8SiO_2$(胶体)$+4KOH$

Ⅱ $4NaAlSi_3O_8$(钠长石)$+6H_2O$——$Al_4(Si_4O_{10})(OH)_8$(高岭石)$+8SiO_2$(胶体)$+4NaOH$

Ⅲ $K_{0.9}Al_{2.9}Si_{3.1}O_{10}(OH)_2$(伊利石)$+H_2O$——$K_{0.9}Al_{2.9}Si_{3.1}O_{10}(OH)_2 \cdot nH_2O$

地下水中还有大量具侵蚀性的游离气体 CO_2，碳酸岩遇溶有 CO_2 的水化学溶液会使岩石矿物变得更加容易被侵蚀，相应化学反应方程式为：

Ⅳ $CaCO_3+H_2O+CO_2$——$Ca(HCO_3)_2$

此外，地下水中的 CO_2 可与水结合形成碳酸，其 CO_3^{2-} 极易与 K^+、Na^+ 等形成硅胶和可溶性盐类，使矿物的离解能力增强，相应化学反应方程式为：

Ⅴ $4KAlSi_3O_8$(钾长石)$+4H_2O+2CO_2$——$Al_4(Si_4O_{10})(OH)_8$(高岭石)$+8SiO_2$(胶体)$+2K_2CO_3$

回注的采出水与地层岩石发生上述化学反应，使原有矿物分解形成新的矿物，而有的新矿物具有高度分散性，使得岩体强度逐渐降低，抗破坏能力逐渐减弱，这可能造成地面沉降；而回注水在地层渗流过程中也会沿断层面运移，同样会发生上述化学作用，使得断面润滑，使潜在的断层重新活动，使地表形态发生变化，如滑坡等，从而破坏生态系统。为了降低甚至消除回注水对生态系统的影响，应该对回注水中的阴阳离子采用薄膜法等技术手段，使其最小程度地在地下环境中发生反应，以减小回注水对生态系统影响的概率。

11.6　思　考　题

(1) 煤层气钻井工程中钻井液污染的主要来源有哪些？它们是如何影响土壤、植被和地下水环境的？

(2) 煤层气开发过程中，井场恢复复垦的重要性是什么？请结合文中提到的复垦措施，分析如何实现有效的土地复垦。

(3) 煤层气开采对地下水位有何影响？这些影响可能导致哪些环境问题？

(4) 煤层气开采过程中，储层改造工程中的压裂液对环境可能产生哪些效应？文中提到了哪些处理废弃压裂液的方法？

(5) 煤层气井产出水具有哪些特点？文中提到了哪些煤层气产出水处理及利用的方法？这些方法的优缺点分别是什么？

11.7　参考文献

陈刚，秦勇，杨青，等，2014. 不同煤阶煤储层应力敏感性差异及其对煤层气产出的影响[J]. 煤炭学报，39(3)：504-509.

隋殿杰，孙玉学，孙伟，等，2017. 废弃钻井液处理方法发展研究[J]. 环境科学与管理，42(9)：117-121.

温彩哨，余志晟，刘新春，等，2014. 煤层气产出水水质特征及处理技术研究进展[J]. 工业水处理，34(10)：1-6.

张明昌，张言杰，何玉荣，等，2004. 固井完井油气层保护配套技术[J]. 石油钻探技术，32(2)：36-38.

MENG Y J，TANG D Z，XU H，et al，2014. Coalbed methane produced water in China：status and environmental issues[J]. Environmental science and pollution research，21(11)：6964-6974.